国防工业出版社

国防科技图书出版基金

张天序　王岳环　钟胜　等著

飞行器光学寻的
制导信息处理技术

Guidance Information Processing Methods in
Aircraft Optical Imaging Seeker

Introduction

A Theoretical Model of Optical Seeker Information Processing

Spatial Characteristics and Relationship of Platform, Targets and Background

Reducing Disturbance Effects on Optical Imaging Onboard

Optical Imaging Seeking Approach to Earth Surface Fixed Targets

Optical Imaging Seeking Approach to Moving Targets

Design and Implementation of Real – Time Processing Systems

Optical Imaging Seeker Processing Simulation and Performace Evaluation

国防工业出版社　北京

National Defense Industry Press

图书在版编目(CIP)数据

飞行器光学寻的制导信息处理技术/张天序等著
—北京:国防工业出版社,2014.6
(航天器和导弹制导、导航与控制丛书)
ISBN 978 - 7 - 118 - 09322 - 3

Ⅰ. ①飞… Ⅱ. ①张… Ⅲ. ①飞行器 - 光学制导 - 寻
的制导 - 信息处理 Ⅳ. ①V448. 133

中国版本图书馆 CIP 数据核字(2014)第 123755 号

飞行器光学寻的制导信息处理技术

著　　　者　张天序　王岳环　钟胜　等
责 任 编 辑　王　华
出 版 发 行　国防工业出版社(010 - 88540717　010 - 88540777)
地 址 邮 编　北京市海淀区紫竹院南路 23 号,100048
经　　　售　新华书店
印　　　刷　北京嘉恒彩色印刷有限责任公司
开　　　本　710 ×960　1/16
插　　　页　4
印　　　张　22
印　　　数　1 - 2500 册
字　　　数　336 千字
版 印 次　2014 年 6 月第 1 版第 1 次印刷

定　　　价　112.00 元　　　　　　　(本书如有印装错误,我社负责调换)

致读者

本书由国防科技图书出版基金资助出版。

国防科技图书出版工作是国防科技事业的一个重要方面。优秀的国防科技图书既是国防科技成果的一部分,又是国防科技水平的重要标志。为了促进国防科技和武器装备建设事业的发展,加强社会主义物质文明和精神文明建设,培养优秀科技人才,确保国防科技优秀图书的出版,原国防科工委于 1988 年初决定每年拨出专款,设立国防科技图书出版基金,成立评审委员会,扶持、审定出版国防科技优秀图书。

国防科技图书出版基金资助的对象是:

1. 在国防科学技术领域中,学术水平高,内容有创见,在学科上居领先地位的基础科学理论图书;在工程技术理论方面有突破的应用科学专著。

2. 学术思想新颖,内容具体、实用,对国防科技和武器装备发展具有较大推动作用的专著;密切结合国防现代化和武器装备现代化需要的高新技术内容的专著。

3. 有重要发展前景和有重大开拓使用价值,密切结合国防现代化和武器装备现代化需要的新工艺、新材料内容的专著。

4. 填补目前我国科技领域空白并具有军事应用前景的薄弱学科和边缘学科的科技图书。

国防科技图书出版基金评审委员会在总装备部的领导下开展工作,负责掌握出版基金的使用方向,评审受理的图书选题,决定资助的图书选题和资助金额,以及决定中断或取消资助等。经评审给予资助的图书,由总装备部国防工业出版社列选出版。

国防科技事业已经取得了举世瞩目的成就。国防科技图书承担着记载和弘扬这些成就,积累和传播科技知识的使命。在改革开放的新形势下,原国防科工委率先设立出版基金,扶持出版科技图书,这是一项具有深远意义的创举。此举势必促使国防科技图书的出版随着国防科技事业的发展更加兴旺。

设立出版基金是一件新生事物,是对出版工作的一项改革。因而,评审工作需要不断地摸索、认真地总结和及时地改进,这样,才能使有限的基金发挥出巨大的效能。评审工作更需要国防科技和武器装备建设战线广大科技工作者、专家、教授,以及社会各界朋友的热情支持。

让我们携起手来,为祖国昌盛、科技腾飞、出版繁荣而共同奋斗!

国防科技图书出版基金

评审委员会

国防科技图书出版基金
第七届评审委员会组成人员

《航天器和导弹制导、导航与控制》丛书编委会

顾　　问　陆元九*　屠善澄*　梁思礼*

主 任 委 员　吴宏鑫*

副主任委员　房建成
（执行主任）

■ 委员（按姓氏笔画排序）

马广富	王　华	王　辉	王　巍*	王子才*
王晓东	史忠科	包为民*	邢海鹰	任　章
任子西	刘　宇	刘良栋	刘建业	汤国建
孙承启	孙柏林	孙敬良*	孙富春	孙增圻
严卫钢	李俊峰	李济生*	李铁寿	杨树兴
杨维廉	吴　忠	吴宏鑫*	吴森堂	余梦伦*
张广军*	张天序	张为华	张春明	张弈群
张履谦*	陆宇平	陈士橹*	陈义庆	陈定昌*

陈祖贵	周 军	周东华	房建成	孟执中*
段广仁	侯建文	姚 郁	秦子增	夏永江
徐世杰	殷兴良	高晓颖	郭 雷*	郭 雷
唐应恒	黄 琳*	黄培康*	黄瑞松*	曹喜滨
崔平远	梁晋才*	韩 潮	曾广商*	樊尚春
魏春岭				

常务委员 （按姓氏笔画排序）

任子西	孙柏林	吴 忠	吴宏鑫*	吴森堂
张天序	陈定昌*	周 军	房建成	孟执中*
姚 郁	夏永江	高晓颖	郭 雷	黄瑞松*
魏春岭				

秘 书 全 伟 宁晓琳 崔培玲 孙津济 郑 丹

注：人名有*者均为院士。

总　序

　　航天器(Spacecraft)是指在地球大气层以外的宇宙空间(太空),按照天体力学的规律运行,执行探索、开发或利用太空及天体等特定任务的飞行器,例如人造地球卫星、飞船、深空探测器等。导弹(Guided Missile)是指携带有效载荷,依靠自身动力装置推进,由制导和导航系统导引控制飞行航迹,导向目标的飞行器,如战略/战术导弹、运载火箭等。

　　航天器和导弹技术是现代科学技术中发展最快,最引人注目的高新技术之一。它们的出现使人类的活动领域从地球扩展到太空,无论是从军事还是从和平利用空间的角度都使人类的认识发生了极其重大的变化。

　　制导、导航与控制(Guidance Navigation and Control,GNC)是实现航天器和导弹飞行性能的系统技术,是飞行器技术最复杂的核心技术之一,是集自动控制、计算机、精密机械、仪器仪表以及数学、力学、光学和电子学等多领域于一体的前沿交叉科学技术。

　　中国航天事业历经50多年的努力,在航天器和导弹的制导、导航与控制技术领域取得了辉煌的成就,达到了世界先进水平。这些成就不仅为增强国防实力和促进经济发展起了重大作用,而且也促进了相关领域科学技术的进步和发展。

　　1987年出版的《导弹与航天丛书》以工程应用为主,体现了工程的系统性和实用性,是我国航天科技队伍30年心血凝聚的精神和智慧成果,是多种专业技术工作者通力合作的产物。此后20余年,我国航天器和导弹的制导、导航与控制技术又有了突飞猛进的发展,取得了许多创新性成果,这些成果是航天器和导弹的制导、导航与控制领域的新理论、新方法和新技术的集中体现。为适应新形势的需要,我们决定组织撰写出版《航天器和导弹制导、导航与控制》丛书。本丛书以基础性、前瞻性和创新性研究成果为主,突出工程应用中的关键技术。这套丛书不仅是新理论、新方法、新技术的总结与提炼,而且希望推动这些理论、方法和技术在工程中推广应用,更希望通过"产、学、研、用"相结合的方式使我国制导、导航与控制技术研究取得更大进步。

本丛书分两个部分:第一部分是制导、导航与控制的理论和方法;第二部分是制导、导航与控制的系统和器部件技术。

本丛书的作者主要来自北京航空航天大学、哈尔滨工业大学、西北工业大学、国防科学技术大学、清华大学、北京理工大学、华中科技大学和南京航空航天大学等高等学校,中国航天科技集团公司和中国航天科工集团公司所属的研究院所,以及"宇航智能控制技术"、"空间智能控制技术"、"飞行控制一体化技术"、"惯性技术"和"航天飞行力学技术"等国家级重点实验室,而且大多为该领域的优秀中青年学术带头人及其创新团队的成员。他们根据丛书编委会总体设计要求,从不同角度将自己研究的创新成果,包括一批获国家和省部级发明奖与科技进步奖的成果撰写成书,每本书均具有鲜明的创新特色和前瞻性。本丛书既可为从事相关专业技术研究和应用领域的工程技术人员提供参考,也可作为相关专业的高年级本科生和研究生的教材及参考书。

为了撰写好该丛书,特别聘请了本领域德高望重的陆元九院士、屠善澄院士和梁思礼院士担任丛书编委会顾问。编委会由本领域各方面的知名专家和学者组成,编著人员在组织和技术工作上付出了很多心血。本丛书得到了中国人民解放军总装备部国防科技图书出版基金资助和国防工业出版社的大力支持。在此一并表示衷心感谢!

期望这套丛书能对我国航天器和导弹的制导、导航与控制技术的人才培养及创新性成果的工程应用发挥积极作用,进一步促进我国航天事业迈向新的更高的目标。

丛书编委会
2010 年 8 月

序

　　本书作者及其研究团队根据多年来的创新成果,精辟地论述了飞行器光学寻的制导信息处理技术,包括光学寻的制导信息处理的独到理论模型、各种处理方法和技术实现等核心问题。

　　首先清楚地论述了飞行器寻的制导的平台、成像传感器与目标、背景之间的空间关系。为了适应地面固定目标的多样性,将目标划分为线条型目标、平面型目标、立体型目标三类,分别进行研究。建立了各类目标的识别算法、知识框架、目标/背景特征模型、仿射不变特征。特别是运动平台成像探测产生扰动的因素很多,本书系统地论述了平台动力学特性引起的扰动、平台与大气流场相互作用产生气动扰动、自然场景时相变化对目标成像引起图像反差扰动、平台载荷红外成像传感器特性随时间变化产生的扰动等,以及去扰动方法和算法。在运动平台条件下,对空中、海面和地面的运动目标多尺度探测定位,以及地面运动目标变尺度探测定位的信息处理方法。对五种典型的共用算法,成功研制了 ASIC 芯片,提高了飞行器信息处理速度,减少了对国外高性能 DSP 的依赖,在这一核心领域掌握了自主知识产权。通过建立仿真平台环境,在寻的制导信息处理研究的全过程中,贯穿了飞行器寻的制导信息处理流程的全链路仿真与性能评价。

　　正如本书第 1 章开头所说的"寻的制导是飞行器等运动平台最先进、最有效、最准确的一种制导体制,是人类长期学习和模仿大自然中众多生物在物竞天择后拥有的优异制导功能的基础上,在现代社会经济、军事需求的牵引和科技发展推动下的伟大发明。"据说,从模仿猛禽觅食捕猎的军用飞行器,到复制虫类飞行技巧的昆虫机器人等发明中,科学家都是受大自然的启发,只有轮子的发明可能是唯一的例外。如何模仿和复制生物的行为,作者及其研究团队在光学成像寻的制导信息处理领域,完成了非常多的创新设计和技术实现,这是一本非常难得的理论联系实际的好书。

中国科学院院士

2013 年 5 月 12 日

前　言

古语曰要"有的放矢"，飞行器光学寻的制导必须首先解决能在运动中"探测到"、"识别对"各种感兴趣的目标，然后才谈得上引导自身到达目标或目的地。

飞行器光学寻的制导信息处理技术与普通信息处理技术的根本区别有如下几方面：

(1)传感器和处理器所在的平台是运动的，甚至是高速变轨机动的。

(2)处理器处理的对象在自然场景或战场环境中是动态变化的，极其复杂。

(3)相关计算必须实时完成，对光学成像制导，通常需在大于25帧/s内完成处理。

(4)处理器体积、重量、耗能受限。

(5)处理后所获信息要及时用于飞行器导航与制导，处理与制导控制耦合紧密。

因此，必须发展独特的理论、模型、方法算法和处理技术，这就是本书要着力论述的核心问题。

本书总结了作者及其研究团队过去10余年在光学寻的制导信息处理领域做的部分研究工作，并在国内外有关该领域研究进展的框架内阐述了这些研究成果，每章后都给出了相关的参考文献。本书重点论述了基于被动光学成像传感器(可见光/红外线)和主动光学成像传感器(激光)的制导信息处理若干问题。

本书共8章：第1章综述光学寻的制导信息处理的基本概念、所处的地位、现状与发展;第2章讨论了光学寻的制导信息处理的一种理论模型,目标探测识别的准则、方法,两种寻的制导信息处理的流程,该章是全书的纲要和基础;第3章论述了飞行器寻的制导过程中必须预先规定和分析的关于运动平台、目标与背景之间变化的空间相互关系,目标、背景的几何形态与多尺度表达。这些关系和模型约束了探测识别定位算法的研究途径;第4章讨论了导致动平台成像品质下降的典型扰动因素,给出了抑制这些扰动效应的方法,实验结果表明,这些方法对达到优良的图像品质从而保证寻的制导中能"看得清目标"是至关重要的、有效的;第5章指出由远及近寻的制导过程中必须使用著者提出的多尺度识别定位方法,由粗到精,递推收敛到目标点,给出了典型地标、地物的识别定位算法,特别是目标—地标群关联识别定位方法的有效性;第6章重点阐述了动目标光学寻的信息处理方法,包括抗干扰,检测跟踪,时—空变尺度动目标检测分析等新概念、新方法;第7章介绍了著者在飞行器寻的信息处理器设计与实现的思路和成果,由于体积、重量、功耗的限制和面对复杂环境高性能要求,应该采用模块化、异构并行的体系结构,信息处理器是前6章论述内容的物化;第8章介绍了光学成像寻的信息处理仿真与性能评价,这是一个发展迅速、非常重要的研究领域,该章是著者在该方向上的心得和初步研究成果。

　　本书所涉及的研究工作是在国家自然科学基金重点项目(编号60736010)和国家重点预研项目(编号51301050105、51301050201、413010701)资助和支持下完成的;本书的出版得到了国防科技图书出版基金的资助。在此一并表示衷心的感谢。

　　在开展该领域研究工作和撰写本书的过程中,作者有幸得到刘永才院士、陈定昌院士、包为民院士、沈绪榜院士和丁晓白研究员、白晓东研究员、苏锦鑫研究员、赵汝涛研究员、袁健全研究员等许多专家和领导的指导、支持和帮助,在此表示诚挚的谢意。

　　奉献该书于读者的目的,是推动我国飞行器导航制导技术及其应用的深入发展,满足从事相关学科研究和教学的专业技术人员、教师和研究生的需要,并可供相关领域的管理人员参考。全书内容与章节安排由张天序策划,第1章至第5章和第8章由张天序撰写,第6章由张天序、王岳环撰写,第7章由钟胜、王岳环和桑红石撰写,2.2.2节和2.2.3节,4.1节由费锦东撰写。

作者感谢在研究工作开展和本书文稿准备过程中诸多同事和学生的贡献。包括对有关问题的讨论、实验计划及其准备,参与的同事有杨卫东、黎云、颜露新、桑农、左峥嵘、邹腊梅、曹治国、彭雅等。数据的获取,软件编程,有关材料整理、补充、编辑和打印,参与的研究生有(不限于)汪小平、卢海风、王登位、王泽、杨效余、万美君、阳丰俊、贺文娇、彭凡、张力等。

作者感谢相关审稿专家对书稿修改所提宝贵、中肯的建议。

限于作者的认识水平,书中疏漏与不当之处在所难免,恳请读者批评指正。

著者

2013 年 9 月

目 录
CONTENTS

第1章 概论 1

1.1 基本概念 1

1.2 信息处理在飞行器制导中的地位 2

1.3 光学寻的制导信息处理技术
现状与趋势 3

    1.3.1 国内外制导信息处理技术的
发展历程 4

    1.3.2 国内外制导信息处理技术的
发展趋势 4

    1.3.3 制导信息处理技术发展与
总体、分系统的关系 6

参考文献 7

第2章 光学寻的制导信息处理的
理论模型 9

2.1 难点和科学问题 9

2.2 模型、准则和方法 10

    2.2.1 多维动态空间映射与
求逆过程模型 10

    2.2.2 动平台扰动模型 10

    2.2.3 气动光学效应机理模型 12

    2.2.4 目标、背景与平台的时间–
空间–波谱动态特性表达 14

    2.2.5 探测识别目标的可计算
准则 15

2.3 光学成像直接寻的与定位 30

Chapter 1 Introduction 1

1.1 Basic Concepts 1

1.2 Information Processing Role in
Aircraft Guidance 2

1.3 Review of optical Seeker Signal Processing
Research 3

    1.3.1 Developing History of Guidance
Information Processing Techniques 4

    1.3.2 Trend of Guidance Information
Processing Techniques 4

    1.3.3 Relationship Between Development
of Guidance Information Processing
and Systems/Subsystems 6

References 7

Chapter 2 A Theoretical Model of
Optical Seeker Information
Processing 9

2.1 Challenges and Issues of Science 9

2.2 Model, Criteria and Method 10

    2.2.1 Mapping and Inverse Mapping
Model of Multi – Dimensional
Dynamical Space 10

    2.2.2 Disturbance Model of Moving
Platform 10

    2.2.3 Aero – Dynamical Optics Effect
Mechanism 12

    2.2.4 Time Spatial/Spectral/Domain
Characteristics Representation
of Targets, Background and
Platform 14

    2.2.5 Detectability and Recognizability
Criteria of Targets 15

2.3 Direct Seeking and Positioning with
Optical Imaging 30

2.4　目标－地标关联寻的与定位　31

2.5　子空间协同的递推探测定位　32

参考文献　34

第3章　平台、目标、背景空间特性建模与表达　36

3.1　平台、目标、背景的空间坐标系　36

3.2　目标的几何建模与多尺度表达　39

　3.2.1　构建三维模型　39

　3.2.2　不同视点下三维目标特性视图的获取　45

　3.2.3　目标轮廓加噪畸变模型　52

　3.2.4　轮廓图像模糊降分辨率　55

3.3　目标与背景空间关系建模　58

　3.3.1　目标几何形态分析　58

　3.3.2　目标场景分层结构及其拓扑关系　64

参考文献　65

第4章　动平台目标成像探测去扰动方法　66

4.1　动平台激光主动成像运动补偿　66

4.2　气动光学效应自适应数字校正　69

4.3　红外焦平面非均匀性校正　71

　4.3.1　基于红外焦平面探测器非均匀性指纹模式的校正方法　72

　4.3.2　去伪像的自适应非均匀性校正　78

4.4　红外成像时相自适应增强　84

　4.4.1　直方图的类型判决　84

2.4　Indirect Joint Direct Seeking and Positioning　31

2.5　Recursive Detection and Location with Subspace Cooperation　32

References　34

Chapter 3　Spatial Characteristics and Relationship of Platform, Targets and Background　36

3.1　Frame of Reference of Moving Platform, Targets and Background　36

3.2　Geometric Modeling and Multiscale Representation of Targets　39

　3.2.1　3D Model Construction　39

　3.2.2　Characteristical Map Generation for 3D Object with Variable Viewpoints　45

　3.2.3　Noise Contaminated Distortion Model of Object Contour　52

　3.2.4　Down－Sampling of Smoothed Contour Image　55

3.3　Hierarchical Spatial Relationship of Targets and Background　58

　3.3.1　Target Geometric Shape Analysis　58

　3.3.2　Hierarchical Structure and Topological Relationship of Objects and Scenes　64

References　65

Chapter 4　Reducing Disturbance Effects on Optical Imaging Onboard　66

4.1　Eliminating Disturbance Effects on Laser Imaging Onboard　66

4.2　Adaptive Digital Correction of Aero－Optical Effects　69

4.3　Adaptive Nonuniformity Correction　71

　4.3.1　Nonuniformity Fingerprint Pattern based Correction　72

　4.3.2　Adaptive Nonuniformity Correction with Ghosting Eliminating　78

4.4　Infrared Image Adaptive Enhancement for Day and Night　84

　4.4.1　Judging Histogram Types　84

4.4.2 一种图像自适应增强
算法 84
参考文献 87

第5章 固定目标光学成像寻的信息
处理方法 88

5.1 地面建筑物多尺度自动识别定位 89
5.1.1 地面建筑三维建模及特征
分析 89
5.1.2 基于形态学的红外图像背景
抑制 89
5.1.3 特征反馈控制的迭代分割 92
5.1.4 基于特征库的红外地面建筑
目标识别 94
5.1.5 基于竖条特征的红外地面
建筑识别 95
5.1.6 基于图像统计特性的目标可
分割性评估 97
5.2 典型地物目标检测识别与定位 99
5.2.1 湖心小岛检测识别定位 99
5.2.2 桥梁交叉点检测识别定位 101
5.2.3 机场检测识别定位 103
5.2.4 河流交叉口检测识别定位 103
5.2.5 公路交叉口检测识别定位 106
5.2.6 改进的 Hausdorff 距离港口
匹配定位 106
5.3 基于部件的目标探测定位 113
5.4 目标/地标群关联探测定位 121
5.4.1 平面地标导引的相对定
位目标检测识别 121
5.4.2 立体地标导引的相对定
位地面目标检测识别 129
5.5 光学寻的导引参考图制备 132

4.4.2 An Adaptive Image Enhancement
Approach 84
References 87

Chapter 5 Optical Imaging Seeking
Approach to Earth
Surface Fixed Targets 88

5.1 Multiscale Automated Recognition and
Location of Building 89
5.1.1 3D Modeling and Feature
Analysis of Ground
Buildings 89
5.1.2 Morphology Based Background
Suppression in Infrared Images 89
5.1.3 Recursive Segmentation with
Feature Feedback Control 92
5.1.4 Infrared Ground Building
Recognition with Feature
Database 94
5.1.5 Infrared Ground Building
Recognition with Vertical Line
Segment Pattern 95
5.1.6 Image Statistical Feature based
Target Separability Evaluation 97
5.2 Detection and Location of Earth Surface
Marks 99
5.2.1 Island Detection 99
5.2.2 Bridge Crossing Detection 101
5.2.3 Airport Detection 103
5.2.4 River Crossing Detection 103
5.2.5 Runway Crossing Detection 106
5.2.6 Harbor Matching with Improved
Hausdorff Distance 106
5.3 Target Detection and Location with Its
Parts 113
5.4 Detecting and Locating Through Joint
Spatial Reference Among Earth Surface
Marks and Targets 121
5.4.1 Plane Landmarks Guided
Target Relative Locating 121
5.4.2 3D Landmarks Guided Target
Relative Locating 129
5.5 Preparation of Guidance Reference Maps
with Characteristics and Spatial
Relationship 132

5.5.1	前视平面地标选择和参考图制备	132
5.5.2	前视立体地标选择与参考图制备	147
参考文献		156

第6章 动目标光学成像寻的信息处理方法　158

6.1	空中动目标多尺度探测定位	158
6.2	空中动目标抗干扰检测跟踪	166
6.3	混合人工神经网络动目标识别（MUSSER）	173
	6.3.1 反向传播学习神经网络（BP 网络）	174
	6.3.2 径向基函数神经网络（RBF 网络）	177
	6.3.3 多尺度模型下的混合神经网络识别算法	179
	6.3.4 试验结果	186
6.4	海面动目标多尺度探测定位	195
	6.4.1 基于生物视觉注意机制的海面目标实时检测方法	195
	6.4.2 天水区约束的海面船舶目标识别定位方法	201
6.5	地面动目标变尺度探测定位	215
	6.5.1 概念与模型	217
	6.5.2 多尺度检测与分析方法	220
	6.5.3 时 - 空三维八叉树递推检测算法	222
	6.5.4 试验结果	232
参考文献		239

5.5.1	Forward - Looking Plane Landmark Selection and Reference Map Preparation	132
5.5.2	Forward - Looking 3D Landmark Selection and Reference Map Preparation	147
References		156

Chapter 6　Optical Imaging Seeking Approach to Moving Targets　158

6.1	Multiscale Detection and Locating of Aircrafts	158
6.2	Anti - Interference Algorithm for Detecting and Tracking Aircrafts	166
6.3	Sequential Recognizing Aircrafts with Hybrid Neural Networks	173
	6.3.1 Backpropagation Neural Network(BP Network)	174
	6.3.2 Radial Basis Function Neural Network(RBF Network)	177
	6.3.3 Hybrid Neural Networks Based Recognition Algorithm with Multiscale Models	179
	6.3.4 Experimental Results	186
6.4	Multiscale Detecting and Locating Sea Surface Ships	195
	6.4.1 Attention Mechanism based Sea - Surface Target Real - Time Detection	195
	6.4.2 Sea - Surface Ship Detection with Sky - Water Region Constrain	201
6.5	Temporal - Spatial Variable Scale Detection Approach to Ground Moving Objects	215
	6.5.1 Concept and Model	217
	6.5.2 Multiscale Detection and Analysis	220
	6.5.3 Recursive Detection with Time Spatial - Domain 3D Octree	222
	6.5.4 Experimental Results	232
References		239

第7章 实时信息处理系统
　　　设计与实现　　　　　　243
7.1 模块化、异构、规模可伸缩的
　　处理结构　　　　　　　　243
　　7.1.1 模块化、可在线重构、规模
　　　　　可伸缩的实时识别处理机
　　　　　结构　　　　　　　　244
　　7.1.2 实现模块化、通用化的
　　　　　关键技术　　　　　　244
　　7.1.3 寻的制导信息处理系统的
　　　　　模块化、标准化、系列化设计　247
7.2 面向寻的信息处理系统的共用
　　算法 VLSI 设计　　　　　263
　　7.2.1 多目标多尺度递推滤波
　　　　　检测算法 ASIC 实现　263
　　7.2.2 多目标轮廓跟踪与标记
　　　　　算法的 ASIC 实现　　265
　　7.2.3 优化流水机制实现快速
　　　　　图像旋转　　　　　　266
　　7.2.4 基于运动检测指导的组合非
　　　　　均匀性自适应校正 SoC　270
　　7.2.5 图像连通域标记和轮廓
　　　　　跟踪的 VLSI 实现　　273
7.3 嵌入式数据库系统　　　　274
7.4 嵌入式系统软件　　　　　275
7.5 加载和测试用串行口控制台
　　技术　　　　　　　　　　278
　　7.5.1 物理层　　　　　　278
　　7.5.2 链路层　　　　　　278
　　7.5.3 应用层　　　　　　281
7.6 软件模块化设计　　　　　286
　　7.6.1 模块外部设计规范　287
　　7.6.2 模块内部设计规范　287
7.7 模块化信息处理机综合集成　288
参考文献　　　　　　　　　　289

Chapter 7　Design and Implementation
　　　　　　of Real – Time Processing
　　　　　　Systems　　　　　243
7.1 Modular and Scalable Architecture　243
　　7.1.1 Modularized, On – line
　　　　　Reconfigurable and Scalable
　　　　　Architecture of Real – Time
　　　　　Recognition Machine　244
　　7.1.2 Key Technologies in Modular-
　　　　　ization and Generalization　244
　　7.1.3 Modularized, Standardized and
　　　　　Serialized Design of Target
　　　　　Seeking Processing Systems　247
7.2 VLSI Modules Design Toward Seeker
　　Modular Processors　　　263
　　7.2.1 ASIC Implementation of Multi –
　　　　　Object Multi – Scale Recursive
　　　　　Filtering Based Target Detection
　　　　　Algorithm　　　　　263
　　7.2.2 ASIC Implementation of Multi –
　　　　　Object Contour Tracking and
　　　　　Labeling Algorithm　265
　　7.2.3 ASIC Implementation of Fast
　　　　　Image Rotation Algorithm with
　　　　　Optimized Pipeline Structure　266
　　7.2.4 SoC Implementation of Motion
　　　　　Detecting Guided NUC
　　　　　Algorithm　　　　　270
　　7.2.5 VLSI Implementation of
　　　　　Connected – Component
　　　　　Labeling and Contour
　　　　　Tracking Algorithm　273
7.3 Embedded Database　　　274
7.4 Embedded System Software　275
7.5 Testbed for Loading and Testing with
　　Serial Ports　　　　　　278
　　7.5.1 Physical Layer　　278
　　7.5.2 Link Layer　　　　278
　　7.5.3 Application Layer　281
7.6 Modular Application Software Design　286
　　7.6.1 Module External Design
　　　　　Criteria　　　　　287
　　7.6.2 Module Internal Design
　　　　　Criteria　　　　　287
7.7 System Integration Application　288
References　　　　　　　　　289

第 8 章　光学成像寻的信息处理
　　　　仿真与性能评价　　　　　292

8.1　仿真环境设计　　　　　　292

　　8.1.1　仿真环境组成　　　　292

　　8.1.2　仿真功能　　　　　　293

　　8.1.3　仿真平台环境　　　　295

　　8.1.4　仿真处理流程　　　　295

8.2　动平台飞行场景仿真　　　298

　　8.2.1　多波段场景生成系统　298

　　8.2.2　系统功能　　　　　　300

　　8.2.3　系统组成　　　　　　302

8.3　寻的图像序列仿真　　　　306

　　8.3.1　模型数据库的建立　　306

　　8.3.2　大气模型数据库的
　　　　　建立　　　　　　　　309

　　8.3.3　飞行器视点运动模型的
　　　　　建立　　　　　　　　312

　　8.3.4　传感器模型的建立　　313

　　8.3.5　多波段仿真图像动态
　　　　　生成　　　　　　　　313

　　8.3.6　多波段序列仿真试验
　　　　　结果　　　　　　　　313

8.4　寻的处理算法性能评价　　318

　　8.4.1　寻的算法性能评价的
　　　　　关系模型　　　　　　318

　　8.4.2　寻的处理算法性能评价
　　　　　模型　　　　　　　　319

　　8.4.3　综合评价的最优试验
　　　　　设计方法　　　　　　320

　　8.4.4　寻的性能评价指标体系　323

参考文献　　　　　　　　　　324

Chapter 8　Optical Imaging Seeker
　　　　　　Processing Simulation
　　　　　　and Performance
　　　　　　Evaluation　　　　　292

8.1　Simulation Environment Construction　292

　　8.1.1　Structure of Simulation
　　　　　Environment　　　　　292

　　8.1.2　Simulation Functions　293

　　8.1.3　Platform Design of Simulation
　　　　　Environment　　　　　295

　　8.1.4　Simulation Processes　295

8.2　Flying Scene Simulation
　　　of Moving Platform　　　298

　　8.2.1　Multi – Band Scene
　　　　　Generating System　　298

　　8.2.2　System Functions　　300

　　8.2.3　System Structure　　302

8.3　Onboard Image Sequence Generation　306

　　8.3.1　Scene Model Database
　　　　　Construction　　　　　306

　　8.3.2　Atmosphere Model Database
　　　　　Construction　　　　　309

　　8.3.3　Modeling of Flying Vehicle
　　　　　Viewpoint Motion　　　312

　　8.3.4　Sensor Modeling　　　313

　　8.3.5　Dynamical Generation of
　　　　　Multi – Band Simulated
　　　　　Images　　　　　　　313

　　8.3.6　Simulation Results
　　　　　of Multi – Band Image
　　　　　Sequences　　　　　　313

8.4　Performance Evaluation of Seeker
　　　Algorithms　　　　　　　318

　　8.4.1　The Role of Target Seeking
　　　　　Algorithm Evaluation　318

　　8.4.2　Performance Evaluation
　　　　　Model of Target Seeking
　　　　　Algorithm　　　　　　319

　　8.4.3　Optimal Evaluation Experiment
　　　　　Design Methodology　　320

　　8.4.4　Index System for Target
　　　　　Seeking Algorithm
　　　　　Evaluation　　　　　　323

References　　　　　　　　　324

第1章
概　论

　　寻的制导是飞行器等运动平台最先进、最有效、最准确的一种制导体制,是人类长期学习和模仿大自然中众多生物在物竞天择后拥有的优异制导功能的基础上,在现代社会经济、军事需求的牵引和科技发展推动下的伟大发明。

▶1.1　基本概念

　　导航/制导是为了控制对象准确、无误、协调、及时地到达目的地,或者准确、无误、协调、及时地获取物品,或者准确、无误、协调、及时地保持相对姿态。导航通常涉及距离目标相对较远的动平台的运动轨迹控制,而制导通常涉及距离目标相对较近的动平台的运动轨迹控制。

　　生物的导航与制导,如鸟类,鸟的飞行、着陆与觅食,特别是猛禽的捕猎使用了视觉传感器/大脑的信息实时处理与对翅膀/爪子等执行机构的灵巧控制。昆虫,如蜜蜂的觅食,使用了复眼传感器/专用的信息实时处理与对翅膀/多节肢等执行机构的灵巧控制。哺乳动物,如狮子的捕猎,使用了立体视觉,对环境的复杂感知,猎物的要害部位如喉咙的识别定位,协调一致群体行动,实现了完美的生物寻的制导活动。人类,如古代游牧民的围猎,军队的行军作战,是典型的以寻的为驱动的导航制导行动。即便是我们日常的饮食、起居和工作,无一不伴随着寻的与制导的活动。

飞行器导航/制导须利用存在于地球环境及宇宙天体的物理规律及其信息场。典型的飞行器导航/制导的方式,例如,利用地磁场的导航/制导,利用地形、地貌、地标的导航/制导,利用地球光场的导航/制导,利用重力场的导航/制导,利用宇宙天体的天文导航/制导,利用人造地球轨道卫星的 GPS 导航/制导,惯性导航/制导(牛顿定律,虽利用外部引力场信息,但不受干扰),遥控导航/制导和直接测量目标物可感知信息的寻的制导。

其他的体制分类还包括:组合/复合导航制导;全自主:程序控制,惯性控制,利用自带传感器主动获取外部信息;半自主:人在回路中;非自主:依靠地面站,非实时。

光学寻的制导包括主动、半主动和被动的方式,前者用来照射目标的可以是可见光、激光、红外,后者是探测跟踪目标自身反射或发出的可见光、红外,这两种制导方式主要通过飞行器上的特殊设备接受目标辐射或反射的能量以至偏振的信号,经实时信号处理后产生制导指令、控制飞行器飞向目标。

▷ 1.2 信息处理在飞行器制导中的地位

与无线电波主动探测制导体制相比,光学寻的制导探测方式隐蔽、精度高、检测能力强、易轻质小型化。与采用非成像红外等模式的飞行器制导技术相比,光学成像寻的制导可以大大提高制导精度,具有从复杂背景中检测识别弱目标、区分诱饵和假目标的能力,而光学寻的制导信息处理是实现这些能力的核心技术。图 1-1 为光学寻的信息处理系统应用的一些例子。

光学寻的制导信息处理系统包括图像识别处理器和地面支撑装置两部分。其中,图像识别处理器由目标识别器硬件、嵌入式操作系统、数据库、算法软件、目标光学特征参考图等 5 个模块组成。地面支撑装置由参考图制备软件、识别规划与算法优化软件、仿真调测装置 3 个模块组成。它们共同组成了光学寻的制导自动目标识别系统,是飞行器的"眼睛"和"大脑"。图 1-2 为光学寻的信息处理在飞行器制导系统中的核心地位。

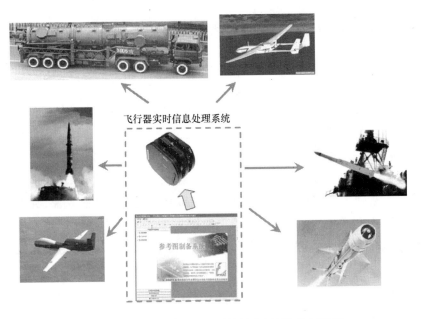

图 1 - 1　光学寻的信息处理系统的应用(见书末彩页)

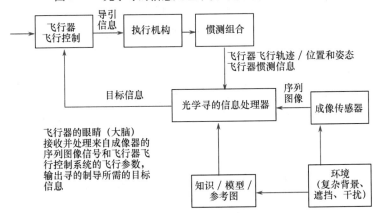

图 1 - 2　光学寻的信息处理在飞行器制导中的核心地位

▶ 1.3　光学寻的制导信息处理技术现状与趋势

　　光学寻的制导是精确制导最重要的研究领域。信息处理既是精确制导的分系统,同时又具有总体和全局性,因此是精确制导装备的核心技术。

☑ 1.3.1　国内外制导信息处理技术的发展历程

精确制导装备是典型的信息化装备。国内外精确制导信息处理技术经历了三代发展：

（1）早期，即第一代精确制导信号处理技术，其特点为一维信号处理。信号输入传感器为非成像的，所获取的信息量少，战场环境简单。多以硬件为核心形成精确导引信号处理系统，处理算法单一，因此抗干扰能力弱。

（2）中期，即第二代精确制导信号处理技术，其特点为二维信号处理。为应对有较强干扰的战场环境，开始采用成像传感器（电视成像、红外线扫成像等），由此产生的大量数据，要求发展先进的信号信息处理技术。在此阶段，得益于大规模集成电路技术、计算机技术的快速发展，使得比较复杂的算法得以应用于精确制导信息处理，信号处理系统从硬件为核心转向以算法为核心，具备了目标自动跟踪能力和初步的自动目标识别能力，抗干扰能力显著提高。

（3）当前，即第三代精确制导信号处理技术，其特点为多维信号处理。面向复杂战场环境，广泛采用高分辨率成像技术（包括红外凝视成像、多色红外成像、激光红外复合成像等），并开始采用多模信息融合处理技术，超大规模集成电路（DSP、FPGA、ASIC 等）广泛应用，自动目标识别（ATR）技术开始向产品转化，目标识别能力和战场环境适应能力显著增强。

这三代精确制导信号处理技术，在过去 30 年，已广泛应用于欧、美、俄等国家和地区各种型号的精确制导装备。

☑ 1.3.2　国内外制导信息处理技术的发展趋势

第四代面向强对抗复杂战场环境、多样性的打击目标、多样化的装备平台、装备系统的体系对抗，对精确制导信息处理技术提出了更高的要求。结合高帧频、高分辨率红外焦平面成像、激光成像、多光谱/高光谱成像等新型传感器及多种光电传感器融合的广泛应用，出现了如下发展趋势：

（1）信号处理和 ATR 技术向产品化发展。从工程化的角度研究 ATR 技术，再发展到从工程化的角度实现 ATR 技术的实用化和产品化。其指导思想是"需求牵引，ATR 技术在精确制导装备中的应用与需求相适应"。

（2）光谱、频谱、相位、极化等与成像复合的探测处理技术。具有更灵活、更强大的获取微弱目标、隐身目标、隐藏目标的能力，海量数据的实时处理，更灵活、更强大、更智能的场景综合理解能力，保证了几乎完美的对抗能力。

（3）网络空间对抗中的协同探测与制导信息处理技术。在末制导段的多飞行器协同探测与制导，要求发展具有多飞行器的末段动态组网、飞行器间的实时通信、协同检测识别不同的目标或目标的各要害部位，以增强光学寻的制导的有效性和灵活性。

与此同时，这种联网的多机/多弹协同探测与制导新体制也给网络空间对抗提供了新的战场空间。

文献[4]指出，网络空间对抗已从有线网络扩展到无线网络，无线入侵已成为常态事件。无线通信包括手机、卫星中继、无线局域网、无线传感器网、红外传输、蓝牙、无线射频识别等，在给人们、联网设备和联网飞行器系统带来便利的同时也带来很多安全隐患。一方面，对无线通信的拦截可掌控系统运行的重要参数，另一方面，入侵者可以通过无线通信技术，侵入到网络的核心部分，破坏联网设备和联网飞行器系统的运行。

显然，协同探测与光学寻的制导信息处理技术必须研究并具备网络空间对抗能力。

（4）探测/制导/通信/控制一体化信息处理技术。针对大机动目标拦截、网络化精确制导等需求，要求发展一体化信息处理理论与方法，以提高制导精度和响应速度，适应网络化信息综合利用。

（5）高度集成的灵巧信息处理系统技术。低成本、高集成性、功能可定义、结构可重组。

（6）基于仿生的精确制导信息处理技术。自然界的许多生物，如鸟类、昆虫、哺乳动物等，具有灵活、高效的精确导航/制导能力，在有效性、灵活性、精准性和成本方面远远超过国内外已有和在研的精确制导技术。这些生物分别拥有如下导航/制导能力，包括地磁导航、多基线立体视觉结构的导航/制导，紫外、红外、极化、偏振感知等，以及高效灵活的神经网络学习和自适应感知识别信息处理机制等。研究、学习、结构上及功能上的仿生以提高未来飞行器光学寻的制导装备性能及其信息处理能力，是光学寻的制导信息处理的发展方向。基于生物特异性的鹰眼结构如图1-3所示。

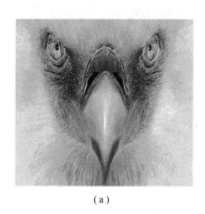
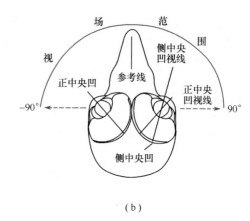

（a）　　　　　　　　　　　　（b）

图 1 - 3　鹰眼结构

（a）鹰眼的实际外形图；（b）鹰眼视场范围示意图。

☑ 1.3.3　制导信息处理技术发展与总体、分系统的关系

除了信息处理技术本身之外，国内外重点研究的精确制导技术还涉及：任务规划技术；飞行力学；高精度控制；飞行器设计（电子、机械）；仿真与验证（系统集成）；飞行器系统集成（间接制导、联合制导、星（无人机）弹结合）等[2]。其中任务规划、高精度控制、仿真与验证和网络化协同制导技术都与信号处理技术紧密相关，也直接影响到最终的信号处理的性能。

值得注意的是，北约和美国都非常重视联合制导技术，即通过各种网络数据链路，将多个飞行器、有人驾驶的飞机、无人机、卫星等连为一个整体，大大提高了精确制导武器系统的作战效能。由此看来，光学寻的信号处理系统的工作方式也会发生重大的革命性变化。

同时，在不断开发光学寻的信号处理新算法，提高算法稳定性和智能性的同时，要尽快把算法软件转化为实用化的技术（也就是产品）。而当前信号处理和 ATR 算法研究与产品化之间主要的鸿沟来自于系统化工程化设计技术的不足。在过去的研究中，投入了过多的精力去研究不同的算法，而没有重视其产品化和如何满足用户需求。

光学寻的制导系统的性能与多方面的因素有关，如成像器性能、信号处理和 ATR 部件性能（算法软件与计算硬件）、条件保障性能、设备操作等。目前在系统研制时，通常将这些方面分开来作为互相独立的部分分别进行研制，但

实际上信号处理性能与其他部分的性能是紧密相关的,如何将这种相关性有效表达为信号处理部件设计的约束条件和输入极其重要,否则信号处理部件设计的优劣程度无从评价。

通过分析,与寻的制导信号处理设计紧密相关的方面至少有以下几方面[19,20]:

光学寻的制导信号处理系统的输入(适应性),光学寻的制导飞行环境(对抗),任务规划所需的支撑数据/参考图制备(保障),待识别目标类型(模型),最大可同时处理的目标数(需求),所需数据的质量(数据),传感器性能(信噪比),动平台特性(耦合),寻的精度(模型),信息处理器(实时性),编程语言(软件),测试技术(复杂性、可靠性)。

参考文献

[1] Nikolaus S,Fred H, Wilfried K. Image based navigation for low flying aerial vehicles[C]. Proc. of SPIE,2003,5074:669 – 676.

[2] George M Siouris. Missile Guidance and Control Systems[M]. Springer – Verlag New York, Inc. ,2004.

[3] Eugene L Fleeman, et al. Techologies for Future Precision Strike Missile Systems[J]. RTO/ NATO 2001.

[4] 孙柏林. 网络空间风云起,工业安全几多愁[J]. 自动化与安全,2012(4):64 – 70.

[5] 姚连兴,等.目标和环境的光学特性[M]. 北京:宇航出版社,1995.

[6] 刘隆和. 多模复合寻的制导技术[M]. 北京:国防工业出版社,1998.

[7] 孙荣忠. 美军新一代精确制导弹[J]. 国防科技,2005(3):22 – 26.

[8] 张伟. 机载制导武器[M]. 北京:航空工业出版社,2009.

[9] 付强,等.精确制导武器技术应用向导[M]. 北京:国防工业出版社,2010.

[10] 李江涛,徐锦,等. 红外复合制导技术的现状与发展[J]. 飞航导弹,2006(7): 47 – 51.

[11] 杨树谦. 精确制导技术发展现状与展望[J]. 航天控制,2004,22(4):17 – 20.

[12] 祝彬,郑娟. 美国惯性导航与制导技术的新发展[J]. 中国航天,2008(1):43 – 45.

[13] 高倩. 用于战斧巡航导弹自主末段制导的集成式导引头信号处理器[J]. 飞航导弹, 2005(12):10 – 12.

[14] 张天序. 成像自动目标识别[M]. 武汉:湖北科学技术出版社,2005.

[15] Erik Berglund,William Licata Technologies for future precision strike missile systems[R]. Research Report:RTO – EN – 13,Research and Technology Organization, North Atlantic

Treaty Organization,2000.

[16] Erik Berglund,William Licata Technologies for future precision strike missile systems[R]. Research Report: RTO – EN – 18,Research and Technology Organization, North Atlantic Treaty Organization,2001.

[17] Vance A Tucker. The deep fovea,sideways vision and spiral flight paths in Raptors[J]. J. of Exper. Biology,2000,203(24):3745 – 3754.

[18] Vance A Tucker. Gliding flight:speed and acceleration of ideal falcons during diving and pull out[J]. J. of Exper. Biology,1998,201(3):403 – 414.

[19] Vance A Tucker. Gliding flight:drag and torque of a hawk and a falcon with straight and turned heads,and a lower value for the parasite drag coefficient[J]. J. of Exper. Biology, 2000,203(24):3733 – 3744.

[20] Bolduc M,Levine M D. A review of biologically motivated space – variant data reduction model for robotic vision[J]. Computer Vision and Image Understanding,1998,69(2): 170 – 184.

[21] Reymond L. Spatial visual acuity of the eagle aquila audax: a behaioural,optical and anatomical investigation[J]. Visual Res. ,1985,25(10):1477 – 1491.

[22] Jeong Ki – Hun, Kim Jaeyoun,Lee. Luke P, Biologically inspired artificial compound eyes [J]. Science, 2006,312(5773)557 – 561.

[23] Hans G Wallraff. Avian Navigation:Pigeon Homing as a Paradigm[M]. Springer – Verlag Berlin Heidelberg,2005.

[24] Thomas A Christensen. Methods in Insect Sensory Neuroscience[M]. CRC Press,2005, New York,USA.

[25] Volk C,Lincoln J,Tazartes D. Northrop Grumman's family of fiber – optic based inertial navigation systems[J/OL]. Northrop Grumman,2006.

[26] Valerie C Thomas,James W Alexander. Cassini star tracking and identification architecture [C]. Proc. of SPIE,2000,2221:15 – 26.

[27] Barbara T. Cell – based ASIC: top choice for system – level integration, Comp. Design, 1997,12.

第 2 章
光学寻的制导信息处理的理论模型

光学寻的制导信息处理可采用"人在回路中"体制和自动目标识别定位（ATRL）体制，前者在国内外广泛使用，而后者难度极大，但可以解决人在回路中识别定位目标慢、不适应高动态环境及依赖易受干扰的数据链的难题，大幅提高飞行器智能化寻的制导水平。本书仅论述后一种体制中的信息处理的问题。

▶ 2.1 难点和科学问题

如图 2-1 所示，目标的快速性和机动性日益增强，飞行器光学寻的的探测要求高时敏性和高覆盖率。在这种情形下，要在高速、机动飞行条件下对目标能做到"看得远、看得见、看得清、看得准、看得快"，这是挑战性的科学技术难题。其含义如下：

（1）看得远：能探测到低辐照度的弱目标。

（2）看得见：挖掘能区别目标与背景的独特的多谱特征。

（3）看得清：提高高速平台下目标的成像质量。

（4）看得准：能准确判别和定位目标及其兴趣点。

（5）看得快：处理的时效性和实时性。

图 2-1　动平台探测定位目标(见书末彩页)

综上所述,需要研究动平台条件下信息处理的理论、模型、方法和技术。

2.2　模型、准则和方法

2.2.1　多维动态空间映射与求逆过程模型

动平台光学寻的信息处理所具有的反演性质如图 2-2 所示,其中约束(1)为动平台扰动理论模型,约束(2)为气动光学效应机理模型,约束(3)为目标/背景/平台的时/空/谱特性表达模型,多维准则为目标探测识别的多维可计算方法与准则,知识约束为求解逆过程的相关知识,这些可作为求逆过程中正则化的模型或约束条件。

2.2.2　动平台扰动模型

在高速平台上,目标图像位置的抖动可源于以下因素:

(1) 动平台飞行中自身产生的扰动及其测量误差。

(2) 大气层内飞行与周围流场相互作用而产生的气动光学效应。

(3) 目标位置测量装置的起伏误差。

(4) 目标跟踪装置的起伏误差。

为此,需根据飞行器光学寻的制导平台的动力学模型建立高速平台上成像探测系统视场调转、稳定跟踪系统数学模型,图 2-3 所示为因扰动因素产生点目标像抖动的效应,图 2-4 为成像探测系统隔离平台姿态扰动伺服系

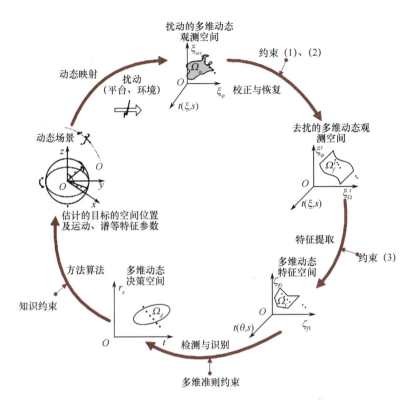

图 2-2　动平台光学寻的的信息处理所具有的反演性质

图 2-3　高速平台像面上点目标的 1000 次抖动叠加图像

统,图 2 - 5 为基于该模型的解耦性能仿真结果。

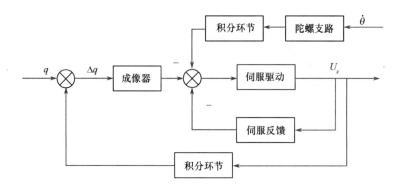

图 2 - 4   运动平台上具有视线稳定性能的成像探测伺服系统

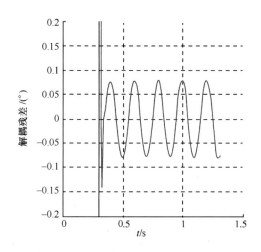

图 2 - 5   光轴稳定通道偏航回路仿真结果

⬥ 2.2.3   气动光学效应机理模型

大气层内平台高速运动带来复杂流场,将引起气动光学效应,给成像探测系统带来像模糊、像抖动、像偏移等扰动影响,如图 2 - 6 所示。

为此,需研究飞行器光学寻的探测平台周围的绕流流场对目标辐射能量传输的影响机理,建立相应的物理、数学模型,将其作为光学寻的制导信息处理方法的约束。图 2 - 7 气动光学扰动效应理论预测的模型。

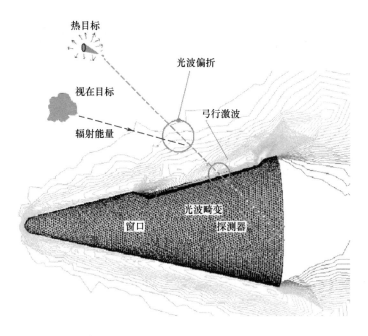

图 2-6 大气层内高速飞行对成像探测产生气动光学效应扰动(见书末彩页)

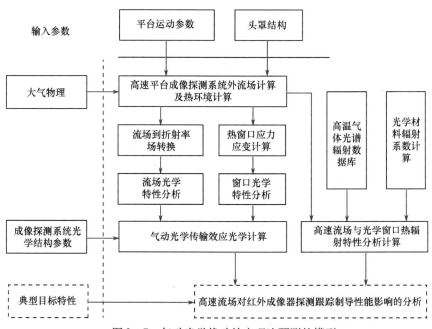

图 2-7 气动光学扰动效应理论预测的模型

⊿2.2.4 目标、背景与平台的时间－空间－波谱动态特性表达

要研究光学寻的制导信息处理问题,必须在时间－空间－波谱多维度空间中,认识并掌握目标、背景与飞行器平台本身的特性及它们相互之间的关系。

图2－8给出了弹道导弹目标尾焰在2～5μm谱段的谱特性及地面背景的谱特性和云层背景的谱特性。

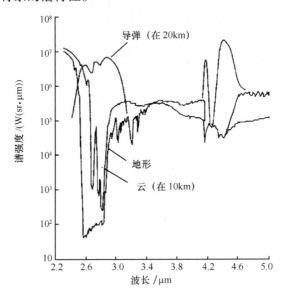

图2－8 目标、背景谱特性实例

图2－9给出了飞行器平台、平台载荷传感器、目标及大地坐标系的空间关系。其中 $O_E - X_E Y_E Z_E$ 代表大地坐标系, $O_M - X_M Y_M Z_M$ 代表飞行器平台坐标系, $O_S - X_S Y_S Z_S$ 代表平台载荷传感器坐标系, $O_T - X_T Y_T Z_T$ 代表目标坐标系。

图2－10给出了动目标在动平台传感器像平面上变化的投影模型,其中 $O_0 O_1$ 代表成像传感器光轴中心的移动矢量, $P_{t0} P_{t1}$ 代表动目标在三维空间中移动矢量,两者的综合作用造成动目标在成像传感器焦平面上的运动矢量, $P'_{t0} P'_{t1}$ 代表焦平面上的运动矢量。

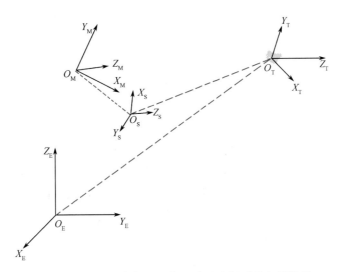

图 2-9　平台、传感器、目标及大地坐标系的空间关系

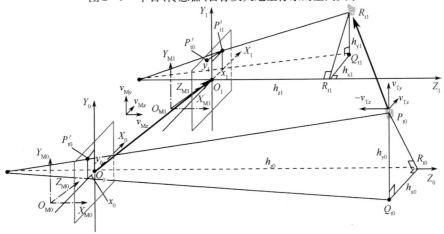

图 2-10　平台、目标运动在传感器像平面的动态投影模型

☑ 2.2.5　探测识别目标的可计算准则

　　飞行器光学寻的制导首先要解决能在运动中"探测到"、"识别对"各种感兴趣的目标,然后才可能引导自身到达目标或目的地。在什么内外条件下飞行器光学寻的制导才能做到这一点是需要首先研究解决的基础问题。

　　人类观察者对目标图像(序列)的分辨能力分为 3 个等级,即检测(detection)、识别(recognition)与辨识(identification),此 3 级分辨各类目标的能力是生物,特别是人类所独具的。约束识别能力的主要因素与基本规律一直是人们想破解的,因为人们想仿生设计构造自动寻的飞行器。

二维目标图像可分辨准则研究大都是基于 Johnson 人工判决的边界性准则,而客观的、计算机实现的目标探测定位的多维可计算准则的研究尚属空白。Johnson 准则以一组人类观测者的判断结果进行准则的统计研究。然而人的智能性、灵活性和知识难以量化。因此,Johnson 准则缺乏可操作性,计算机无法使用该准则。为解决此难题,我们提出利用数学建模和经验公式进行计算机功能模拟,实现目标探测定位性能预测的二维可计算功能,近似表达人的判别准则,实现目标探测定位的多维可计算准则。Johnson 准则具有如下局限性:

(1)最终结论的得出依赖于人工判读,缺乏客观性和准确性。

(2)Johnson 准则的方法仅以空间分辨率(线对数)为可变参数来界定 50% 的探测概率、识别概率和辨识概率,参数单一,不适应多参数可变的复杂条件。

(3)只在少数的几种目标(卡车及 M-48 坦克等 9 种目标)上进行了试验,试验样本较少。

(4)试验过程缺乏合理的数学模型,难以用计算机算法来对其进行实现。

(5)所有的试验都是在二维空间中进行的,没有考虑目标的三维距离信息或目标的多维信息。

为了克服 Johnson 准则的二维局限性,我们进一步将目标多维信息加入目标探测识别定位准则研究过程中,实现目标探测识别定位的多维可计算准则,为多种成像模式下的飞行器导航制导任务提供重要的理论支撑。与 Johnson 准则相比,目标探测识别的多维可计算准则具备如下优势:

(1)依据样本图像拟合得到预测计算公式,可进行正运算和逆运算,采用计算机算法近似实现,代替人的主观判断,可操作性强。

(2)将探测、识别、辨识统一定义为大尺度(低分辨率)、中尺度(中分辨率)和小尺度(高分辨率)的三阶段识别问题。

(3)以线对数、信噪比为可变参数,来界定任意的探测概率、识别概率和辨识概率,可适应多参数可变的复杂条件,为飞行器光学寻的系统设计和性能评价提供客观理论依据。

1. 典型运动目标样本数据库

本书给出的运动目标样本数据库由四类共 41 种目标构成,其中固定翼飞机类(22种)、旋翼飞机类(8种)、坦克类(6种)和装甲车辆类(5种)。每类目标有多个尺度,每个尺度又有几十个特性视图。在此基础上可进行检测识别的多参数多水平正交试验。样本数据库还可以扩充,但不会影响研究的基本结论。

利用成像探测器或计算机仿真都可以获取目标区域的样本图像,其体现了目标二维投影、表面材质及其反射/辐射特性或目标三维距离特性或目标多维融合信息。在获取目标样本图像时需要考虑成像器的像元空间分辨率以及目标的成像距离、线对数LP、距离分辨率DR、信噪比S/N等成像因素。图2-11为目标样本数据库中F16飞机目标样本典型视图示例。图2-12为红外成像传感器获取的典型运动目标的红外辐射图像。图2-13为激光成像传感器获取的典型运动目标的三维图像。

建立目标样本数据的过程中,成像距离表示目标与飞行器所载成像器之间的空间距离;线对数表示目标在样本图像中的成像大小(1个线对为2~3个

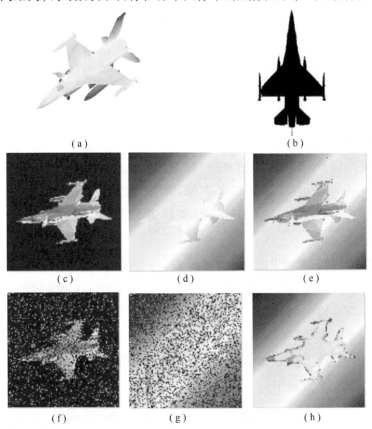

(a)   (b)

(c)   (d)   (e)

(f)   (g)   (h)

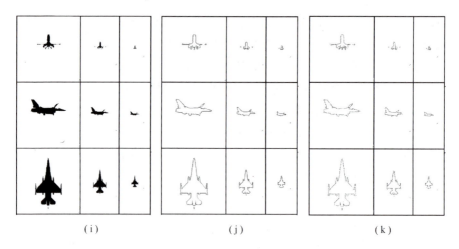

（i）　　　　　　　　　　（j）　　　　　　　　　　（k）

图2-11　F16飞机目标样本图典型视图

(a)三维模型图；(b)二值图；(c)强度图；(d)三维距离图；(e)距离图和强度图的融合结果图；

(f)加噪强度图(脉冲噪声:信噪比 $S/N=2$)；(g)加噪距离图(散斑噪声:信噪比 $S/N=2$)；

(h)去噪距离图；(i)多尺度多视点特性视图；(j)多尺度多视点轮廓图；

(k)多尺度多视点轮廓加噪图。图(a)~(h)见末书彩页

像素)；信噪比 S/N 则表示目标样本图像的成像质量。对于同一个目标样本而言,在不同的成像距离下,所得到的样本图像中目标成像大小随着成像距离的减少而逐渐增大；另外,信噪比高的样本图像,目标更加突出。最后将样本数据库中所有目标的三维模型、二值图像、强度图像或三维距离像或多维图像,进行处理生成多尺度多视点特性视图、轮廓图等多维特征信息,一并存入目标样本数据库。

2. 二维目标探测识别可计算准则

目标探测概率、识别概率、辨识概率均可表示为目标区域外接矩形在 X 方向上的线对数 LP_x 和 Y 方向上的线对数 LP_y 以及信噪比(S/N)的函数,在离散二维坐标系中,分辨率与线对数表示如图2-14所示。其中,信噪比为参变量,并将概率表达为三次多项式,具体表达形式如下：

二维目标探测概率：

$$P_d = f(LP_x, LP_y \mid_{S/N}) = d_3 x^3 + d_2 x^2 + d_1 x + d_0 \tag{2-1}$$

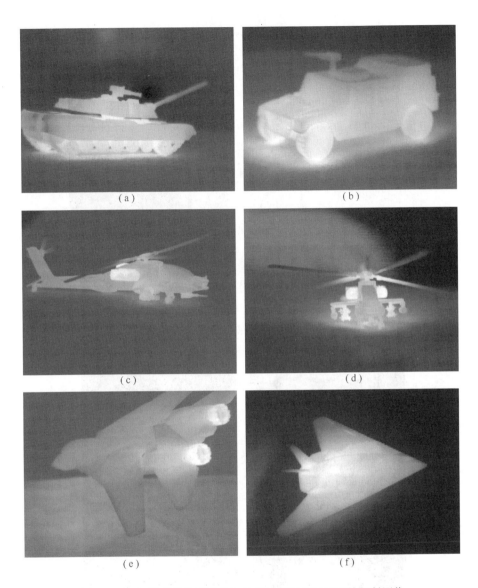

图 2 – 12　红外成像传感器获取的典型运动目标的红外辐射图像

(a)坦克红外图像;(b)武装吉普车红外辐射图像;

(c)、(d)旋翼飞机红外辐射图像;(e)、(f)固定翼飞机红外辐射图像。

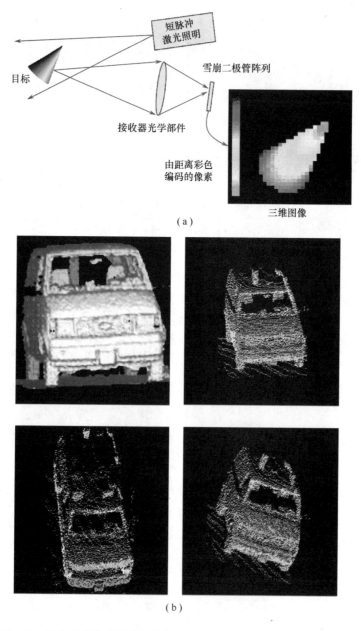

图 2 - 13　激光成像传感器获取的典型运动目标的三维图像(见书末彩页)
(a)激光成像探测装置;(b)激光雷达获取的三维雪佛兰牌汽车图像。

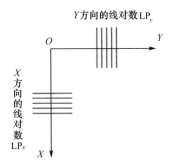

图 2 - 14 离散二维坐标系中分辨率与线对数

二维目标识别概率：

$$P_r = f(\text{LP}_x, \text{LP}_y \mid_{S/N}) = r_3 x^3 + r_2 x^2 + r_1 x + r_0 \qquad (2-2)$$

二维目标辨识概率：

$$P_i = f(\text{LP}_x, \text{LP}_y \mid_{S/N}) = i_3 x^3 + i_2 x^2 + i_1 x + i_0 \qquad (2-3)$$

为了简化计算，可以用目标线对数几何平均来表征 LP_x 和 LP_y 对目标探测识别辨识性能的影响。二维目标平均线对数 LP(Line Pair) 在数值上等于目标区外接矩形的 X 方向线对数乘以 Y 方向线对数开方，即 $\text{LP} = \sqrt{\text{LP}_x \cdot \text{LP}_y}$，因此上述表达式可简化为

二维目标探测概率：

$$P_d = f(\text{LP} \mid_{S/N}) \qquad (2-4)$$

二维目标识别概率：

$$P_r = f(\text{LP} \mid_{S/N}) \qquad (2-5)$$

二维目标辨识概率：

$$P_i = f(\text{LP} \mid_{S/N}) \qquad (2-6)$$

因此可得在信噪比变化的情况下，目标平均的二维探测概率与线对数的关系如图 2 - 15 所示，两种类型的目标(旋翼飞机和坦克)二维识别概率与线对数的关系分别如图 2 - 16(a)、图 2 - 16(b)所示，两种特定型号的目标(500D 和 LECRERC)二维辨识概率与线对数的关系分别如图 2 - 17(a)、图 2 - 17(b)所示。

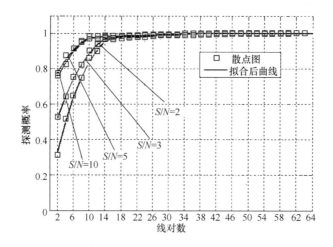

图 2 - 15　不同信噪比下,4 类目标平均的二维探测概率与线对数的关系

$S/N = 2$：拟合公式 $P_d(x) = -0.0010x^2 + 0.0158x + 0.5691$

$S/N = 3$：拟合公式 $P_d(x) = -0.0014x^2 + 0.0356x + 0.6771$

$S/N = 5$：拟合公式 $P_d(x) = -0.0018x^2 + 0.0405x + 0.6898$

$S/N = 10$：拟合公式 $P_d(x) = -0.0020x^2 + 0.0434x + 0.6916$

3. 三维目标探测识别定位可计算准则[17]

三维目标探测概率、识别概率、辨识概率均可表示为目标区域外接立方体在 X 方向上的线对数 LP_x、Y 方向上的线对数 LP_y 和 Z 方向的线对数 LP_z、距离分辨率 RR 以及信噪比的函数。在离散三维坐标系中空间分辨率的线对数表示如图 2 - 18 所示。其中,信噪比为参变量,具体表达形式如下：

三维目标探测概率：

$$P_d = f(LP_x, LP_y, LP_z, RR|_{S/N}) = d_3 x'^3 + d_2 x'^2 + d_1 x' + d_0 \qquad (2-7)$$

三维目标识别概率：

$$P_r = f(LP_x, LP_y, LP_z, RR|_{S/N}) = r_3 x'^3 + r_2 x'^2 + r_1 x' + r_0 \qquad (2-8)$$

三维目标辨识概率：

$$P_i = f(LP_x, LP_y, LP_z, RR|_{S/N}) = i_3 x'^3 + i_2 x'^2 + i_1 x' + i_0 \qquad (2-9)$$

为了简化计算,可以用目标线对数几何平均或算术平均来表征 LP_x、LP_y 和 LP_z 对目标探测、识别、辨识性能的影响。在激光/雷达获取的目标三维距离图

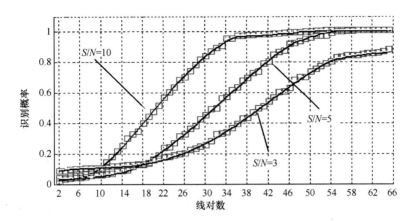

（a）不同信噪比下,第一类目标(旋翼飞机)二维识别概率与线对数的关系

$S/N=10$：拟合公式：$P_r(x) = -0.0001x^3 + 0.004x^2 - 0.0239x + 0.0645$

$S/N=5$：拟合公式：$P_r(x) = 0.0014x^2 - 0.0183x + 0.0902$

$S/N=3$：拟合公式 $P_r(x) = -0.0006x^2 + 0.0052x + 0.0844$

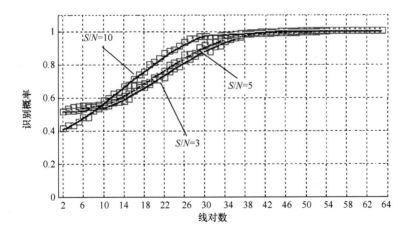

（b）不同信噪比下,第二类目标(坦克)二维识别概率与线对数的关系

$S/N=10$：拟合公式 $P_r(x) = -0.0001x^3 + 0.0021x^2 - 0.0164x + 0.5624$

$S/N=5$：拟合公式 $P_r(x) = 0.0014x^2 - 0.0173x + 0.4051$

$S/N=3$：拟合公式 $P_r(x) = -0.0001x^3 + 0.0036x^2 - 0.0353x + 0.415$

图 2-16　两种类型的目标(旋翼飞机和坦克)识别概率与线对数的关系

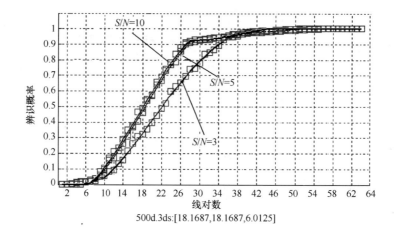

500d.3ds:[18.1687,18.1687,6.0125]

（a）不同信噪比下，目标（500D）的二维辨识概率与线对数的关系

$S/N=10$：拟合公式 $P_i(x) = -0.0001x^3 + 0.0047x^2 - 0.0397x + 0.0749$

$S/N=5$：拟合公式 $P_i(x) = -0.0002x^3 + 0.0059x^2 - 0.0390x + 0.0400$

$S/N=3$：拟合公式 $P_i(x) = -0.0001x^3 + 0.0056x^2 - 0.0332x + 0.0184$

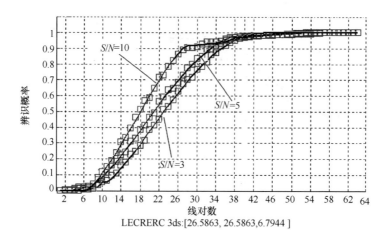

LECRERC 3ds:[26.5863, 26.5863,6.7944]

（b）不同信噪比下，目标（LECRERC）的二维辨识概率与线对数的关系

$S/N=10$：拟合公式 $P_i(x) = -0.0001x^3 + 0.0042x^2 - 0.0289x + 0.0469$

$S/N=5$：拟合公式 $P_i(x) = -0.0001x^3 + 0.0047x^2 - 0.0438x + 0.0915$

$S/N=3$：拟合公式 $P_i(x) = -0.0002x^3 + 0.0057x^2 - 0.0328x + 0.0123$

图 2-17　两种特定型号的目标（500D 和 LECRERC）辨识概率与线对数的关系

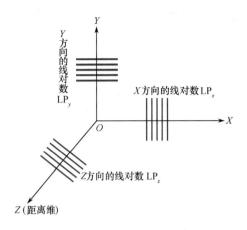

图 2-18　离散三维坐标系中空间分辨率的线对数表示

像中,距离分辨率 RR 在数值上表示目标区域在距离方向上可分辨的距离等级数,其数值越大代表在距离方向上表征的目标距离信息越丰富,数值越小代表在距离方向上表征的目标距离信息越少。三维目标平均线对数 LP(Line Pair)在数值上等于目标区外接立方体 X 方向线对数、Y 方向线对数和 Z 方向线对数的几何平均或算术平均值,即 $LP = \sqrt[3]{LP_x \times LP_y \times LP_z}$ 或 $LP = (LP_x + LP_y + LP_z)/3$,因此上述表达式可简化为

三维目标探测概率:
$$P_d = f(LP, RR|_{S/N}) \tag{2-10}$$

三维目标识别概率:
$$P_r = f(LP, RR|_{S/N}) \tag{2-11}$$

三维目标辨识概率
$$P_i = f(LP, RR|_{S/N}) \tag{2-12}$$

因此,在距离分辨率 RR 较高且信噪变化的情况下,目标探测概率与线对数的关系如图 2-19 所示,两种类型的目标(旋翼飞机和坦克)三维识别概率与线对数的关系分别如图 2-20(a)、图 2-20(b)所示,两种特定型号的目标(500D 和 LECRERC)三维辨识概率与线对数的关系分别如图 2-21(a)、图 2-21(b)所示。

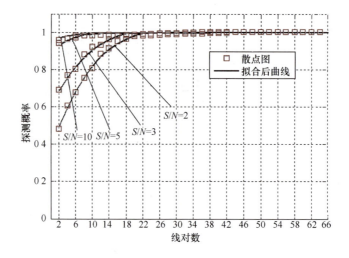

图 2 – 19　不同信噪比下,4 类目标平均三维目标探测概率与线对数的关系

$S/N = 10$:拟合公式 $P_\mathrm{d}(x) = -0.0014x^2 + 0.0442x + 0.5025$

$S/N = 5$:拟合公式 $P_\mathrm{d}(x) = -0.0027x^2 + 0.0665x + 0.4392$

$S/N = 3$:拟合公式 $P_\mathrm{d}(x) = +0.0001x^3 - 0.0034x^2 + 0.0773x + 0.4153$

$S/N = 2$,拟合公式 $P_\mathrm{d}(x) = +0.0001x^3 - 0.0041x^2 + 0.0864x + 0.4161$

4.　多维目标探测识别可计算准则比较

　　分析上述二维、三维目标探测定位可计算准则结果,可知:①在相同的控制参数组合下,高维框架下的探测、识别与辨识结果均优于低维情况下的结果;②当探测、识别与辨识率均取门限值 50% 时,高维框架下的控制因素的取值均低于低维情况下的对应取值。图 2 – 22、图 2 – 23 和图 2 – 24 所示为在高信噪比且高距离分辨率情况下,二维和三维目标探测定位可计算准则的性能比较实例。表 2 – 1 所列为在执行发现、确定朝向方位、识别及辨识任务时,Johnson 准则与二维、三维可分辨准则所需平均线对数(50% 的正确率)对比列表。

　　由此可见,我们的研究结果与 Johnson 准则在高信噪比条件的人类观察组实验结果相近,而可变信噪比的研究结果没有见到国内外文献的相关报道。由于检测、识别、辨识的特征图为各类各种目标的轮廓图,而没有用到目标图像的其他特征,所以,可计算准则估计的结果对空间分辨率的依存关系值要大于 Johnson 准则人类观察组统计结果,这是合理的。

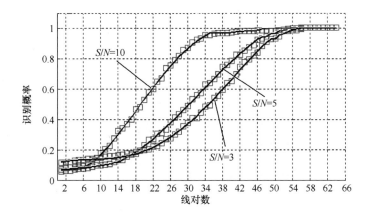

（a）不同信噪比下，第一类目标（旋翼飞机）三维识别概率与线对数的关系

$$S/N = 10：拟合公式：P_r(x) = -0.0001x^3 + 0.039x^2 - 0.0236x + 0.1027$$

$$S/N = 5：拟合公式：P_r(x) = 0.0013x^2 - 0.0176x + 0.1315$$

$$S/N = 3：拟合公式 P_r(x) = -0.0008x^2 + 0.0068x + 0.1106$$

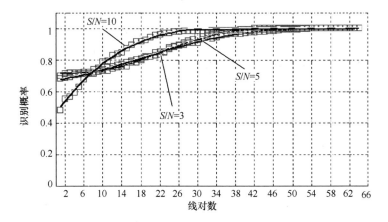

（b）不同信噪比下，第二类目标（坦克）三维识别概率与线对数的关系

$$S/N = 10：拟合公式 P_r(x) = +0.0013x^2 - 0.0115x + 0.7425$$

$$S/N = 5：拟合公式 P_r(x) = 0.0004x^2 - 0.0032x + 0.6733$$

$$S/N = 3：拟合公式 P_r(x) = -0.0011x^2 + 0.0414x + 0.4596$$

图 2 - 20　两种类型的目标（旋翼飞机和坦克）识别概率与线对数的关系

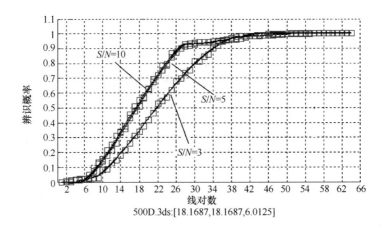

500D.3ds:[18.1687,18.1687,6.0125]

（a）不同信噪比下，目标(500D)的三维辨识概率与线对数的关系

$S/N = 10$：拟合公式 $P_i(x) = -0.0001x^3 + 0.0043x^2 - 0.0329x + 0.0631$

$S/N = 5$：拟合公式 $P_i(x) = -0.0001x^3 + 0.0049x^2 - 0.0220x + 0.0071$

$S/N = 3$：拟合公式 $P_i(x) = -0.0001x^3 + 0.0047x^2 - 0.0172x + 0.0243$

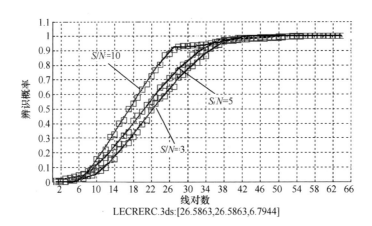

LECRERC.3ds:[26.5863,26.5863,6.7944]

（b）不同信噪比下，目标(LECRERC)的三维辨识概率与线对数的关系

$S/N = 10$：拟合公式 $P_i(x) = -0.0001x^3 + 0.0040x^2 - 0.0254x + 0.0591$

$S/N = 5$：拟合公式 $P_i(x) = -0.0001x^3 + 0.0043x^2 - 0.0359x + 0.0757$

$S/N = 3$：拟合公式 $P_i(x) = -0.0001x^3 + 0.0049x^2 - 0.0189x + 0.0242$

图 2-21　两种特定型号的目标(500D 和 LECRER)辨识概率与线对数的关系

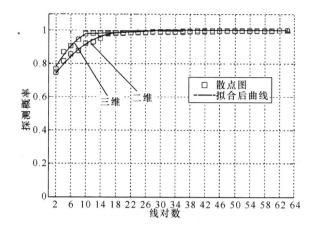

图 2 - 22　二维、三维目标探测准则对比曲线

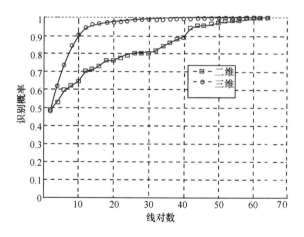

图 2 - 23　二维、三维目标识别准则对比曲线

表 2 - 1　在执行发现、确定朝向方位、识别及辨识任务时,Johnson
准则与二维、三维可分辨准则所需平均线对数(50% 的正确率)对比列表

准则	最小维方向的分辨率			
	发现	确定朝向方位	识别	辨识
Johnson 准则	1.0 ± 0.25	1.4 ± 0.35	4.0 ± 0.8	6.4 ± 1.5
二维可计算准则	1.9 ± 0.7	2.6 ± 1.0	7.0 ± 2.7	9.0 ± 3.5
三维可计算准则	1.6 ± 0.6	2.1 ± 0.8	6.0 ± 2.3	7.8 ± 3.0

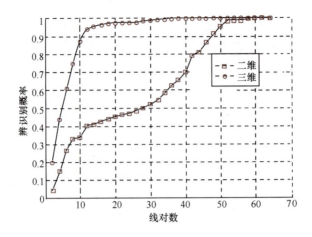

图 2-24　二维、三维目标辨识准则对比曲线

▶ 2.3　光学成像直接寻的与定位

在飞行器光学寻的制导过程中,可将末制导过程划分为小目标、大目标、目标充满视场和超出视场 4 个阶段。结合制导过程中目标背景图像特征的变化特点,建立多尺度的目标分级特征模型。然后,再针对目标图像在不同阶段的特点,分别设计不同的算法或算法组合。图 2-25 为光学成像寻的制导信息处理状态转换示意图。

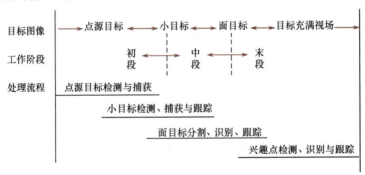

图 2-25　光学成像寻的制导信息处理状态转换示意图

为了提高成像制导系统工作的稳定性和可靠性,这几种工作模式可局部重叠,工作模式的切换采用软切换。在不同阶段的过渡时区内,有几种方式重

叠运行,只有当后续制导模式置信水平足够高时,才具备切换的条件,然后在系统主控部分控制下,确定后续算法参与的时刻。对先期方式与后续方式测量结果进行加权,综合输出一个结果,权重值根据每种方式的置信水平和目标图像面积变化逐步调节,最终过渡到后续工作方式单独工作。这种设计增加处理负担,但保持系统有足够的功能和时间上的冗余。对提高制导性能是有益的。

2.4 目标–地标关联寻的与定位

根据成像制导中目标背景的复杂性和多样性,为实现系统的整体性能优化,应分别针对不同的目标/背景特性采用不同的寻的信息处理方案。在目标出现在视场内且特征明显时采用目标特征引导的直接寻的制导处理方式;目标出现在视场内但目标本身特征不明显时则采用目标区匹配或间接导引的方法;距离目标较远,不能确定目标是否在视场内时,采用区域相关匹配的方法。同一个制导系统也可以根据图像特性采用光学寻的与图像匹配并存的混合寻的制导信息处理方案。图 2 – 26 所示为混合寻的制导信息处理方案。

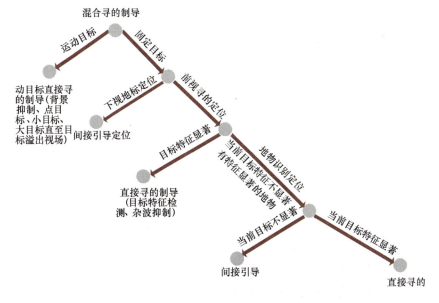

图 2 – 26 混合寻的制导信息处理方案

尽管在传统的成像制导研究中,图像匹配和目标检测识别是完全独立的两个问题,但在本书提出的理论框架中将二者作为有机结合的统一体:一方面,从制导过程上看,由于目标的尺度变化和场景的多样性、复杂性,在目标特征不突出的情况下,要从杂波背景中直接检测出目标是十分困难的甚至是完全不可能的,检测的结果也极不可靠。但此时可利用目标周围区域信息通过区域匹配将成像光轴引导至目标区域,然后随着尺度的变化逐步实现精确定位。在目标本身信息足够显著时转入目标检测或直接根据目标在目标区中的相对位置实现目标定位;另一方面,匹配与目标检测识别从概念上也是一致的,匹配可以认为是利用图像中特定灰度或其他特征实现检测,是实现目标检测识别的一种重要手段。通过二者统一,提高了目标检测识别系统对复杂动态环境的适应能力。

2.5　子空间协同的递推探测定位

通过掌握目标、背景、平台以及载荷模型,将这些模型和知识作为处理方法运作的约束,使得求逆过程最终可估计得到目标的部分信息。互补的成像模式越多,获取独特的目标信息就越多,使求逆过程的不适定性减少。例如:

被动光学 + 主动激光:主动激光模式的加入,则

(1) 可获得相对于目标的距离信息。

(2) 可通过距离选通减少背景干扰等。

光学 + 光谱:光谱信息获取模式的加入,则

(1) 可获得区分各种目标的谱特征。

(2) 可区分目标与干扰等。

多传感器数据匹配关联,即不同传感器检测的多个目标首先需进行时间对准和空间对准,然后需要对不同传感器的检测结果进行关联确认,这样就使目标检测定位的可靠性大为提高。

显然,可以将时间 - 空间 - 波谱多维度空间中的目标探测定位问题抽象为子空间协同探测问题,如图 2 - 27 所示,各种探测定位目标的方法,各种模式的复合,都可以用这一框架统一地描述。

基于目标/背景/平台的相互几何关系、特性的表现方式、载荷的信息获取

能力等多种因素及其变化,可形成多种时-空-谱子空间协同的目标检测识别方法。

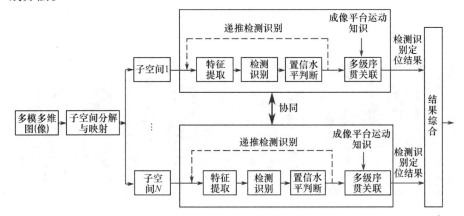

图2-27　子空间协同探测的递推检测识别方法

图2-28为红外/激光协同处理实例。其中,红外为时-空-谱多维域中的子空间,激光也为多维域中的子空间。通过在红外子空间中捕获定位感兴趣区,激光协同确认感兴趣区目标。在此,红外和激光波谱不同、空间分辨率不同以及时间分辨率不同。协同工作时,要恰当地处理其差异性,以达到最佳效果。

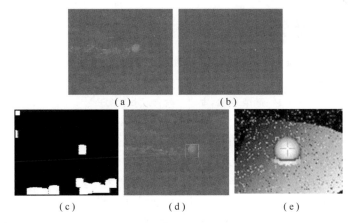

图2-28　红外/激光协同处理实例

(a)原始红外图像;(b)形态学背景抑制;(c)图(b)分割结果;

(d)红外识别初步结果;(e)激光协同红外确认目标。

图 2 - 29 所示为中波/短波协同处理实例。其中,中波为时 – 空 – 谱多维域中的子空间,短波也为多维域中的子空间。首先利用中波和短波信息相互作为佐证疑似目标信息,然后利用目标和诱饵的中波和短波强度比值的不同,区分目标和诱饵。

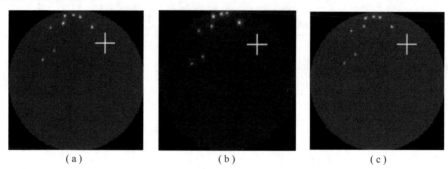

(a)　　　　　　　　(b)　　　　　　　　(c)

图 2 - 29　中波/短波协同处理实例

(a)中波处理结果;(b)短波处理结果;(c)融合处理结果。

参 考 文 献

[1] George M Siouris. Missile Guidance and Control Systems[M]. Springer – Verlag New York, Inc. ,2004.

[2] 张天序. 动态特征空间与目标识别新方法研究[C]. 2004 计算机视觉与目标识别进展论文集. 北京:知识产权出版社,2005.

[3] 张天序,翁文杰,冯军. 三维运动目标的多尺度智能递推识别新方法[J]. 自动化学报,2006,32(5),641 – 658.

[4] 殷兴良. 气动光学原理[M]. 北京:中国宇航出版社,2003.

[5] Pieter A Jacobs. Thermal Infrared Characterization of Ground Targets and Backgrounds[M]. SPIE Optical Engineering Press,1996.

[6] 姚连兴,等. 目标和环境的光学特性[M]. 北京:宇航出版社,1995.

[7] George J Zissis. Sources of Radiation[M]. SPIE Press,1993.

[8] Fred G Smith. Atmospheric Propagation of Radiation[M]. SPIE Press, 1993.

[9] Stephen B Campana. Passive Electro – Optical Systems[M]. SPIE Press, 1993.

[10] Clifton S Fox. Active Electro – Optical Systems[M]. SPIE Press, 1993.

[11] David Pollock. Countermeasure Systems[M]. SPIE Press,1993.

[12] Stanley R Robinson. Emerging Systems and Technologies[M]. SPIE Press, 1993.

［13］Leachtenauer Jon C，Driggers Ronald G. 监视与侦察成像系统－模型与性能预测［M］. 陈世平，等译. 北京：中国科学技术出版社，2007.

［14］张天序，丁晓白，易可佳，等. 一种二维可计算的目标探测识别及辨识性能预测方法［P］. 中国专利，ZL201110460008.2.

［15］张天序，丁晓白，汪小平，等. 一种三维可计算激光成像目标探测识别及辨识性能预测方法［P］. 中国专利，ZL201110460007.8.

［16］张天序，余铮. 一种气动光学退化图像序列自适应校正方法［P］. 中国专利，ZL200910062689.x.

［17］张天序，张新宇，易新建. 一种图谱一体化的时变对象光谱信息获取方法与装置［P］. 中国专利：ZL200910272679.9.

［18］张天序，张伟，方正，等. 多模态的多目标特征获取方法［P］. 中国专利，zl2011102604943.

［19］张天序，洪汉玉，张新宇. 气动光学效应校正－原理、方法与应用［M］. 合肥：中国科学技术大学出版社，2014.

第 3 章
平台、目标、背景空间特性建模与表达

　　作为光学寻的制导过程中动态正向映射的物理过程的一部分,以及信息处理求逆过程必备的约束条件,对平台、目标、背景的空间特性及它们之间空间关系的建模与表达,是光学寻的制导信息处理的基础,直接为光学寻的制导服务,是必不可少的工作。

　　飞行器光学寻的必须要弄清楚平台、成像传感器与目标、背景之间的空间关系。本章阐述的内容直接支撑第 5 章、第 6 章的相关方法研究。

▶ 3.1　平台、目标、背景的空间坐标系

　　如图 3 -1 所示,飞行器平台例如导弹通过预设弹道或航迹,利用外界信息修正因惯导系统累积误差引起的航路偏差,达到正确导航、精确制导定位到目标。

　　一种空射导弹攻击地面目标寻的制导过程示意图如 3 -2 所示。

　　环境、飞行器、传感器与目标四位一体的相互关系是讨论光学寻的制导的基础,如图 3 -3 所示存在 4 个坐标系,分别是:大地坐标系 $O - xyz$, 飞行器坐标系 $O_0 - x_0 y_0 z_0$, 成像传感器坐标系 $O' - x'y'z'$, 目标坐标系 $O'' - x''y''z''$。飞行器相对于地球坐标系的位置矢量为 OO', 飞行器指向目标的位置矢量为 $O'O''$,

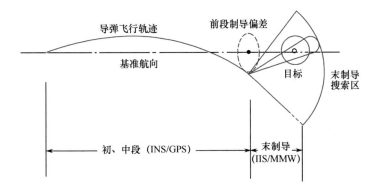

图 3 - 1 修正导航偏差示意图

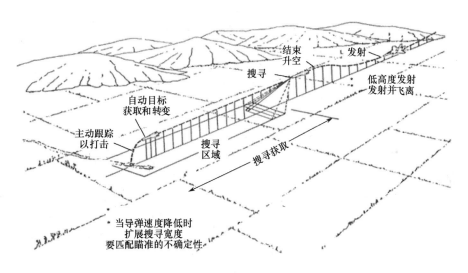

图 3 - 2 一种空射导弹攻击地面目标寻的制导过程示意图

成像传感器相对于飞行器的位置矢量为 O_0O', 成像传感器相对于目标的位置矢量为 $O'O'$, 传感器指向 $O'z'$ 相对于目标有一个角偏差。

如图 3-4 所示, 在传感器/像平面上, 目标图像 (x_0, y_0) 相对于图像中心有角偏差。

显然, 通过信息处理算法我们希望将该偏差估算出来, 纠正该指向偏差, 进而纠正飞行器的飞行偏差, 最终达到目标。如图 3-5 所示。

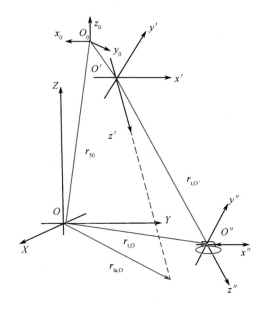

图 3-3 4 个主要的坐标系统及相互关系

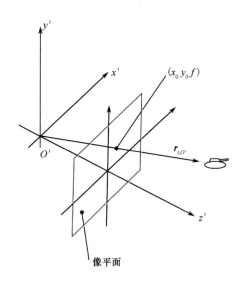

图 3-4 传感器/像平面与目标成像

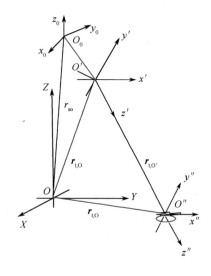

图 3-5 通过信息处理达到
传感器光轴瞄准目标

3.2 目标的几何建模与多尺度表达

建立一套完整、准确的典型目标模型库具有重要的理论意义和广泛的应用价值,可以为目标特性分析、目标检测识别方法的研究和实现奠定基础。首先构造飞机、船舶、坦克、车辆等典型目标的三维模型,再通过三维模型得到多尺度多视点的二值图和轮廓图,从而建立一套从三维立体到二维平面的多尺度表达方法。

3.2.1 构建三维模型

1. 船舶几何模型构造

现代船舶是一种非常复杂的海上移动平台,具有流线型的主船体结构和构件繁多的上层建筑,对其进行三维建模是一项困难而费时的工作。

根据模型图纸及参数,运用积木式模块化思想,使用景象建模工具 Multigen Creator 可建立包括航空母舰、导弹驱逐舰、导弹护卫舰等典型船舶模型。

1)积木式模块化建模

积木式模块化建模是在 CAD 软件设计中常用的一种方法,运用积木式模块化建模三维船舶,就是先将复杂的船舶按照舰体结构逐级划分为有限多个模块单元,再把各模块单元作为独立单位分别建模,最后以"儿童搭积木玩具"的方式完成多个积木模块的拼接,构成整体的船舶三维模型。在划分积木模块单元时应保证各积木模块在结构形式上是最简单的,在使用时是最方便的,而且必须有利于各模块之间的拼接设计。现代船舶由船体基本结构和船体专用结构组成,对其进行模块划分可按照序列逐级进行。船体基本结构是组成船体所必须的、主要的构件,又可分为主船体结构和上层建筑结构两部分;船体专用结构是因某些特殊需要而设置的局部性构件,主要包括各种装备下的基座结构及其加强结构、桅杆结构和装甲防护结构等(Openflight 的数据层次结构正好能充分体现积木式模块化思想)。

2)建模的原则

(1)确立这个模型的最终目的(要达到的程度,需要用到的技术)。

(2)优化目标实时模型系统(如限制软硬件平台、颜色、多边形数目、材质、光源和纹理等参数）。

（3）模型系统的背景要简单、真实。

（4）提高模型系统中重要部分的精度。在建模过程中，即使是最简单的模型，也应该调整层次结构视图，而达到优化的目的。

3）建模步骤（以"阿利·伯克"级导弹驱逐舰建模为例）

（1）划分舰体结构。分为主船体结构（Hull）、上层建筑结构（Superstructure）、其他装备结构（Other）。主船体结构分为主船体中前部（ForeMid）和主船体尾部（Buttock）；上层建筑结构分为舱室（Cabin）、桅杆（Backstay）、烟囱（Chimney）；其他装备结构分为火炮（Artille）、雷达（Radar）等，如图 3 – 6 所示。

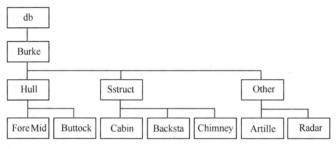

图 3 – 6　Multigen Creator 中数据层次结构视图

（2）根据模型图纸确定 Multigen Creator 中合适的三维坐标系及适当的比例尺（本章的模型比例均为 1∶600）。

（3）确定船舶每个部位相对位置。

（4）在模型图纸上量出船舶各个部位的长、宽、高，根据长、宽算出每个节点对应在 MultiGen 中的坐标位置，利用 Multigen Creator 中的多边形工具（Polygon）将节点连接成面，形成各个部位的截面图。

（5）根据高度，再利用 Multigen Creator 中的仿样工具（Loft）将该部位的截面图拉升，形成一个三维立体的模型。

当每个部位的模型都建立之后，根据步骤（3）各个部位的相对位置将各个部位进行组合，从而获得较为真实的船舶三维模型。

（6）由建好的三维模型，根据不同的视点建立二维视图。

以下给出了利用 Multigen Creator 建立标准视点（前视、尾视、右舷侧视、左舷侧视、俯视）的视图例。图 3 – 7 为"企业"号航空母舰标准视点视图；图 3 –

8 为提康德罗加"级导弹巡洋舰标准视点视图;图 3 - 9 为"斯普鲁恩斯"级驱
逐舰标准视点视图。

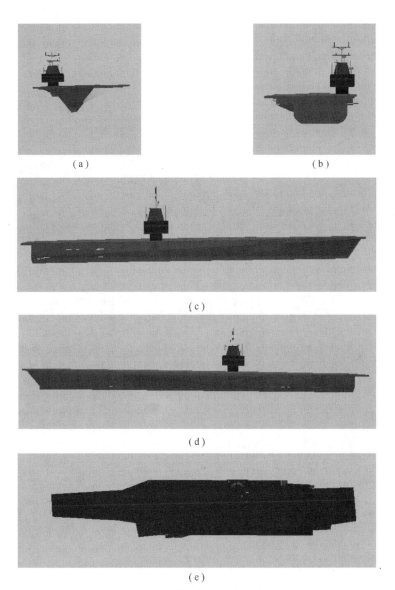

（a）   （b）

（c）

（d）

（e）

图 3 - 7 "企业"号航空母舰标准视点视图
（a）航空母舰前视图；（b）航空母舰尾视图；（c）航空母舰右舷侧视图；
（d）航空母舰左舷侧视图；（e）航空母舰俯视图。

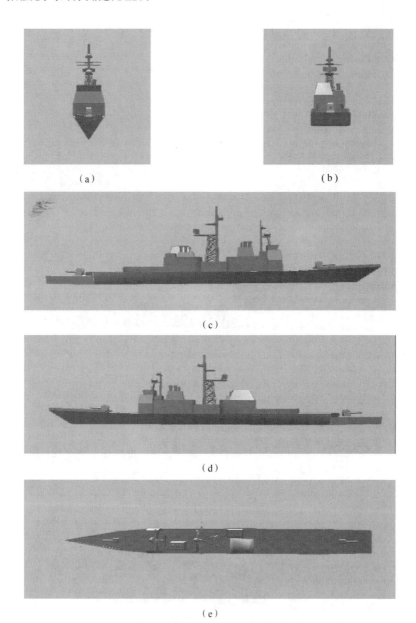

图 3-8 "提康德罗加"级导弹巡洋舰标准视点视图

(a)巡洋舰前视图;(b)巡洋舰尾视图;(c)巡洋舰右舷侧视图;

(d)巡洋舰左舷侧视图;(e)巡洋舰俯视图。

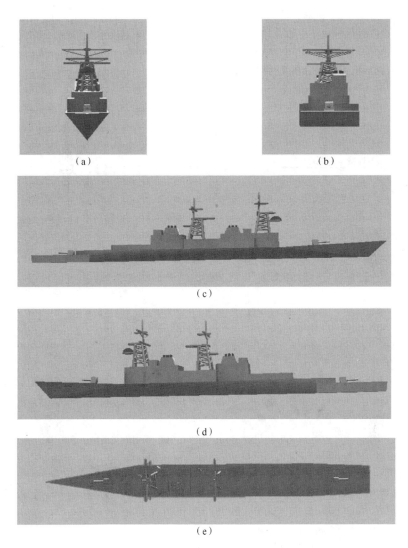

图3-9　"斯普鲁恩斯"级驱逐舰标准视点视图

(a)驱逐舰前视图;(b)驱逐舰尾视图;(c)驱逐舰右舷侧视图;

(d)驱逐舰左舷侧视图;(e)驱逐舰俯视图。

2. 飞机几何模型构造

利用三维仿真软件 MultiGen 建立飞行器的三维模型,采用飞行器的各种真实数据使模型尽量逼近目标的真实三维数据。以下给出了 B2、F117、Mirage2000 等3种模型,如图3-10所示;图3-11为固定翼飞机 B52 和 F16 的三维模型示例;图 3 – 12 为旋翼飞机 KA25A 和 ALOUETTE 的三维模型示例;图 3 – 13 为坦克 FT17BER 和 LECRERC 的三维模型示例;图 3 – 14 为地面车辆 HEMTT 和 WILLYS 的三维模型示例。

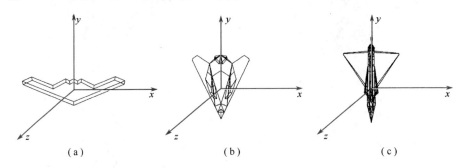

(a)　　　　　　　　(b)　　　　　　　　(c)

图 3 – 10　3 种飞机的三维模型

(a)B2 模型;(b)F117 模型;(c)Mirage2000 模型。

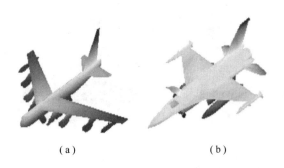

(a)　　　　　　　　(b)

图 3 – 11　固定翼飞机的三维模型示例(见书末彩页)

(a)B52 飞机模型;(b)F16 飞机模型。

(a)　　　　　　　　(b)

图 3 – 12　旋翼飞机的三维模型示例(见书末彩页)

(a)KA25A 飞机模型;(b)ALOUETTE 飞机模型。

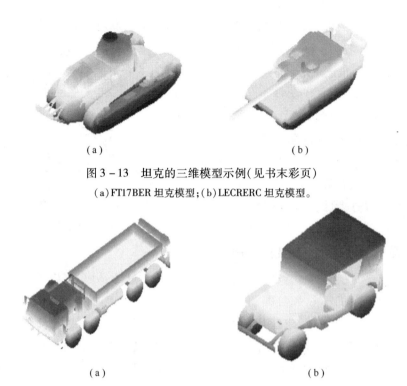

图3-13　坦克的三维模型示例(见书末彩页)

(a)FT17BER 坦克模型；(b)LECRERC 坦克模型。

图3-14　地面车辆的三维模型示例(见书末彩页)

(a)HEMTT 车辆模型；(b)WILLYS 车辆模型。

⚐3.2.2　不同视点下三维目标特性视图的获取

　　为适应飞行器光学寻的制导过程中多尺度、多视点、多航路观察目标态势的需求,必须使用跟随、旋转、固定等多种视点观察模式,满足实际中各种不同的寻的需求。

　　飞行器在实际获取目标图像时,通过被动传感器只能获得三维物体的二维图像。三维目标信息的获取通过对任意角度观测的二维侧面视图分析得到。建立了完备的三维物体的二维侧视图库也就能够描述一个三维目标。在计算机视觉中,对三维目标的识别可转换成对其二维视图的识别。

　　三维目标向各平面正交投影方向形成的空间就是从各平面投影点处观察目标所形成的视觉方向空间,它能用一个单位球表示,如图3-15所示,可把这个球称作高斯观测球。

从不同的角度观测三维目标会得到不同
的二维投影侧面视图,确定观测的方位角、俯
仰角的范围和角度间隔结合建模仿真软件 Ve-
ga 就能够自动获取任意视点的目标侧视图。
每隔20°采样可得到162个视点的侧视图作为
标准样本,用于生成目标的特性视图。当三维
目标运动时,其姿态的变化所造成的效果等价
于观察者视点在高斯球面上的移动。三维目
标相对于观察者距离变化所造成效果相当于
目标图像尺度或模糊程度的变化。

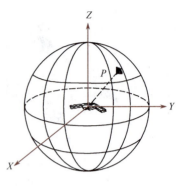

图 3-15 视觉空间的
单位球表示

1. 多尺度多视点特性视图表达

为与寻的制导目标检测识别中尺度、视点的变化相适应,提出了多尺度的
多视点特征建模方法,以经典的扩展的高斯图像映射理论(Extended Gaussian
Images)为基础,以高斯球面为观察视点,如图 3-16 所示。通过计算特征向量
距离,将该球面划分为相联通的若干点集,使得在某个点集上的所有点上观察
该目标,会得到特征相近或拓扑同形的视图,该点集的代表即特性视图(char-
acteristic views)。

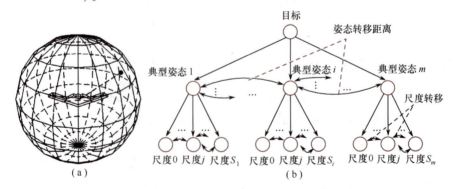

图 3-16 目标的多尺度多视点特性视图表达

(a)高斯观察球面的经纬度划分;(b)动态三维目标的多尺度、多视点表示。

基于高斯扩展图像映射而获得的三维目标的特性视图无疑是三维目标二
维表示的有效模型。但该模型的不完备之处,是没有考虑实际成像条件下,当
成像传感器定焦、焦平面敏感元数恒定、飞行器或目标运动造成观察距离变化

等因素引起目标图像的模糊和尺度的变化。常规的方位图是目标模型的一种理想化表示,而实际应用必须考虑目标识别可能处在不同识别距离,而不仅是方位的约束。为此,本书把常规特性视图表达推广到多尺度特性视图表达,以反映实际成像条件下的约束。如图3-16(b)所示,典型姿态 i 指高斯观察球面的特性视图所对应的目标姿态,尺度 j 对应于不同远近级别的观察距离,尺度 0 为最近距离级或称分辨率相对最高、最清晰的级,尺度 S_i 为分辨率相对最低、最模糊、距离相对最远的级。多尺度多视点的建模方法将传统的静态特征空间动态化,解决了基于静态特征空间的识别器对大尺度小目标的低识别率问题。

　　三维刚体目标的形体是固定的,那么不管获取的目标图像是处在什么尺度级别,它们之间的特性视图转换关系都是一定的,也就是说任何尺度级别的特性视图的姿态是相同的,只是其尺度不同而已。由于目标的原始级别图像是最清晰的,我们将由模型原始级别所获得的特性视图作为三维目标的标准特性视图,其他级别的特性视图只是在其图像尺度上有所改变,图3-17为"企业"号航空母舰多尺度特性视图示例;图3-18给出了的"企业"号航空母舰轮廓图示例;图3-19为固定翼飞机 su-27 多尺度多视点特性视图示例;图3-20为旋翼飞机 ALOUETTE 多尺度多视点特性视图示例;图3-21为坦克 M60_L 多尺度多视点特性视图示例;图3-22给出了车辆 AMBWC54 多尺度

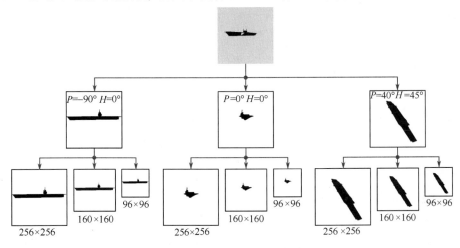

图3-17　"企业"号航空母舰多尺度特性视图示例

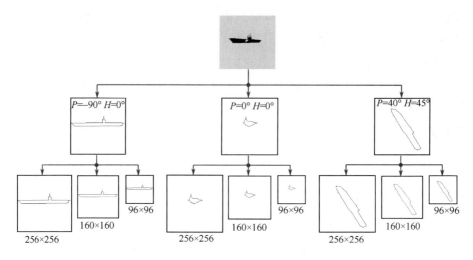

图 3-18 "企业"号航空母舰多尺度轮廓图示例

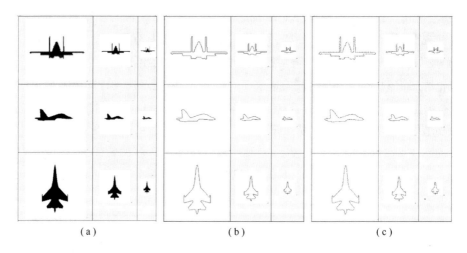

图 3-19 su-27 飞机多尺度多视点特性视图示例

(a)二值图;(b)轮廓图;(c)轮廓加噪图。

多视点特性视图示例。

2. 二值图像的生成

为给船舶识别问题的研究创造一个良好的试验研究环境,为此须建立船舶图像模型数据库。由于已经利用 Multigen Creator 建立了船舶的三维模型,因此可以将不同视点的三维模型投影到二维平面。这样可以产生多幅不同视

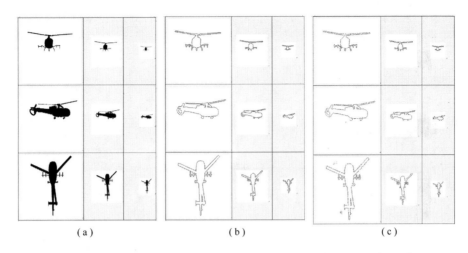

（a） （b） （c）

图 3 - 20　旋翼飞机 ALOUETTE 多尺度多视点特性视图示例

（a）二值图；（b）轮廓图；（c）轮廓加噪图。

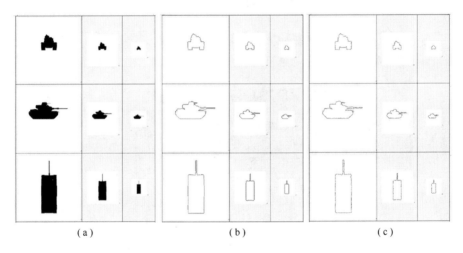

（a） （b） （c）

图 3 - 21　坦克 M60_L 多尺度多视点特性视图示例

（a）二值图；（b）轮廓图；（c）轮廓加噪图。

点的二值图像,为船舶目标识别的研究提供了准备条件。现在已经实现了在
VC 应用程序下调用 Vega 显示不同的船舶视点并转成 BMP 格式图像存储,同
时可以确定方位角、仰角的范围,角度间隔、图像保存路径,及预览功能。

　　图 3 - 23 为视点提取程序参数设置面板:可设置图像保存路径,是否预
览,方位角,仰角的范围及角度间隔。

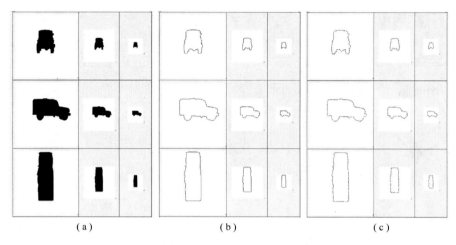

图 3 - 22　车辆 AMBWC54 多尺度多视点特性视图示例

(a)二值图;(b)轮廓图;(c)轮廓加噪图。

图 3 - 23　视点提取程序参数设置面板

　　图 3 - 24 为不同视点显示界面。当参数设置好后,程序将按设置好的参数显示不同视点下的模型,并在状态栏显示方位角和仰角信息(如:$P = 120,H = 0$代表方位角为 120°,仰角为 0°)。在显示的同时可以将各个视点转成 BMP 格式按照一定的文件命名方式存储(如:00120_P = 120H = 0. bmp)。

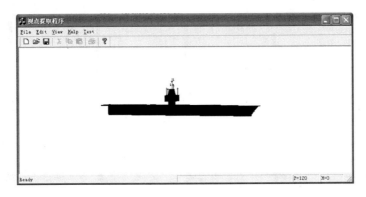

图 3 - 24　不同视点显示界面

以下给出了基于不同视点的二值图像图例,其中图 3 - 25 为"企业"号航空母舰二值图;图 3 - 26 为"提康德罗加"级导弹巡洋舰二值图;图 3 - 27 为"斯普鲁恩斯"级导弹驱逐舰二值图。

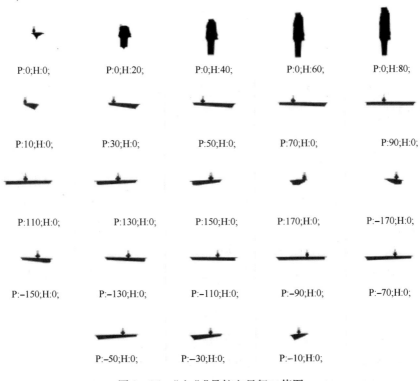

图 3 - 25　"企业"号航空母舰二值图

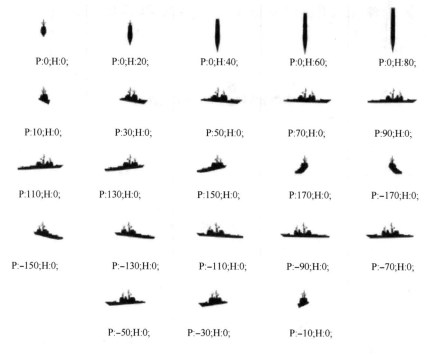

P:0;H:0;　　P:0;H:20;　　P:0;H:40;　　P:0;H:60;　　P:0;H:80;

P:10;H:0;　　P:30;H:0;　　P:50;H:0;　　P:70;H:0;　　P:90;H:0;

P:110;H:0;　　P:130;H:0;　　P:150;H:0;　　P:170;H:0;　　P:-170;H:0;

P:-150;H:0;　　P:-130;H:0;　　P:-110;H:0;　　P:-90;H:0;　　P:-70;H:0;

P:-50;H:0;　　P:-30;H:0;　　P:-10;H:0;

图 3-26 "提康德罗加"级导弹巡洋舰二值图

这样就可以方便地提取所需的模型视点,可为研究试验提供大量的试验模拟图像。

◁3.2.3　目标轮廓加噪畸变模型

噪声广泛存在于各种图像中,如何逼真地模拟产生各种噪声是图像处理领域中一个很重要的研究课题。图像中的噪声,通常假定为白噪声。白噪声是均值为零、功率谱密度为常数的平稳过程,是空间不相关的噪声。

白噪声的功率谱密度在整个频域上是常数,表明噪声功率正比于频带宽度。而高斯一词则说明噪声的电压幅度服从高斯概率分布 $N(\mu, \sigma^2)$,即

$$\rho(z) = \frac{1}{\sqrt{2\pi}\sigma} e^{\frac{-(z-\mu)^2}{2\sigma^2}}$$

式中:μ 为 z 的平均值或期望;σ^2 为方差。

当 z 服从上式分布时,其值有 99.7% 落在 $[\mu-3\sigma, \mu+3\sigma]$ 范围内。

对原图像轮廓加噪进行畸变,首先提取原图像轮廓坐标的链表,然后对其

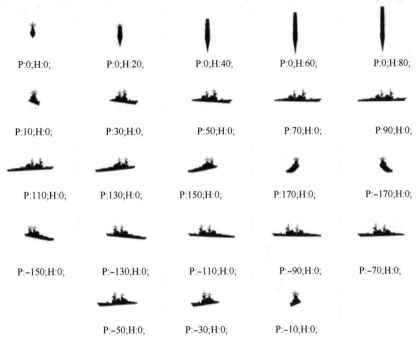

P:0;H:0;　　P:0;H:20;　　P:0;H:40;　　P:0;H:60;　　P:0;H:80;

P:10;H:0;　　P:30;H:0;　　P:50;H:0;　　P:70;H:0;　　P:90;H:0;

P:110;H:0;　　P:130;H:0;　　P:150;H:0;　　P:170;H:0;　　P:-170;H:0;

P:-150;H:0;　　P:-130;H:0;　　P:-110;H:0;　　P:-90;H:0;　　P:-70;H:0;

P:-50;H:0;　　P:-30;H:0;　　P:-10;H:0;

图 3 - 27　"斯普鲁恩斯"级导弹驱逐舰二值图

坐标链表进行畸变处理。根据分辨率的大小来设定对轮廓畸变强度,设 $x(l)$,$y(l)$ 为原始图像坐标,$x'(l)$,$y'(l)$ 为畸变后图像坐标,l 表示轮廓弧长变量,坐标畸变量 Δx,Δy 服从高斯分布,则

$$\begin{cases} x'(l) = x(l) + \Delta x \\ y'(l) = y(l) + \Delta y \end{cases} \quad l \in 1, \text{sum\_pixels}; \Delta x, \Delta y \in N(\mu, \sigma^2)$$

得到新的轮廓链表$(x'(l), y'(l))$,对其进行取整就得畸变轮廓的模型。

在对原图像轮廓加噪时,可能出现轮廓不闭合的情况,应对原图像进行膨胀和腐蚀形态学操作。还可对原图像边缘进行隔点采样,降低图像边缘不闭合的可能性。

图 3 - 28 ~ 图 3 - 30 为 B2、F117 和 Mirage2000 的图像轮廓畸变模型(原始图像,$\mu = 0$,$\sigma^2 = 1$、4、9、16),表 3 - 1 ~ 表 3 - 3 对比了不变矩特征向量值的变化。

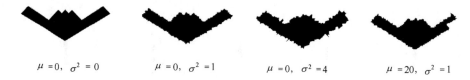

$\mu = 0, \quad \sigma^2 = 0$ $\quad\quad$ $\mu = 0, \quad \sigma^2 = 1$ $\quad\quad$ $\mu = 0, \quad \sigma^2 = 4$ $\quad\quad$ $\mu = 20, \quad \sigma^2 = 1$

图 3 – 28 B2 不同标准差畸变模型

表 3 – 1 B2 图像轮廓畸变模型不变矩值特征向量对比

(μ, σ^2)	C_2	C_3	C_4	C_5	C_6	C_7	C_8	C_9
(0,0)	11.5678	10.7631	4.92731	5.98997	6.09890	3.16742	16.8447	13.9591
(0,1)	11.4786	10.5348	4.82591	5.86338	5.99161	3.79310	16.5357	13.7762
(0,4)	10.6684	9.38970	4.26138	5.19175	5.35978	2.65553	15.2799	12.7667
(20,1)	10.2962	10.0058	4.71970	5.39261	5.42183	5.35764	14.6439	12.2790

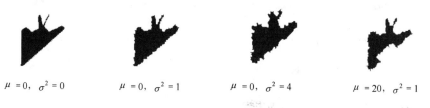

$\mu = 0, \quad \sigma^2 = 0$ $\quad\quad$ $\mu = 0, \quad \sigma^2 = 1$ $\quad\quad$ $\mu = 0, \quad \sigma^2 = 4$ $\quad\quad$ $\mu = 20, \quad \sigma^2 = 1$

图 3 – 29 F117 不同标准差畸变模型

表 3 – 2 F117 图像轮廓畸变模型不变矩特征向量值对比

(μ, σ^2)	C_2	C_3	C_4	C_5	C_6	C_7	C_8	C_9
(0,0)	4.53207	5.31057	2.19276	2.62196	1.29241	2.53361	4.87215	4.69830
(0,1)	4.72444	5.23238	2.03542	2.37056	1.65220	2.48106	5.41452	5.02976
(0,4)	4.68274	4.85606	1.63795	1.10876	1.96375	2.14923	5.30289	4.83758
(20,1)	6.64239	7.78444	3.32538	4.09599	3.95326	3.20060	6.21691	5.54821

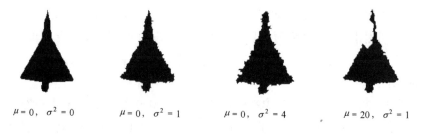

$\mu = 0, \quad \sigma^2 = 0$ $\quad\quad$ $\mu = 0, \quad \sigma^2 = 1$ $\quad\quad$ $\mu = 0, \quad \sigma^2 = 4$ $\quad\quad$ $\mu = 20, \quad \sigma^2 = 1$

图 3 – 30 Mirage2000 不同标准差畸变模型

表 3 – 3　Mirage2000 图像轮廓畸变模型不变矩特征向量值对比

(μ, σ^2)	C_2	C_3	C_4	C_5	C_6	C_7	C_8	C_9
(0,0)	3.28925	7.79735	4.10587	4.81765	3.87806	3.13176	8.59000	5.30507
(0,1)	3.42588	7.69510	4.11110	4.80498	3.91933	3.25001	8.74579	5.45923
(0,4)	3.58755	7.80640	4.16407	4.87227	4.01061	2.61040	8.78396	5.60969
(20,1)	2.26001	7.98496	4.76424	5.42080	3.95297	2.00048	10.1382	4.78413

　　根据如上方法,确定观测目标的方位角、俯仰角的范围和角度间隔,结合建模仿真软件 Vega 每隔 12°采样得到 450 个视点的侧视图作为检验样本,用于检验识别算法。对于这些侧视图进行模糊降分辨率及轮廓畸变就得到用于检验上述识别算法有效性的多尺度及有轮廓畸变的测试样本集。

⊿3.2.4　轮廓图像模糊降分辨率

　　高斯产生核的定义为:$g(t,\sigma) = \exp(-t^2/\sigma^2)/(\sigma\sqrt{2\pi})$,其中参数 σ 为所讨论的尺度参数。当 σ 变化时,$g(t,\sigma)$ 也发生变化,t 为沿轮廓逆时针行走的弧长。用该高斯产生核与一幅轮廓图像卷积,当 σ 增大时,轮廓图像的平滑度越高,即细节特征越少,只剩一些大尺度的特征,也就是图像的轮廓模糊了。

　　然后对模糊以后的图像隔点采样降低图像的分辨率。在离散情况下,用一维离散函数与轮廓的坐标卷积,即

$$G_l(i) = \sum_{m=-2}^{2} w(m,l) \cdot G_{l-1}(2i+m)$$

式中:l 代表金字塔的级,i 为轮廓上第 i 个像素的 x 坐标或 y 坐标;G_l 为轮廓金字塔中较低分辨率的轮廓坐标模型;G_{l-1} 为塔中上一级较高分辨率的轮廓坐标模型;令 $l=1$,则 $w(m,1)$ 为高斯核,$w(-2,1) = w(2,1) = 0.05$,$w(-1,1) = w(1,1) = 0.25, w(0,1) = 0.4$,$\sum_{m=-2}^{2} w(m,1) = 1$。用此离散化的高斯核逐级递推得到二维目标轮廓的 x 坐标或 y 坐标曲线的多级模型,再将经上述处理过的 (x,y) 坐标曲线重建目标轮廓,即可得到模糊的轮廓。进一步降低采样率,即得到多尺度轮廓。

　　以上为高斯产生核中 $\sigma=1$(即 $l=1$)时推导出来的 1×5 高斯模糊模板,

如果需要不同的模糊程度,使 σ 可变的,则

$$w(t,2) = w(t,1) * w(t,1), w(t,4) = w(t,2) * w(t,2)$$

$\sigma = 2$ 时(即 $l = 2$),$w(m,2)$ = [0.000125　0.0011375　0.00625 0.023206　0.06175　0.12184　0.18188　0.20763　0.18188　0.12184 0.06175　0.023206　0.00625　0.0011375　0.000125];

$\sigma = 4$ 时(即 $l = 4$),$w(m,4)$ = [0.00067545　0.0015349　0.0032305 0.0063079　0.011441　0.019299　0.030305　0.044336　0.060473 0.076943　0.09136　0.10126　0.1048　0.10126　0.09136　0.076943 0.060473　0.044336　0.030305　0.019299　0.011441　0.0063079 0.0032305　0.0015349　0.00067545]。

图 3－31 ~ 图 3－33 为 B2、F117 和 Mirage2000 等三类目标的 7 级尺度模型(原始分辨率图像为第一级),表 3－4 ~ 表 3－6 为对应的不变矩特征向量值对比,可以发现,当模糊程度较大时矩不变量的不变性受到破坏。

图 3－31　B2 的 7 级尺度多级图像模型

图 3－32　F117 的 7 级尺度多级图像模型(1×5)

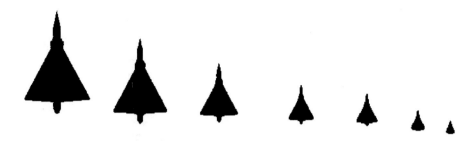

图 3 - 33　Mirage2000 的 7 级尺度多级图像模型

表 3 - 4　B2 图像轮廓模糊后不变矩特征向量值对比

分辨率	C_2	C_3	C_4	C_5	C_6	C_7	C_8	C_9
256	11. 7637	10. 7101	4. 91473	5. 97005	6. 11197	3. 64088	17. 1088	14. 1867
192	11. 2663	10. 1488	4. 63058	5. 63326	5. 78235	3. 35172	16. 2641	13. 5365
128	11. 4613	10. 3333	4. 72665	5. 74708	5. 89803	3. 16440	16. 5461	13. 7709
96	11. 1472	9. 85992	4. 49618	5. 47012	5. 64099	3. 36047	15. 9750	13. 3443
64	10. 5390	9. 05507	4. 10320	4. 99495	5. 18925	3. 51727	15. 2429	12. 6745
48	10. 0798	8. 67316	3. 87676	4. 72304	4. 90559	3. 66295	14. 7326	12. 1859
32	9. 02760	6. 86221	3. 10352	3. 69011	3. 96282	3. 38418	12. 6687	10. 6939

表 3 - 5　F117 图像轮廓模糊后不变矩特征向量值对比

分辨率	C_2	C_3	C_4	C_5	C_6	C_7	C_8	C_9
256	2. 33151	5. 77268	0. 67850	1. 15880	0. 92376	0. 52785	5. 17250	3. 47269
192	2. 33361	5. 75460	0. 82930	1. 34539	1. 07339	0. 86864	5. 19676	3. 48235
128	2. 33631	5. 53813	0. 86606	1. 37610	1. 10951	0. 93517	5. 25623	3. 50431
96	2. 28393	5. 18087	1. 02498	1. 53583	1. 25002	1. 02884	5. 21351	3. 45062
64	2. 20636	5. 03113	1. 13993	1. 65222	1. 34454	0. 83362	5. 02242	3. 32805
48	2. 16338	4. 21753	1. 33199	1. 73865	1. 47784	1. 57160	4. 81918	3. 18979
32	2. 06551	3. 92131	1. 30158	1. 70643	1. 45435	1. 35068	4. 14492	2. 91898

表3-6 Mirage2000 图像轮廓模糊后不变矩特征向量值对比

分辨率	C_2	C_3	C_4	C_5	C_6	C_7	C_8	C_9
256	3.59586	8.47376	4.62287	5.37902	4.34145	1.89369	9.37650	5.80660
192	3.51576	8.44703	4.58884	5.34476	4.29278	2.91486	9.32521	5.72519
128	3.63022	8.45609	4.62781	5.38047	4.35523	2.51152	9.29530	5.80889
96	3.51410	8.19521	4.45768	5.19063	4.20035	2.23125	8.95541	5.60983
64	3.74202	7.92128	4.41854	5.11253	4.23851	2.75758	8.89948	5.77057
48	3.62328	7.42531	4.04409	4.70728	3.93297	2.55670	8.04413	5.39756
32	3.31233	5.94947	2.94464	3.51040	3.02934	1.97496	6.42401	4.61197

3.3 目标与背景空间关系建模

3.3.1 目标几何形态分析

对目标进行实时、准确的识别和跟踪是支撑飞行器寻的制导的核心技术。目标可分为平面型目标、线条型目标、立体型目标,如图3-34所示。严格地讲,所有的目标都是三维的,但是当在某观察点,某一维的尺寸相对于其他一维或两维尺寸较小时,则可将其忽略,这样立体目标可近似为线条型或平面型。

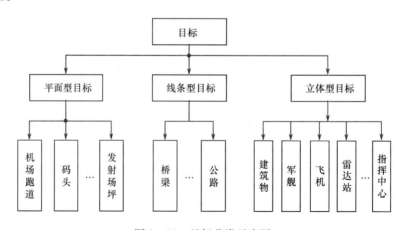

图3-34 目标分类示意图

根据目标的复杂性,还可增加一类混合型,即该类目标为平面部件、线条型部件与立体部件的组合。

目标还可分为紧凑型和延展型两类。紧凑型如坦克、车辆,延展型如大型船舶、列车。

一定数量的目标的空间散布,形成阵列分布目标或目标群,如车辆集群、油罐群、船艇编队等。

机场跑道属于延展型平面目标;楼房属于立体目标;从大视角较远距离观察大中型桥梁属于线条型目标;掩体属于隐蔽目标或表观上的平面目标;电力设施属于分布型立体目标、目标群;交通枢纽属于混合型目标;驻泊船舶属于延展型立体目标;车辆集群属于分布型目标或目标群。

感兴趣目标常常处于复杂背景或其他非感兴趣物体之中,除了目标本身的特性外,目标与其周围背景或其他非感兴趣物体对象之间的相互关系特别是空间约束关系,成为检测识别和定位目标的关键。因此,与定位孤立目标不同,应从广义的目标群的概念和角度思考检测识别和定位目标的途径,即 ① 直接识别或直接的特征匹配定位;② 间接识别或间接的特征匹配定位;③ 混合识别,即两类的恰当组合,包括同时进行直接识别与间接识别及间接识别引导交班给直接识别两种。

1. 航空港及其目标群

大型航空港内包括很多有价值的目标,例如:机场跑道、可能停放的机群、场坪、飞机掩蔽库、指挥管制系统和通信系统,物资预置场,还有油料库、电力设备、能源设备以及周围的一些配套设施等。图 3-35 为航空港目标群示例。

从远距离观察,航空港的飞机等目标结构特征并不明显,因此需避免直接对这些目标进行识别定位,可以利用卫星遥感所得空间约束关系采用间接定位的方式对其进行识别定位。结构特征明显、相对稳定的机场跑道可以采用参考图匹配识别定位。识别出机场跑道之后,根据各类目标与机场跑道之间的相对位置,再对各类目标分别进行识别定位,达到对机场跑道的直接识别定位以及其他目标的间接识别定位的统一。图 3-36 为一种航空港目标群识别定位方案。

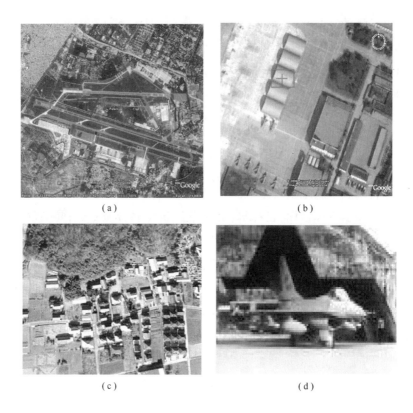

（a）　　　　　　　　　　　　（b）

（c）　　　　　　　　　　　　（d）

图 3 - 35　航空港目标群示例（见书末彩页）

（a）机场的跑道；（b）机场的飞机掩蔽库（红色标记）；（c）基地库房；（d）机库。

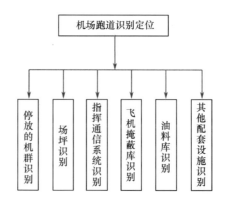

图 3 - 36　一种航空港目标群的识别定位方案

2. 海港区域及其目标群

海港区一般处于地理位置比较优越的天然海湾、海岸,其主要组成如图 3 – 37 所示。海港的有价值目标群主要有码头、船舶、标志性配套设施、补给库房、油库等。可以利用遥感所得的空间约束关系,采用间接定位和直接识别相结合的策略,解决各类目标的选择和定位。对于上述目标来说,道路的成像特性比较稳定,其特征在不同的季节、天气条件下变化不大,并且道路与周边环境特性差别较大,容易判别。而建筑物等(钢筋混凝土设施)成像特性受天气因素影响颇多。港湾海岸线因其特殊地理位置——邻近海洋,较易与海洋分割识别。作为船舶等海上目标,其与海水差别较大的光学特性是识别主要考虑的因素(图 3 – 39),舰船编队中各舰船的相互空间关系及集群特点也可作为识别的参考,如图 3 – 38 所示。

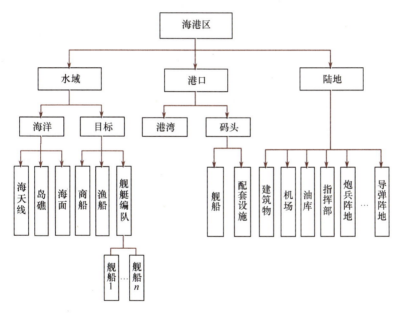

图 3 – 37 海港分层结构图

3. 陆上基地及其目标群

陆上基地构成如图 3 – 39 所示。

陆上基地的目标群主要是各种阵地、指挥中心以及配套设施。配套设施主要为保障库房、运输设施、辅助建筑等。

图 3 – 38　航母编队(见书末彩页)

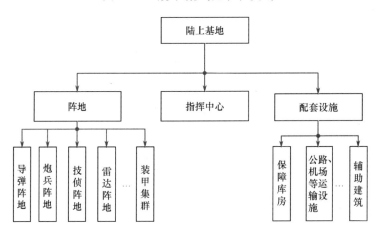

图 3 – 39　陆上基地分层结构图

4. 其他目标

　　其他重要价值目标包括政治中心、炼油厂、发电站、交通枢纽、通信枢纽和一些地面建筑物等。其中,地面建筑物目标包括简单背景高大建筑物目标、复杂背景高大建筑物目标、复杂背景低矮建筑物目标等。以下给出了典型的实例图。

　　简单背景高大建筑物目标如图 3 – 40 所示。

　　复杂背景高大建筑物目标如图 3 – 41 所示。

　　复杂背景低矮建筑物目标如图 3 – 42 所示。

　　电厂建筑物如图 3 – 43 所示。

（a） （b）

图3-40 简单背景高大建筑物（见书末彩页）

(a)可见光图；(b)红外图。

图3-41 复杂背景高大建筑物（红外图） 图3-42 复杂背景低矮

建筑物（见书末彩页）

（a） （b）

图3-43 电厂建筑物（见书末彩页）

(a)可见光图；(b)红外图。

⊿3.3.2　目标场景分层结构及其拓扑关系

一种海上场景目标分层结构及其拓扑关系,如图3-44、图3-45所示。

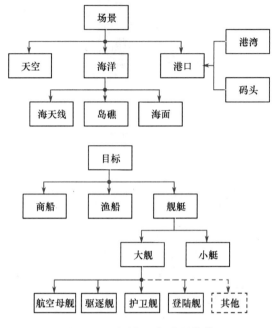

图3-44　场景、目标分层结构

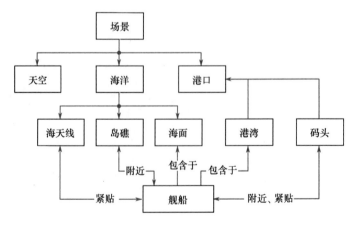

图3-45　场景、目标拓扑关系

参 考 文 献

［1］ Lin Ching‐Fang. Modern Navihation, Guidance and Control Processing, Prentice Hall, N. J. ,1991.

［2］ Daniel B. A missile seeker model and method for Fusing seeker data in a system with multiple missile［J］. FOA‐R‐97‐00664‐314‐SE,ISSN 1104‐9154,Sweden,Dec. 1997.

［3］ Jorge A Alves. Recognition of ship types from an infrared image using moment invariants and neural networks［D］. MS Thesis,Naval Postgraduate School,USA, 2001.

［4］ Hoff L E,Evance J R, Bunney L E. Detection of target in terrain clutter by using multispectral infrared image processing［J］. AD‐A237436,1990.

［5］ Richard C Shirkey, Barbara J Sauter. Weather effects on target acquisition［J］. ARL‐TR‐821, July 2001.

［6］ 张天序. 成像自动目标识别［M］. 武汉：湖北科技出版社, 2005.

［7］ David L Shumaker,James T Wood, Clinton R Thacker. Infrared Imaging Systems Analysis［R］. DCS Corporation,1988,USA. No. IRIA‐92‐22978R1.

［8］ 彭辉. 多视点特性视图建模与三维目标识别［D］. 武汉：华中科技大学硕士论文,2004.

［9］ 路鹰. 不变矩稳定性及在三维目标识别中的应用［D］. 武汉：华中科技大学硕士论文, 2007.

［10］ Yang Xiaoyu,Zhang Tianxu,et al. Building Recognition Based on Geometric Model in FLIR Image Sequences［J］. Journal of Infrared, Millimeter, and Terahertz Waves, 2009,30: 468‐483.

［11］ Wu Jiawei,Maoshiyi,Wang Xiaoping,et al. Ship target detection and tracking in cluttered infrared imagery［J］. Optical Engineering,2011,50(5):057207(1‐12).

［12］ Zheng Lulu, Sun Siyuan, Zhang Tianxu. A Method for Dynamic Infrared Image Simulation under Various Natural Conditions［C］. Proc. SPIE,2009,vol7494,74940B:1‐8.

［13］ Wang Man,Zhang Tianxu. Research on the Method of Medium Wave Infrared Simulation Based on Vega［J］. The International Conference on Multimedia Technology ICMT 2010.

［14］ 张天序,冯军,翁文杰,等. 基于多视点多尺度的轮廓畸变图像仿真方法［J］. 华中科技大学学报,2007,35(4):1‐3.

第4章
动平台目标成像探测去扰动方法

正如第 2 章所分析的,对动平台成像探测产生扰动的因素很多,本章讨论平台动力学特性引起的扰动、平台与大气流场相互作用产生气动光学扰动、自然场景时相变化对目标成像引起图像反差扰动、平台载荷红外成像传感器特性随时间变化产生的扰动等,并且讨论典型的去扰动方法和算法。

▶4.1 动平台激光主动成像运动补偿

调频连续波激光成像雷达探测目标的原理如图 4 - 1 所示,距离 - 多普勒算法的数学表达式为

$$\mathrm{Range\_Doppler}(f_{\mathrm{range}}, f_{\mathrm{Doppler}})$$

$$= \left| \sum_{k=0}^{N_{\mathrm{chirps}}} \frac{\left[1 - \mathrm{e}^{-\mathrm{i} \cdot 2\pi (f_{\mathrm{range}} - f_{\mathrm{R}} - f_{\mathrm{D}}) \cdot T_{\mathrm{chirp}}} \right] \cdot \mathrm{e}^{\mathrm{i} \cdot 2\pi (f_{\mathrm{range}} - f_{\mathrm{R}} - f_{\mathrm{D}} + f_{\mathrm{Doppler}} - f_{\mathrm{R}} - f_{\mathrm{D}}) \cdot k \cdot T_{\mathrm{chirp}}}}{\mathrm{i} \cdot 2\pi \cdot (f_{\mathrm{range}} - f_{\mathrm{R}} - f_{\mathrm{D}})} \right| \quad (4-1)$$

激光器发射激光强度为

$$F_1 = A_1 [1 + \alpha_1 \cdot \sin(2\pi f_1 t + \varphi_1)] \quad (4-2)$$

而目标反射回的激光强度为

$$F_2 = A_2 [1 + \alpha_2 \cdot \sin(2\pi f_2 t + \varphi_2)] \quad (4-3)$$

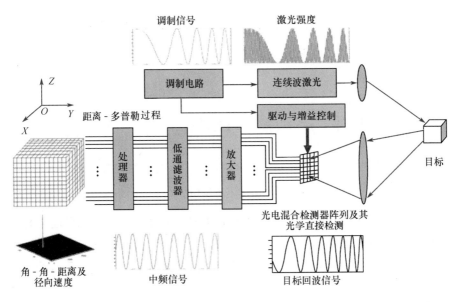

图4-1 调频连续波成像激光雷达探测目标原理

式中:$f_1 = kt_1 + f_0$,$f_2 = kt_2 + f_0$,k 为调制信号的斜率;f_0 为初始频率;α_1,α_2 为偏移;A_1,A_2 为增益;φ_1,φ_2 为初始相位。

F_1 与 F_2 相调制,得

$$F = F_1 \cdot F_2 = A_1 [1 + \alpha_1 \cdot \sin(2\pi f_1 t + \varphi_1)] \cdot A_2 [1 + \alpha_2 \cdot \sin(2\pi f_2 t + \varphi_2)]$$

$$= A_1 A_2 \{ 1 + \alpha_1 \sin(2\pi f_1 t + \varphi_1) + \alpha_2 \sin(2\pi f_2 t + \varphi_2) -$$

$$\frac{1}{2}\alpha_1 \alpha_2 \cos[2\pi(f_1 + f_2) t + \varphi_1 + \varphi_2] +$$

$$\frac{1}{2}\alpha_1 \alpha_2 \cos[2\pi(f_1 - f_2) t + \varphi_1 - \varphi_2] \}$$

<u>低通</u>　$B\cos(2\pi k \cdot \Delta t \cdot t + \varphi_3)$ (4-4)

式中:$B = \dfrac{1}{2}A_1 A_2 \alpha_1 \alpha_2$;$\varphi_3 = \varphi_1 - \varphi_2$;$\Delta t = \dfrac{2(D - vt)}{c}$;$D$ 为物体的距离;v 为物体运动的径向速度;c 为光速;$k \cdot \Delta t$ 为中频信息。

因此,中频信息中包含了距离和速度信息,借鉴雷达信号处理中的距离-多普勒处理算法,即可提取出距离和速度信息,如图4-2所示。

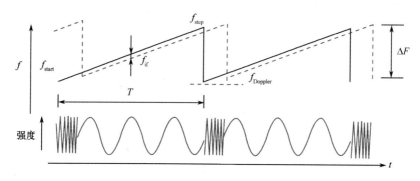

图 4-2 包含了距离和速度信息的中频信号

激光雷达系统能够具有较高的测距和测速精度,并且通过提高采样频率,可以提高所能测量的最大距离,但是,所能测量的最大速度却受到限制,如图 4-3 所示,当物体的速度超过所能测量的最大速度时,其测速结果是错误的。

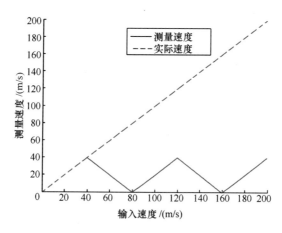

图 4-3 补偿前的速度测量结果

由于动平台的抖动和目标与平台的相对运动等多种因素,将对目标激光成像的品质造成不利影响,费锦东研究员等考虑到距离分辨率和所能测量的最大速度相互制约,以及在提高测量的最大速度时测距精度必然下降等不利因素,提出了距离-多普勒改进算法,通过高速平台下的运动补偿,实现了探测目标精确距离信息的获取,如图 4-4 所示。

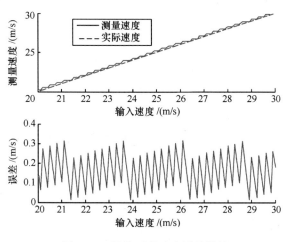

图 4-4　补偿后的速度测量结果

4.2　气动光学效应自适应数字校正

　　气动光学效应对高速飞行器光学成像寻的制导是一个严重的干扰源,它降低了成像品质,造成目标检测识别困难,因此必须对其进行校正,抑制其造成的对寻的制导的负面影响。

　　一种估计总体点扩展函数的流场湍流图像恢复的自适应校正算法原理如图 4-5 所示。以两个判决准则为例,对两帧校正算法可以得到两帧校正算法的解空间,应用恰当的判决准则 1、判决准则 2 等准则可得到最优解空间 1 和

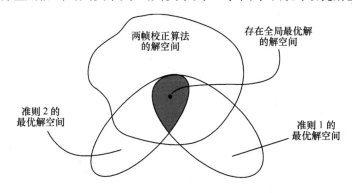

图 4-5　两帧自适应校正算法原理图

最优解空间2,3个解空间的重叠则为全局最优解空间。

　　自适应校正算法在不需要人为设置点扩展函数支撑域的情况下,对迭代的中间结果图像进行模糊度准则寻优,选择中间结果中图像模糊度最小的校正图像作为输出结果,此时对应的点扩展函数支撑域为最优宽度,输出的校正图像为最优解。图4-6为点扩展函数在2×2~11×11范围内,使用恰当的图像模糊度判决准则获取的自适应校正结果。

　　图4-7为不同点扩展函数宽度情况下中间结果图像的模糊度曲线。由曲线可见:在点扩展函数宽度为7×7时,模糊度达到最小,此时可认为点扩展函数宽度为7×7时对应的校正效果最优,得到的校正图像即为最优解。

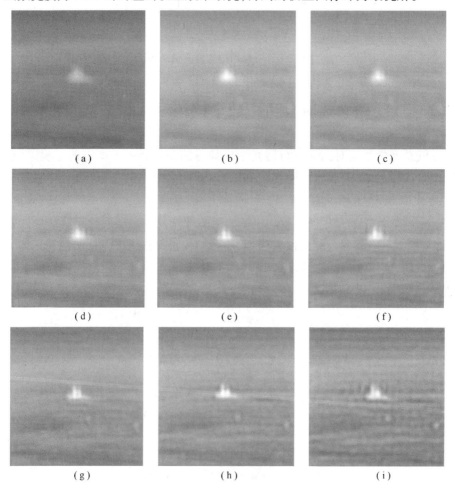

$$(a) \qquad\qquad (b) \qquad\qquad (c)$$

$$(d) \qquad\qquad (e) \qquad\qquad (f)$$

$$(g) \qquad\qquad (h) \qquad\qquad (i)$$

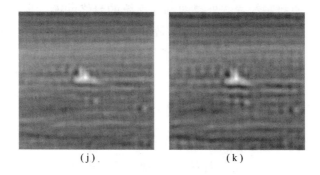

(j) (k)

图4-6 自适应校正结果

(a) 退化图像;(b) 校正图像(PSF:2×2);(c) 校正图像(PSF:3×3);

(d) 校正图像(PSF:4×4);(e) 校正图像(PSF:5×5);(f) 校正图像(PSF:6×6);

(g) 校正图像(PSF:7×7);(h) 校正图像(PSF:8×8);(i) 校正图像(PSF:9×9);

(j) 校正图像(PSF:10×10);(k) 校正图像(PSF:11×11)。

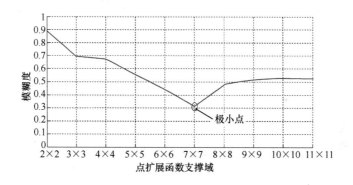

图4-7 不同点扩展函数宽度情况下中间结果图像的模糊度曲线

▶4.3 红外焦平面非均匀性校正

红外焦平面探测器具有空间分辨率高、探测能力强、帧频高等优点,正迅速成为红外成像技术的主流器件。目前,凝视红外成像系统已开始广泛应用于夜视、海上营救搜索、天文、工业热探测和医学等民用领域,是红外成像系统的发展方向。然而,红外焦平面阵列存在的非均匀性与无效像元严重影响了系统的成像质量,降低了系统的空间分辨率、温度分辨率、探测距离以及辐射量的正确度量,直接制约着红外寻的制导系统的最终性能。尽管随着器件制作工艺的改进,焦平面的非均匀性和无效像元问题有了较大改善,但离完全解决问题还有很大距离,仍是当前红外焦平面阵列成像系统必须解决的首要问题。

4.3.1 基于红外焦平面探测器非均匀性指纹模式的校正方法

基于红外焦平面探测器非均匀性指纹模式的校正方法主要解决定标类算法在实际应用中需要进行周期性的定标,基于场景类算法运算量大,需要大量的图像进行迭代等缺点。算法包括原始数据采集步骤、非均匀性指纹提取步骤以及校正处理步骤,算法流程如图4-8所示。

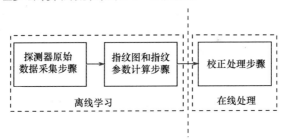

图4-8 基于红外焦平面探测器非均匀性指纹模式的校正方法流程

1. 原始数据采集步骤

将红外焦平面探测器置于恒温箱中,在恒温箱内的环境温度从设定的下限温度起,每间隔一恒定温度增量采集一组帧数固定的图像序列,直至持续到设定的上限温度,从而得到多组不同环境温度的图像序列。

一个试验例子的具体参数如下:面源黑体温度为40℃,恒温箱环境温度下限为-40℃,环境温度上限为20℃,红外焦平面探测器采集数据的间隔为10℃,红外焦平面探测器在每个环境温度下的采集时间均为4800s,采集到的面源黑体图像帧数均为36帧。红外焦平面探测器共采集到7组图像序列。

2. 非均匀性指纹提取步骤

以步骤1采集的多组图像序列中非均匀性稳定以后的图像为试验数据,利用归一化和曲线拟合的方法提取出红外焦平面非均匀性指纹。具体地说,要提取的非均匀性指纹包括2个非均匀性指纹图,分别记为$\overline{f}_1$、$\overline{f}_2$,7个指纹参数,分别记为 a,b,c,d 和 p_1,p_2,p_3,非均匀性指纹图 $\overline{f}_1、\overline{f}_2$ 用于记录红外焦平面探测器相对稳定的非均匀性模式,非均匀性参数 a,b,c,d 和 p_1,p_2,p_3 分别为两条曲线方程的系数,这两条曲线记录红外焦平面探测器非均匀性随环境温度变化的规律,非均匀性指纹的提取步骤包括:

(1) 非均匀性指纹图 $\overline{f}_1$ 的提取。把采集的多组面源黑体图像序列每组中趋于稳定后的多帧图像分别取平均,并分别记为 $\overline{f}_n(n=1,2,\cdots,M,M$ 为采集的图像序列组数)。

将在环境温度为采集温度上限(在本书用到的试验数据中,此上限为 20℃)时采集到的面源黑体图像序列中趋于稳定后的多帧图像的平均作为 $\overline{f}_1$。

(2) 非均匀性指纹参数 a,b,c,d 的计算。先将 $\overline{f}_n$ 相对于 $\overline{f}_1$ 进行归一化,即

$$\overline{D}_n = \overline{f}^n / \overline{f}_1 , n=1,2,\cdots,M \qquad (4-5)$$

$\overline{D}^n$ 是归一化后的结果。

从矩阵 $\overline{D}^n$ 中选取一个参考位置 (i_{st},j_{st}),(i_{st},j_{st}) 的选取原则如下: $\overline{D}^n(i_{st},j_{st})$,为 $\overline{D}^n$ 中最小的元素,选择数学函数,对 $\overline{D}^n$ 进行曲线拟合,即可求得非均匀性指纹参数 a,b,c,d。

(3) 非均匀性指纹参数 p_1,p_2,p_3 的计算。记 $\overline{D}_n$ 中位置分别为 (i_{ra},j_{ra}) 和 (i_{st},j_{st}) 两个元素的差值为 S^n,(i_{st},j_{st}) 为步骤(2)中确定的参考位置,(i_{ra},j_{ra}) 为 $\overline{D}^n$ 矩阵中任意一个位置,S^n 的计算公式为

$$S^n = \overline{D}^n(i_{ra},j_{ra}) - \overline{D}^n(i_{st},j_{st}) , n=1,2,\cdots,M \qquad (4-6)$$

把 S^n 相对于第一个元素 S^1 进行归一化:

$$\overline{C^n} = \overline{S^n} / \overline{S^1} \qquad (4-7)$$

$\overline{C^n}$ 是 $\overline{S^n}$ 归一化的结果,选择以下的数学函数,以温度为自变量对 $\overline{C^n}$ 按最小二乘原理进行曲线拟合,即可求得非均匀性指纹参数 p_1,p_2,p_3:

$$y = p_1 \cdot T^2 + p_2 \cdot T + p_3 \qquad (4-8)$$

式中:T 为环境温度,是自变量;y 为因变量;p_1,p_2,p_3 为待求的非均匀性指纹参数。

图 4-9 为根据本书试验所用到的 7 个图像序列求得的 $\overline{D}^n$ 中的两个点随温度变化曲线;图 4-10 为图 4-9 中两条曲线的差值 S^n 随温度的变化曲线;

图 4-11 为图 4-10 中所示的曲线经过最小二乘法拟合后的曲线。

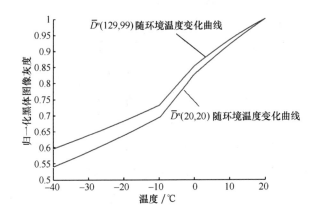

图 4-9　根据 7 个图像序列求得的 $\overline{D^n}$ 中的两个点随温度变化曲线

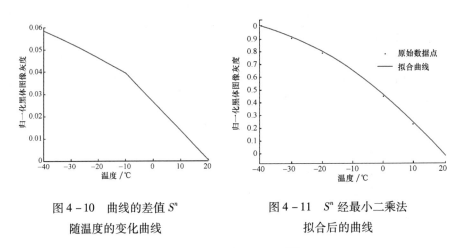

图 4-10　曲线的差值 S^n 随温度的变化曲线　　　图 4-11　S^n 经最小二乘法拟合后的曲线

（4）非均匀性指纹图 $\overline{f_2}$ 的计算：将 $\overline{D^1}$ 的值和 $\overline{D^1}$ 中所述参考位置 (i_{st},j_{st}) 的元素相减，即

$$\overline{f_2} = \overline{D^1} - \overline{D^1}(i_{st},j_{st}) \qquad (4-9)$$

得到第二个非均匀性指纹图 $\overline{f_2}$。

3. 校正处理步骤

首先，以环境温度作为输入参数，根据上述提取出来的非均匀性指纹计算出非均匀性特征图 $\overline{imgNU}$，非均匀性特征图 $\overline{imgNU}$ 通过以下公式计算得出：

$$\overline{\text{Temp}} = a + \frac{b}{1 + e^{c - d \cdot T}} + (p_1 \cdot T^2 + p_2 \cdot T + p_3) \cdot \overline{f_2} \qquad (4-10)$$

$$\overline{\text{imgNU}} = \overline{f_1} \cdot \overline{\text{Temp}} \qquad (4-11)$$

式中:T 表示作为所述输入参数的环境温度;a,b,c,d,p_1,p_2,p_3 为存储的非均匀性指纹数据,"·"表示点乘,该符号两边操作数必须为两个规格一致的矩阵,表示该两矩阵对应位置的元素相乘,结果为一个矩阵,规格和操作数矩阵一致。

再利用如下公式对红外焦平面探测器实际所成图像进行校正:

$$\overline{\text{Aftimg}X(i,j)} = \overline{\text{img}X(i,j)} - \overline{\text{imgNU}(i,j)} + \text{mean}(\overline{\text{imgNU}}) \qquad (4-12)$$

式中:$\overline{\text{Aftimg}X}$ 为校正后的图像;$\overline{\text{img}X}$ 为红外焦平面探测器实际所成图像,即校正前的图像;(i,j) 表示图像矩阵上第 i 行第 j 列的像素位置;mean( ) 表示对矩阵求均值。

校正处理步骤等待红外焦平面探测器输出的红外图像趋于稳定后,对红外焦平面探测器当前输出的实际红外图像$\overline{\text{img}X}$进行校正。此步骤中,红外焦平面探测器不是处于恒温箱中,而是处于实际的工作环境中,红外焦平面探测器的环境温度 T_{S} 随着周围工作环境的温度而变化。红外焦平面探测器装有温度敏感元,用于测量即时环境温度。记 T_{SW} 为红外焦平面探测器工作时,作为输入参数用于计算非均匀性特征图$\overline{\text{imgNU}}$的温度,红外焦平面探测器温度敏感元输出的即时环境温度为 T_{SC}。非均匀性特征图记录了红外焦平面探测器当前输出的红外图像的非均匀性,具体包括:

(1) 记红外焦平面探测器趋于稳定后获取第一帧实际红外图像时温度敏感元输出的环境温度为 T_{SG},此时 $T_{\text{SW}} <= T_{\text{SG}}$。

(2) 以 T_{SW} 为输入参数,根据步骤 2 中存储的非均匀性指纹图和非均匀性指纹参数,估算出该环境温度下红外焦平面探测器相对稳定不变的非均匀性特征图$\overline{\text{imgNU}}$。

(3) 通过式(4-12)对红外焦平面探测器当前输出的实际红外图像$\overline{\text{img}X}$进行校正。

(4) 红外焦平面探测器获取下一帧实际图像。如果下式成立:

$$|T_{\text{SC}} - T_{\text{SW}}| > \Delta T_{\text{SW}} \qquad (4-13)$$

则

$$T_{SW} \leftarrow T_{SC} \qquad\qquad (4-14)$$

并转步骤(2),否则 T_{SW} 不变,并转步骤(3)。其中,ΔT_{SW} 为设定的判断 T_{SW} 是否需要更新的温度阈值。

4. 算法结果

图 4-12 和图 4-13 分别所示为 $-10℃$ 和 $20℃$ 时采集的图像序列第 36 帧红外图像校正前后的结果。图 4-14 和图 4-15 分别所示为 $-10℃$ 和 $20℃$ 时采集的图像序列第 36 帧红外图像校正前后结果的直方图统计。由图 4-14 和图 4-15 可以看出,校正前的面源黑体图像的灰度值分布在较大的范围内,即非均匀性比较严重;校正后的面源黑体图像的灰度值分布比较集中,非均匀性得到明显改善。为定量表示算法的校正效果,应用下式计算校正前后面源黑体图像的非均匀性;

$$U_R = \frac{1}{\text{mean}(\overline{V}_S)} \sqrt{\frac{1}{m-d} \sum_{i=1}^{m} [\overline{V}_S(i) - \text{mean}(\overline{V}_S)^2}$$

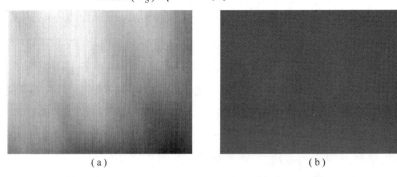

（a） （b）

图 4-12 $-10℃$ 采集的图像序列第 36 帧红外图像校正前(a)后(b)的结果

（a） （b）

图 4-13 $20℃$ 采集的图像序列第 36 帧红外图像校正前(a)后(b)的结果

式中:m 为红外焦平面阵 IRFPA 探测单元数量;d 为焦平面上无效像元个数;$\overline{V_S}$ 为 IRFPA 的响应输出电压;$\mathrm{mean}(\overline{V_S})$ 为整个 IRFPA 的平均响应输出电压。计算结果如表 4-1 所列,由结果可以看出,面源黑体图像的非均匀性得到较大改善。

表 4-1　校正前后图像的非均匀性 U_R

环境温度/℃	-40	-30	-20	-10	0	10	20
校正前	0.1685	0.1519	0.1365	0.1223	0.0979	0.0846	0.0761
校正后	0.0013	0.0011	0.0015	0.0023	0.0032	0.0031	0.0003

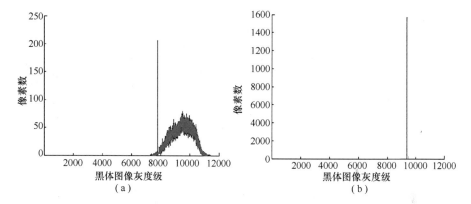

图 4-14　-10℃ 采集的图像序列第 36 帧红外图像校正前后结果的直方图统计

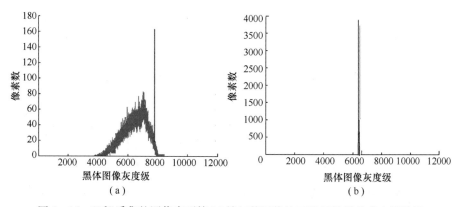

图 4-15　20℃ 采集的图像序列第 36 帧红外图像校正前后结果的直方图统计

◁4.3.2　去伪像的自适应非均匀性校正

运动伪像的产生是常规的场景自适应神经网络校正算法遇到的难题。

在边缘点采用线性空间滤波(如 4 邻域平均),对边缘点的期望值进行估计是引起伪像的主要因素。我们采用 Perona-Malik 滤波模型(简称 P－M 模型)对期望图像 $f_{i,j}^n$ 进行非线性估计,然后在神经网络算法作用下,进行增益和偏置校正系数的更新。由于 Perona－Malik 模型采用偏微分方程(PDE)表示,所以新算法称为基于偏微分方程去伪像的自适应校正方法(PDE－based NUC)。

利用非线性保边缘的 P－M 滤波取代 4 邻域平均的线性滤波来获得期望图像 $f_{i,j}^n$,则

$$f_{i,j}^n = y_{i,j}^{n(T)} \qquad (4-15)$$

式中:$y_{i,j}^{n(T)}$ 为第 n 帧图像在式(4－15)经过 T 步扩散后的最终图像。

$$y_{i,j}^{n(t+1)} = y_{i,j}^{n(t)} + \eta \left[c_N \cdot \nabla_N y^{n(t)} + c_S \cdot \nabla_S y^{n(t)} + c_E \cdot \nabla_E y^{n(t)} + c_W \cdot \nabla_W y^{n(t)} \right]_{i,j}$$
$$(4-16)$$

式中:令 $t=0$,得初始 $y_{i,j}^{n(0)}$ 为第 n 帧原始输入图像,即 $y_{i,j}^{n(0)} = y_{i,j}^n$;$0 \leq \eta \leq 1/4$;N,S,E 和 W 分别代表北、南、东、西方向上的像素;符号 ∇ 可表示为

$$\nabla_N y_{i,j}^{n(t)} = y_{i-1,j}^{n(t)} - y_{i,j}^{n(t)}, \quad \nabla_S y_{i,j}^{n(t)} = y_{i+1,j}^{n(t)} - y_{i,j}^{n(t)}$$
$$\nabla_E y_{i,j}^{n(t)} = y_{i,j+1}^{n(t)} - y_{i,j}^{n(t)}, \quad \nabla_W y_{i,j}^{n(t)} = y_{i,j-1}^{n(t)} - y_{i,j}^{n(t)} \qquad (4-17)$$

扩散系数 c 是图像的梯度函数,随着梯度的增加而单调下降。它的取值范围限定在 $[0,1]$ 之间,本节采用的扩散系数为

$$c(\nabla y^n) = \frac{2}{1 + e^{2(\|\nabla_{y^n}\|/\lambda)^2}} \qquad (4-18)$$

新算法采用了非线性保边缘的 P－M 滤波取代 4 邻域平均的线性滤波来获得期望图像 f,而增益和偏置系数的更新仍然采用原始 NN－NUC 算法中的更新策略。图 4－16 为新算法的处理流程。

为了说明新算法采用基于 PDE 非线性滤波取代线性滤波来获取期望图像的方法能够有效去除伪像,本章详细分析了新算法在第 500 帧图像的边缘像素(54,55)处获得的相关计算值,第 500 帧原始图像如图 4－17(a)所示。

在第 500 帧图像中,取以像素(54,55)为中心的 3×3 区域,其灰度情况如图 4－17(b)所示。图 4－17(c)给出了中心像素与该区域内各像素之间的灰

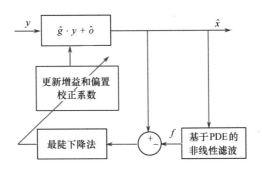

图 4-16 基于 PDE 的算法流程

度差值。很明显,像素$(54,55)$是一个边缘像素。在该像素位置将会出现由于异常校正而引起的伪像现象。

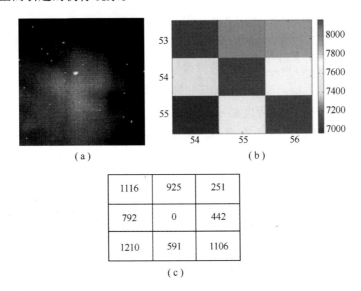

图 4-17 红外图像中的边缘像素问题

(a)第 500 帧原始图像;(b)图像(a)中像素$(54,55)$处 3×3 区域内的像素灰度;

(c)图(b)的中心像素与其邻域内各像素的灰度差值。图(b)见书末彩页

线性滤波模糊了边缘,使边缘像素处存在很大的误差。而在基于 PDE 的非线性滤波中,由于扩散系数 c 控制着扩散滤波的处理,使得扩散只发生在区域内部,而在边缘处停止扩散,因此在具有较大梯度值的边缘位置将不会受到滤波的影响。这就起到了保留边缘像素的作用,从而防止了边缘像素的错误

估计。图 4 – 18 为新算法在(54,55)处计算得到的北、南、东、西 4 个方向上的扩散系数 c,以及该区域期望值与原始图之间的灰度差值(参数 $t = 5, \lambda = 30$)。

1	1	1
0.1337	9.801e – 018	8.5038e – 005
0.001971	9.251e – 007	9.7e – 010

北

0.1337	9.801e – 018	8.5038e – 005
0.001971	8.251e – 007	9.7e – 010
1	1	1

南

79	– 64	0
– 16	0	66
1	– 1	11

0.88035	1.196e – 008	1
4.44e – 012	3.2074e – 005	1
2.41e – 007	0.003649	1

东

1	0.88035	1.196e – 008
1	4.44e – 012	3.2074e – 005
1	2.41e – 007	0.003649

西

(a)   (b)

图 4 – 18　经过各向异性滤波后的值($t = 5, \lambda = 30$)

(a) 在北、南、东、西 4 个方向上依次得到的扩散系数 c;(b) 区域期望值与原始图间的灰度差。

从图 4 – 18(b)可以看出边缘像素(54,55)处的误差值为 0,这就说明该点经滤波后的灰度值与原灰度值相同,即边缘像素被保留下来了。对于非边缘像素,则都得到了不同程度的平滑。实际上,像素(53,56)也是一个边缘像素,因此它的差值为 0 也是合理的。图 4 – 19 为新算法校正过程中,在(54, 55)处计算得到的误差函数的演化过程以及图 4 – 17(a)经新算法校正后的结

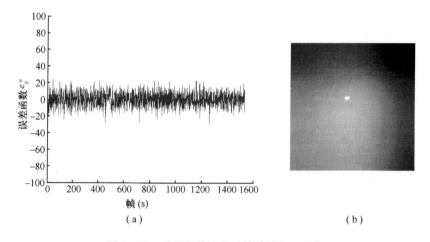

(a)   (b)

图 4 – 19　采用新算法的计算结果($\lambda = 30$)

(a) 边缘像素(54,55)的误差函数的演化过程;(b) 图 4 – 17(a)经新算法校正后的结果。

果。将图 4 – 17(a)与图 4 – 19(b)进行比较可知,利用非线性保边缘的 PDE 滤波取代四邻域平均的线性滤波来获得期望图像 $f_{i,j}^n$,减小了边缘像素处的误差值,从而防止了由于边缘像素上较大的误差而导致的校正系数的异常更新,抑制边缘像素的异常校正,避免伪像的产生(图 4 – 19(b))。

在新算法中,扩散常数 λ 决定了被保留图像边缘的多少,它在扩散过程中起着十分重要的作用。图 4 – 20(a)为不同 λ 下扩散函数的曲线。可以看出,λ 越大其扩散强度越大,对边缘的保留越少,反之亦然。图 4 – 20(b)为 λ = 150 时对图 4 – 17(a)进行校正的结果,很明显,校正后的图像依然存在伪像。因此,在实际应用中需要选择合适的 λ 值,否则难以达到保边缘抑制伪像的目的。目前,λ 的确定可以通过经验统计值来确定,或者根据边缘强弱和噪声水平自适应地确定。本节采用基于经验值的确定方法,而自适应地确定 λ 将是未来进一步的研究重点。

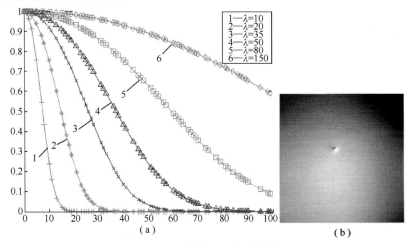

图 4 – 20 新算法中扩散常数 λ

(a)对扩散函数 c 的影响;(b)取值偏大时的校正结果(λ = 150)。

为了验证新算法的性能,本书采用图像序列对新算法、ALR 算法、Gated – ALR 算法、ED – NN – NUC 算法和 TS – NUC 算法进行试验,并比较其去伪像能力和收敛性能。本节采用伪像位置像素的偏置系数 $\hat{o}$ 的时域变化来衡量上述 5 种算法的去伪像能力。采用均方根误差函数 Err^n 对收敛性能进行衡量:

$$\overline{\text{Err}^n} = \sqrt{\sum_{i=1}^{M} \sum_{j=1}^{N} (e_{i,j}^n)^2 / (M \times N)} \qquad (4 – 19)$$

如上式所示，M 和 N 分别为图像的行、列值。其比较结果如图 4 - 21 所示。从图 4 - 21(a)中可以看出，不具有去伪像能力的 NN - NUC 算法的偏置校正系数在时域更新过程中，更新至 500 帧左右时校正系数发生了异常跳跃(如图 4 - 21(a)中黑色虚线所框的区域)，从而产生了伪像。而用于比较的几种具有去除伪像能力的算法在黑色虚线框区域对各自偏置系数的更新相对比较平稳，没有发生异常更新，因此在一定程度上抑制了伪像的产生。图 4 - 21(b)给出了上述几种算法的收敛性，其中 ED - NN - NUC 算法和 TS - NUC 算法需要 200 帧左右才达到收敛，ALR 和 Gated - ALR 算法则需要大约 100 帧就

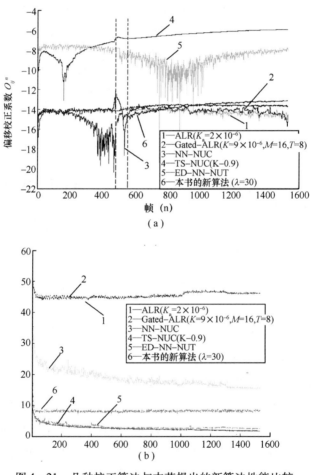

图 4 - 21　几种校正算法与本节提出的新算法性能比较

(a) 去伪像能力(采用偏置系数 $\hat{o}$ 的时域变化来反映)；(b) 收敛性能。

达到了收敛,而我们的新算法只需要20帧左右即可收敛。算法收敛所需帧数和时间优于其他几种算法。

为了进一步验证新算法的校正性能,采用另外一组采用HgCdTe长波IRF-PA采集的室内均匀背景下拿手机的人手850帧实际序列图进行试验。图4-22为几种校正算法的校正结果。从图中可以看出,ALR算法、Gated-ALR算法、ED-NN-NUC算法、TS-NUC算法和新算法都有效地抑制了伪像(图中用黑色箭头指示手出现伪像的位置)。然而,研究非均匀性校正算法的最终目的是为了去除非均匀性,而不单纯是去伪像的能力。因此,为了比较这几种都具有去除伪像能力的校正算法的非均匀性校正能力,本书采用了响应不均匀性对校正后的结果图像进行评价:

$$
\begin{cases}
U_{\mathrm{R}} = \dfrac{1}{\overline{R}} \cdot \sqrt{\dfrac{1}{M \cdot N} \sum_{i=1}^{M} \sum_{j=1}^{N} \left[R_{i,j} - \overline{R} \right]^2} \cdot 100\% \\
\overline{R} = \dfrac{1}{M \cdot N} \sum_{i=1}^{M} \sum_{j=1}^{N} R_{i,j}
\end{cases}
\tag{4-20}
$$

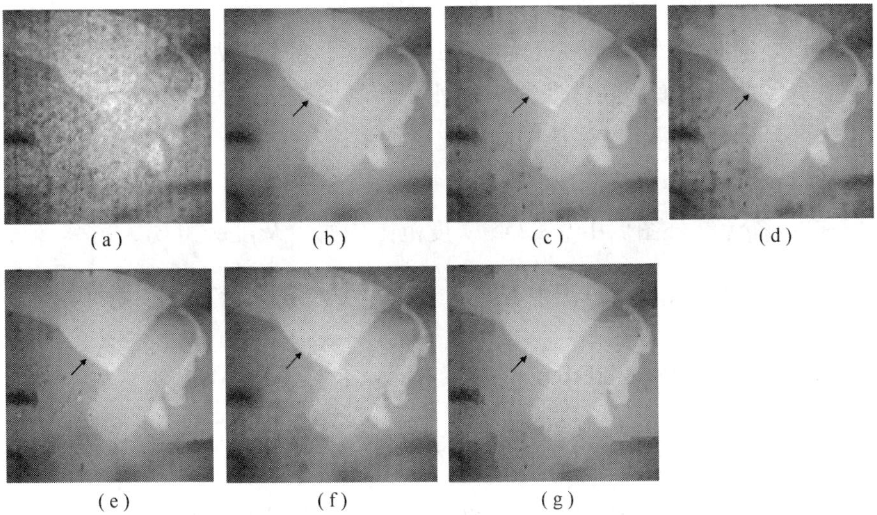

图4-22 用第二组红外序列图像的第642帧图像进行试验,
并将几种算法的校正结果进行比较

(a)原始图像($U_{\mathrm{R}} = 33.7\%$);(b)NN-NUC算法($U_{\mathrm{R}} = 32.29\%$);(c)ALR算法($U_{\mathrm{R}} = 32.22\%$);

(d)Gated-ALR算法($U_{\mathrm{R}} = 31.93\%$);(e)ED-NN-NUC算法($U_{\mathrm{R}} = 29.31\%$);

(f)TS-NUC算法($U_{\mathrm{R}} = 33.06\%$);(g)本书的新算法($U_{\mathrm{R}} = 28.03\%$)。

式中:$R_{i,j}$ 为像元 (i,j) 的输出灰度;$\overline{R}$ 为焦平面阵列的空间响应均值;M,N 分别为图像的行、列值。

从图 4 - 22 可以看出,经新算法校正后的结果图像的非均匀性降低了 5.67%,要优于其他几种校正算法。但是,图 4.22 (g)仍然有剩余非均匀性,因此需要进一步提高新算法对非均匀性的校正能力。

▶ 4.4　红外成像时相自适应增强

✍ 4.4.1　直方图的类型判决

依据在不同成像条件下,典型立体建筑物目标的前视红外图像特性和背景特性分析可知:在白天顺光或逆光条件下获取的前视红外目标图像的直方图在 0 ~255 灰度区间中分布比较分散,而在夜间获取的前视红外目标图像的直方图在 0 ~255 灰度区间中分布则比较集中。为了提高目标检测识别能力,需要对获取的原始前视红外目标图像进行图像对比度增强等一系列改善图像质量的预处理操作。因此,在实际应用过程中,可通过自动判读前视红外目标图像直方图的聚集度达到自动分析红外建筑物场景的时相,然后对所获取的前视红外目标图像进行自适应图像对比度增强。

计算直方图聚集度的步骤:

首先,统计红外图像中 0 ~ 255 灰度范围内每个灰度级出现的频率,记为 $f_0 \sim f_{255}$;其次,统计图像直方图中灰度 $g_1 \sim 255$ 出现的总频率 $\sum\limits_{i=g_1}^{255} f_i$,记录 $\sum\limits_{i=g_1}^{255} f_i = \eta \times \sum\limits_{i=0}^{255} f_i$ 时的灰度级 g_1,其中 $0.6 \leqslant \eta < 1$,g_1 取大于等于 0 的正整数;然后统计图像直方图中灰度 $0 \sim g_2$ 出现的总频率 $\sum\limits_{i=0}^{g_2} f_i$,记录 $\sum\limits_{i=0}^{g_2} f_i = \eta \times \sum\limits_{i=0}^{255} f_i$ 时的灰度级 g_2,其中 g_2 取小于等于 255 的正整数;由此可得直方图聚集度 $C = \dfrac{|g_1 - g_2 + 1|}{255} \times 100\%$,其中 η 取典型值 0.8。

✍ 4.4.2　一种图像自适应增强算法

当成像曝光不足或曝光过度,由于成像设备的非线性或图像记录设备动态范围太窄等因素,都会产生对比度不足的弊病,使图像中细节分辨不清。为了显著改善图像的主观质量,突出感兴趣区域的目标或者灰度区间,相对抑制那些不感兴趣的灰度区域,可在判断原图直方图类型的基础上,结合灰度分段线性变换或均衡化来实现图像自适应增强技术。假设原图像 $f(x,y)$ 的灰度范围为 $[a,b]$,灰度变换后图像 $g(x,y)$ 的灰度范围扩展到 $[c,d]$,具体实现步骤如下:

(1)统计原图 $f(x,y)$ 直方图的面积 S_f,记录灰度级从 0 到 a 递增过程中,当直方图灰度区域 $[0,a]$ 的面积 S_a 达到 $0.05 \times S_f$ 时的灰度值 a;然后记录灰度级从 255 到 b 递减过程中,当直方图灰度区域 $[b,255]$ 的面积 S_b 达到 $0.05 \times S_f$ 时的灰度值 b;其中 $0 < a < b < 255$。

(2)分段线性灰度变换,如图 4-23 所示,其数学表达式为

$$g(x,y) = \begin{cases} (c/a)f(x,y) & (0 \leqslant f(x,y) < a) \\ \dfrac{d-c}{b-a} \times [f(x,y)-a] + c & (a \leqslant f(x,y) < b) \\ \dfrac{M_g-d}{M_f-b} \times [f(x,y)-b] + d & (b \leqslant f(x,y) \leqslant M_f) \end{cases}$$

其中: $M_f = M_g = 255$。

算法流程如图 4-24 所示。

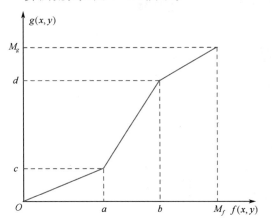

图 4-23 分段线性灰度变换示意图

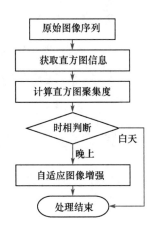

图 4-24 基于直方图时相判决的灰度变换处理流程

图4-25为飞行器在夜间和白天不同时段对典型建筑物目标区获取图像,采用上述处理流程对该图像进行自适应增强。试验结果表明,自适应图像增强方法具有判别时相能力,且方法对于增强目标局部对比度效果较好,突出了原始图像的重要特征。

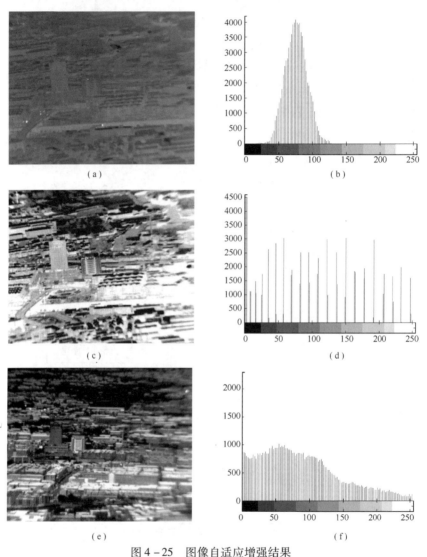

图4-25　图像自适应增强结果

(a)原始图像(夜间);(b)时相判决为夜间;(c)自适应图像增强;

(d)增强后的直方图;(e)原始图像(白天);(f)时相判决为白天,故无需再增强。

参考文献

[1] Fei Jindong, MiQiang, Gao Yang. High resolution ladar for multi - dimension detection: design, modeling and simulation[J]. Intern. Symp. on Photoelectronic Detect and Imaging, 2009,7382,(73825D):1 - 9.

[2] 张天序,余铮. 一种气动光学退化图像序列自适应校正方法. 中国专利,zl200910062689.x.

[3] 张天序,张春晓,杨超. 一种基于红外焦平面非均匀性指纹模式的校正方法[P]. 中国专利,zl200910273496.

[4] 张天序,杨超,张春晓. 一种红外焦平面非均匀性指纹提取及图像校正方法[P]. 中国专利,zl200910273529.

[5] 张天序,桑红石,钟胜. 一种红外焦平面阵列非均匀性自适应校正方法[P]. 中国专利,zl200710051919.3.

[6] 张天序,桑红石,钟胜. 基于运动检测指导的红外焦平面非均匀性校正方法[P]. 中国专利,zl200710051920.6.

[7] 石岩. 凝视红外成像信息处理系统图像预处理方法与系统软件研究[D]. 武汉:华中科技大学博士论文,2005.

[8] Yang Xiaoya, Zhang Tianxu. Method for Building Recognition from FLIR Images[J]. IEEE A&E system magazine, 2011,26(5):28 - 33.

[9] 张春晓. 红外图像非均匀性校正算法及软件开发[D]. 武汉:华中科技大学硕士论文,2010.

[10] 杨超. 红外焦平面非均匀性指纹研究及算法平台开发[D]. 武汉:华中科技大学硕士论文,2010.

[11] 钟胜,王晓波,颜露新,等. 一种红外焦平面阵列图像增强方法[P]. 中国专利,zl200910062108.2.

[12] 施长城,张天序,刘慧娜,等. 一种红外焦平面非均匀性组合校正算法[J]. 红外与毫米波学报,2010,29(1):23 - 26.

[13] 张天序,石岩. 红外焦平面阵列非均匀性自适应校正算法中目标退化与伪像的消除方法[J]. 红外与毫米波学报,2005,24(5):335 - 340.

[14] 张天序,石岩,曹治国. 红外焦平面非均匀性噪声的空间频率特性及空间自适应非均匀性校正方法改进[J]. 红外与毫米波学报,2005,24(4):255 - 266.

[15] 张天序,洪汉玉,张新宇. 气动光学效应校正 - 原理、方法与应用[M]. 合肥:中国科学技术大学出版社,2014.

第 5 章
固定目标光学成像寻的信息处理方法

根据第 3 章对目标几何形态的分析,为适应地面目标的多样性,将目标划分为线条型目标、平面型目标、立体型目标三类,分别进行研究。并在各类目标的识别算法中建立和应用相应的知识框架、目标、背景特征模型、仿射不变特征,如图 5-1 所示。

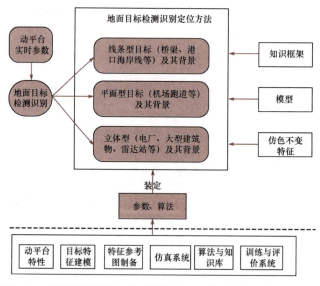

图 5-1　目标背景特性与应采用的地面目标检测识别方法关系图

5.1 地面建筑物多尺度自动识别定位

地面建筑物是典型的广泛分布的人造目标,其检测识别定位方法是飞行器寻的制导必须解决的重要课题。

5.1.1 地面建筑三维建模及特征分析

利用 MultiGen Creator 对地面建筑物进行三维建模,如图 5-2 所示。为了在飞行器导航定位建筑物过程中区分不同建筑物,需要提取建筑物目标图像中与目标相关的特征量,如图 5-3 所示。其特征量包括建筑物成像高度、周长、面积、形状因子、区域间关系以及局部灰度方差等。综合运用 6 类特征就能准确识别和区分不同的建筑物,完成飞行器在城区中的导航制导定位。在三维建模完成后,可以生成目标建筑物的多尺度多视角特性视图与形态学结构元素,如图 5-3 所示。

 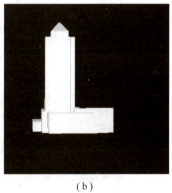

（a） （b）

图 5-2 地面建筑三维建模实例

（a）双子楼三维模型;（b）电信楼三维模型。

5.1.2 基于形态学的红外图像背景抑制

地面建筑图像的主要特点如下:

（1）图像主体由建筑群构成。

（2）建筑与场景之间灰度反差较大,建筑内部与建筑之间反差较小。

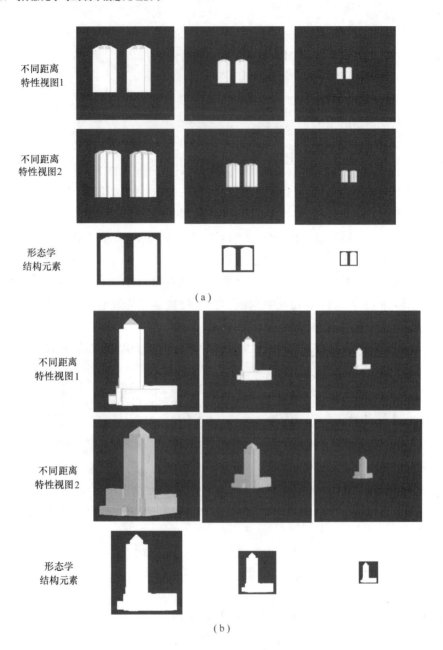

图 5-3　建筑物目标多尺度多视角形态学结构元素
(a)示例 1；(b)示例 2。

（3）建筑物可能比较密集，各个建筑的边缘彼此靠得比较近，甚至会有重叠现象。

（4）建筑物之间大小不一，有不同形状和尺度特征。

图像灰度形态学运算特点如下：

（1）图像灰度形态学开操作消除图像中的亮斑。

（2）图像灰度形态学闭操作消除图像中的暗斑。

选用3×3的形态学结构元素对实时图像进行形态学闭操作，抑制噪声，一个例子如图5-4所示。

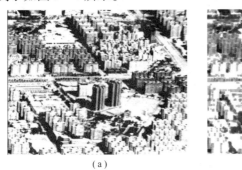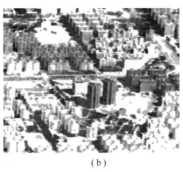

（a）　　　　　　　　　　　　　　（b）

图5-4　建筑物形态学增强示意图

（a）原图；（b）形态学滤波增强结果。

在飞行器导航定位过程中根据背景与目标显著不同的形态并按目标和成像距离的不同，选择不同形状和尺度的形态学元素对输入图像进行灰度形态学处理，抑制背景，其形态学处理结果例子如图5-5和图5-6所示。可见，

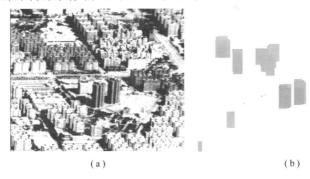

（a）　　　　　　　　　　　　　　（b）

图5-5　建筑物背景抑制示意图

（a）原图；（b）背景抑制结果（有虚警）。

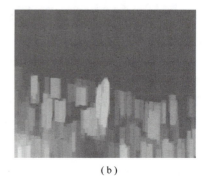

（a）　　　　　　　　　　　　　（b）

图 5-6　建筑物背景抑制示意图

（a）原图；（b）背景抑制结果（有虚警）。

对不同的背景图像和目标,背景杂波抑制效果是不同的。

☑ 5.1.3　特征反馈控制的迭代分割

一种包含预处理的图像分割算法流程如图 5-7 所示。

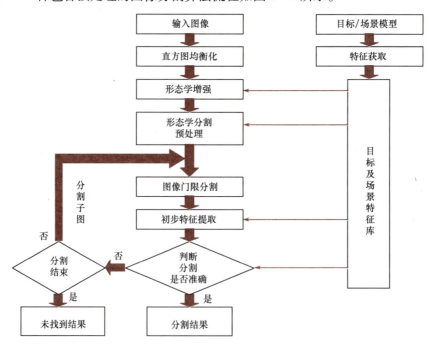

图 5-7　图像分割算法流程

（1）对图像做预处理,消除统计上像素数目特别少的灰度级别。

（2）对预处理过的图像进行分割,得到分割图。一个例子如图 5－8 所示。

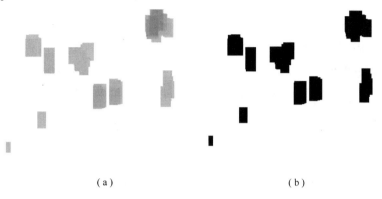

（a）　　　　　　　　　　　　　　　（b）

图 5－8　分割试验

（a）双子楼图像形态学处理过的结果；（b）第一次分割结果。

（3）提取分割结果中各个感兴趣区域多维特征并对多维特征进行分类。

（4）若有一个或多个分类结果满足条件,输出分割结果；否则继续步骤（2）,直到满足。迭代分割的例子如图 5－9 所示。

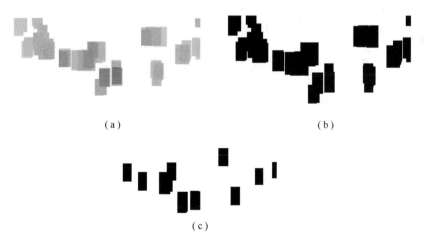

（a）　　　　　　　　　　　　　　　（b）

（c）

图 5－9　迭代分割试验

（a）双子楼图像处理后的结果；（b）第一次分割结果（未满足要求）；

（c）第二次分割结果（满足要求）（有虚警）。

（5）若像素灰度级别都遍历还没有正确的分类，则认为不包含目标，分割结束。

5.1.4 基于特征库的红外地面建筑目标识别

1. 特征分析

高度、周长、面积、形状因子、区域间关系以及局部灰度方差。

2. 特征提取

（1）边缘特征提取。对分割结果中各感兴趣区域做轮廓跟踪，得到轮廓图并计算高度 H_i，周长 B_i。

（2）面积特征提取。计算各感兴趣区域面积 S_i，同时计算重心坐标 $C_i(x_i, y_i)$ 和局部灰度方差 E_i。

（3）形状参数特征提取。形状参数表达式 $F = B_i^2 / (4\pi S_i)$。

（4）区域距离特征提取。区域间二维加权距离 $D_{ij} = \sqrt{p(x_i - x_j)^2 + q(y_i - y_j)^2}$ （p, q 为加权系数）。

3. 特征分类

利用标准分类器对提取的六维特征进行分类，得到分类结果。六维特征为高度 H、周长 B、面积 S、区域关系 D、形状因子 F、局部灰度方差 E。

利用特征分类结果，在原始图像上标记出目标轮廓，完成目标定位，如图 5-10 所示。地面建筑目标定位流程如图 5-11 所示。

（a）   （b）

图 5-10 地面建筑目标定位结果

（a）双子楼建筑物；（b）电信楼建筑物。

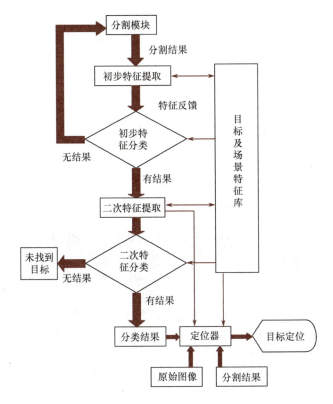

图 5-11　识别定位算法流程

🖋 5.1.5　基于竖条特征的红外地面建筑识别

地面建筑目标的特点如下：

（1）目标的高度特征一般比宽度特征要明显。

（2）建筑相对位置可作为重要特征。

检测出目标的高度特征和相对位置特征就能识别出目标。

（1）检测竖条特征。分别使用二个 3×3 的线模板对原始图像进行卷积，对处理过图像做一次门限分割，得到竖条特征。

（2）竖条长度特征分类：使用长度的区别对检测到的竖条特征线条进行判断，筛除不符合长度条件的竖条。

（3）竖条位置特征分类：再使用位置约束特征对检测到的竖条特征线条进行判断，筛除不符合条件的竖条。

竖向卷积模板			横向卷积模板		
−1	2	−1	−1	−1	−1
−1	2	−1	2	2	2
−1	2	−1	−1	−1	−1

（4）经过两次分类就能得到属于目标的主要竖条以及目标所在区域坐标。

（5）得到目标轮廓特征：连接横条特征与竖条特征得到目标的轮廓特征。

基于竖条特征的建筑物轮廓提取实例见图 5 – 12，流程图见图 5 – 13。

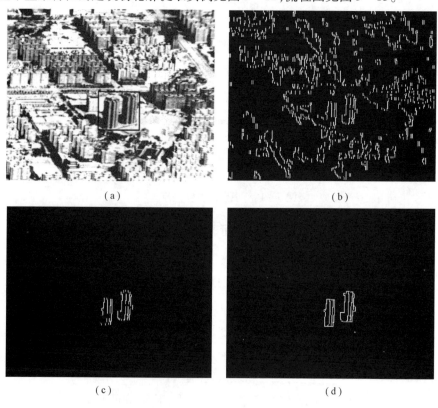

（a）　　　　　　　　　　　　（b）

（c）　　　　　　　　　　　　（d）

图 5 – 12　目标轮廓提取过程示意图

（a）原始图像（黑色矩形框中为目标区域）；（b）竖直线特征提取；

（c）目标区域竖直线特征选取；（d）较完整的目标轮廓。

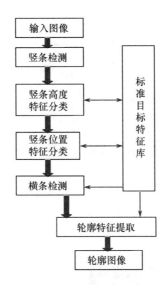

图 5 - 13　目标轮廓提取流程

◻ 5.1.6　基于图像统计特性的目标可分割性评估

统计两类不同操作的结果,即灰度形态学腐蚀(Erosion)和灰度形态学开(Open)。若两类操作处理结果图像的灰度标准差(Stdev)相差较大,则图像利于检测;若两类操作处理结果图像的灰度标准差相差较小,则图像不利于检测。该准则有助于判断特定形态学滤波算子抑制背景杂波的能力。表 5 - 1 给出了该准则的验证试验比较,图 5 - 14 ~ 图 5 - 16 为相应的图例。

表 5 - 1　Open 和 Erosion 处理后图像的标准差及其对分割的性能影响

图像组及编号		Erosion's Stdev	Open's Stdev	差值	特性	对分割与检测的影响
20051120	h40401405. bmp	58.473	79.479	21.006	Stdev 差值很大,大于 15	利于检测
	h60301594. bmp	52.490	71.481	18.991		
	h60301302. bmp	50.761	68.575	17.814		
20051117 pm	h40401405. bmp	66.179	68.888	2.709	Stdev 差别很小,小于 5	不利于检测
	h40401166. bmp	65.844	65.750	- 0.094		
	h40400925. bmp	61.228	59.314	- 1.914		

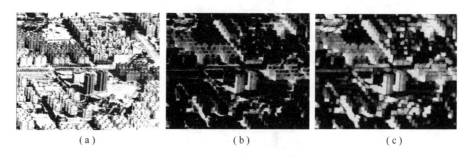

图 5 – 14　利于检测的图像

(a)原图；(b)灰度形态学腐蚀图(Stdev = 58.473)；

(c)灰度形态学开运算结果(Stdev = 79.479)。

图 5 – 15　利于检测的图像

(a)原图；(b)灰度形态学腐蚀图(Stdev = 65.844)；

(c)灰度形态学开运算结果(Stdev = 65.750)。

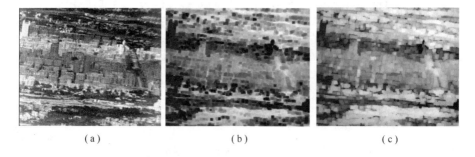

图 5 – 16　不利于检测的图像

(a)原图；(b)灰度形态学腐蚀图(Stdev = 61.228)；

(c)灰度形态学开运算结果(Stdev = 59.314)。

5.2　典型地物目标检测识别与定位

　　结构特征稳定、红外特性规律可循、拓扑关系明确的各种人造和非人造地物可作为地标,用于飞行器光学寻的重要信源。因此,它们的检测定位方法十分重要,需要重点研究解决。本节给出了6种典型地物的检测定位流程和方法的实例。

5.2.1　湖心小岛检测识别定位

　　图5−17为湖心小岛检测定位算法流程,图5−18为湖心小岛卫星照片,图5−19为飞行时前视成像对湖心小岛检测定位试验结果。

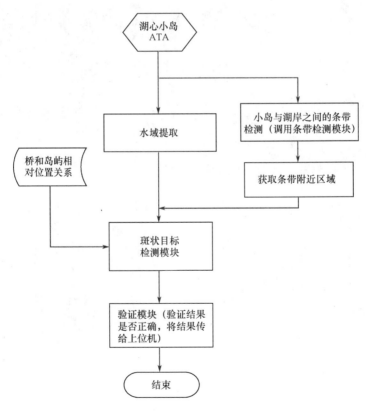

图5−17　湖心小岛检测定位算法流程

图 5-18 湖心小岛可见光卫星照片

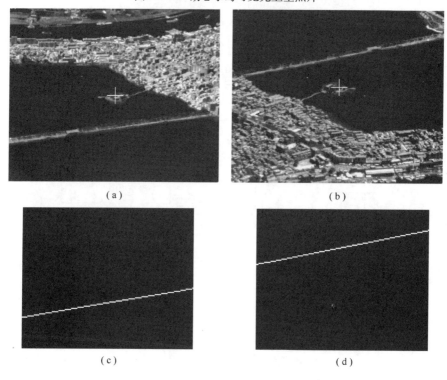

图 5-19 湖心小岛红外成像检测定位实验结果

(a)湖心小岛 1 检测结果;(b)湖心小岛 2 检测结果;

(c)条带检测中间结果 1;(d)条带检测中间结果 2。

✍ 5.2.2　桥梁交叉点检测识别定位

　　桥梁作为一个条带形的地物目标,要检测定位其小尺度结构特征区,如桥梁与河道交叉点是很难的。图5－20给出了检测定位桥梁与河道交叉点的算法流程框图;图5－21、图5－22给出了前视检测识别定位该交叉点的试验结果。

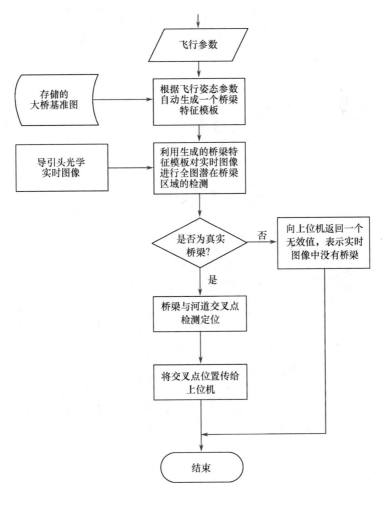

图5－20　算法流程

图 5 - 21　大桥卫星照片

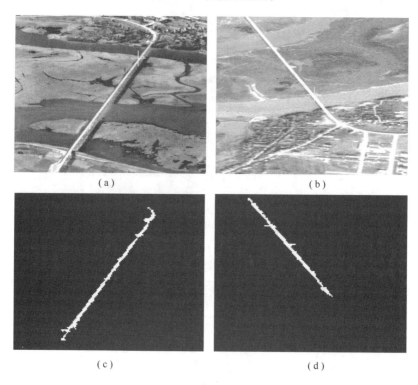

图 5 - 22　桥梁与河道交叉点检测定位试验结果

(a)红外图像桥梁与河道交叉点定位结果；(b)可见光桥梁与河道交叉点定位结果；

(c)红外图像桥梁检测中间结果；(d)可见光图像桥梁检测中间结果。

⊠ 5.2.3 机场检测识别定位

机场可视为带状平面地物目标,图 5 - 23 为一种检测识别定位机场中感兴趣区的算法流程。

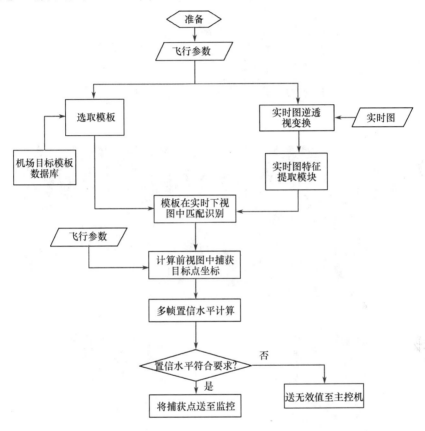

图 5 - 23 算法流程

图 5 - 24、图 5 - 25 为检测定位感兴趣区的试验结果。

⊠ 5.2.4 河流交叉口检测识别定位

两条河流的交汇处是飞行器导航制导中有用的地物特征。图 5 - 26 为一种检测定位河流交叉口的算法流程。

图 5 - 27、图 5 - 28 为算法的试验结果。

图 5-24 机场卫星照片

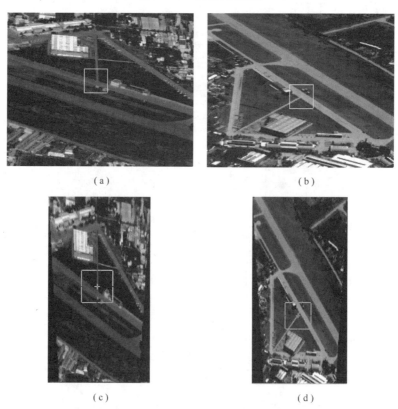

图 5-25 机场感兴趣区检测定位试验结果

(a)从视点1的感兴趣区定位结果1；(b)从视点2的感兴趣区定位结果；

(c)中间结果1；(d)中间结果2。

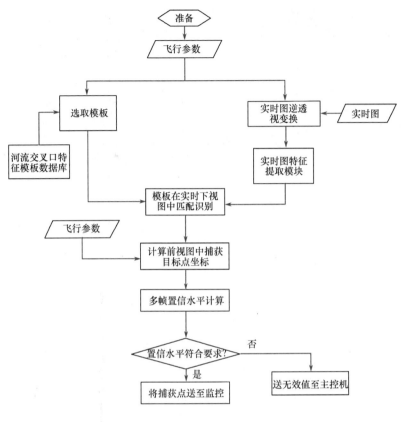

图 5 - 26　算法流程

图 5 - 27　河流交叉口卫星照片

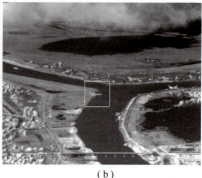

（a）　　　　　　　　　　　　　　（b）

图 5 - 28　河流交叉口感兴趣区检测定位试验结果

（a）从视点 1 的感兴趣区定位结果；（b）从视点 2 的感兴趣区定位结果。

5.2.5　公路交叉口检测识别定位

两条公路的交汇处是飞行器导航制导中有用的地物特征。图 5 - 29 为一种检测定位公路交叉口的算法流程图。图 5 - 30 为谷歌下载的卫星照片图,图 5 - 31 为利用该卫星照片特征参考图,根据图 5 - 29 的算法流程,对红外图像序列检测识别定位公路叉口的实例。

5.2.6　改进的 Hausdorff 距离港口匹配定位

港口区域的检测定位是港口内船舶目标检测识别的前提,是间接检测定位目标的一个典型案例。本算法包括基于单幅卫星影像的多视点多尺度港口模型的建立,海岸线提取,距离变换匹配识别及其快速算法。

1. 海岸线多视点多尺度特征模型制备

生物学、视觉生理学的研究成果表明:为识别目标,首先必须为待识别的目标在计算机中形成一个内部的"描述",也就是建立目标特征的计算机模型。通常情况下,目标特征模型库的建立是一项复杂而且耗时的工作。一个解决办法是针对特定目标,建立一个标准图像库(包括俯视,前视和侧视图),并在此基础上建立各种情况下不同尺度(大小,分辨率)的分级模型,为识别工作提供良好的依据。

由于在前视情况下,物体之间的遮挡引起目标在不同视点上的表象是不同的,因此,必须首先建立目标的三维模型,在所建立的三维模型的基础上,获

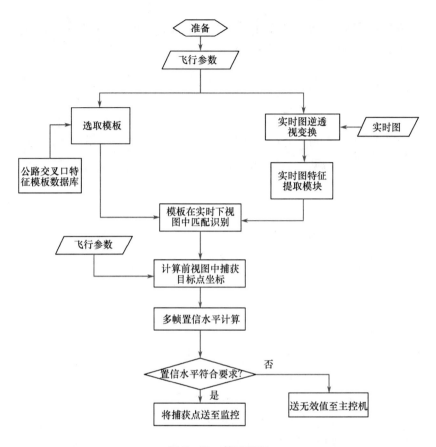

图 5 - 29 算法流程

图 5 - 30 高速公路交叉口卫星照片

（a）　　　　　　　　　　　　　　（b）

图5-31　高速公路感兴趣区匹配识别定位结果（不同飞行高度）
（a）从视点1的感兴趣区定位结果；（b）从视点2的感兴趣区定位结果。

得目标在不同视角下的特征模型,还要建立该类目标在不同尺度、不同分辨率下的特征模型,以形成以后识别所用的模型库。

对于从远距离探测港口区,港口岸线可视为一平面目标。因此,可根据卫星遥感图像来提取港口区的岸线轮廓,以用于前视目标识别的模型。卫星影像的港口目标轮廓线的提取可有多种方法,提取过程是在地面完成的,可以有人参与。提取得到的轮廓线,根据成像模型,通过透视变换,可将下视的轮廓模型变换到识别用的前视目标轮廓模型。对于获得的感兴趣目标的拓扑结构图,可用轮廓跟踪算法形成对典型目标边界的 Freeman 链码描述及其轮廓点坐标序列,对离散坐标序列进行等步长线性插值,并对插值后的轮廓坐标的 x 分量、y 分量一维序列分别进行一维高斯核卷积模糊,然后降低采样率,再经过取整,生成该类目标轮廓的多尺度模型。

前视成像港口目标与陆地、海洋背景混为一体紧密相连,为了可靠地提取港口目标,必须将复杂背景条件下港口目标特征与特定的目标背景特征研究相融合,作为一个整体进行描述。因此,需要先将港口目标与邻接的陆地联系起来作为感兴趣区域,利用恰当的图像分割算法将其与海面、天空等背景相分离,然后,通过对分割区域的边界跟踪来提取出目标的轮廓特征。

由于前视红外图像的灰度是受传感器到场景各位置的距离所调制的,使得港口目标不易从场景中分割出来,但对于港口区光学图像,水体与陆地存在很大的灰度差异,而天地间的灰度是渐变的,其平均梯度较海地线处的平均梯度小,根据这一特征,可从图像中初定出海岸线的大致位置,根据该大致位置确定出港口目标兴趣区,在兴趣区范围内采用分割方法提取港口目标。对分割区域进行轮廓跟踪,根据海岸线处的平均梯度大于天地线处的平均梯度以及空间位置,沿提取得到的轮廓进行追踪,提取出代表海岸线的轮廓段。

2.　距离变换匹配识别算法

为解决二值文本识别的问题,Borgefors 提出了距离变换的概念。下面将距离变换的概念引入图像匹配中,给出了一种基于特征的匹配准则,并推导了其快速算法。大量试验证明这种算法能够有效克服几何失真及结构变化的影响。

1）距离变换匹配原理

在二维空间 R^2 中,S 为某一集合,对 R^2 中任一点 r,定义其距离变换为

$$T_s(r) = \min\{\mathrm{dis}(r,s) \mid s \in S\} \tag{5-1}$$

式中:dis( )为距离算子,范数为 2 意义下的距离算子如下:

$$\mathrm{dis}(a,b) = \sqrt{(x_1 - x_2)^2 + (y_1 - y_2)^2} \tag{5-2}$$

其中:$a(x_1,y_1)$ 和 $b(x_2,y_2)$ 为空间上的两点;距离变换值 $T_s(r)$ 反映了点 r 与集合 S 的远近程度。

对于两幅二值图像,定义其基于距离变换的匹配度量准则为

$$P = \frac{\sum\limits_{a \in A} g(T_B(a)) + \sum\limits_{b \in B} g(T_A(b))}{N_A + N_B} \tag{5-3}$$

式中:A,B 分别为两幅图像中为"1"的特征像素点集合;a,b 分别为点集 A、B 中的任意点;N_A,N_B 分别为点集 A、B 中点的个数;$g(\ )$ 为距离变换后的加权函数,它在 x 正半轴上是连续递减的,满足

$$\begin{cases} g(0) = 1 \\ g(x_2) > g(x_1) \geqslant 0 \qquad \forall\, x_1 > x_2 \geqslant 0 \end{cases} \tag{5-4}$$

可以证明,P 有如下性质:

（1）$1 \geqslant P \geqslant 0$。

（2）当匹配度量 $P = 1$ 时,两个图像的点结构完全一致。

（3）由于函数 $g(\ )$ 对各点距离变换值的连续加权,当两个图像之间发生一定的几何的失真时,P 不会突然下降,而是随几何失真程度的增强而逐渐下降。这一点是传统匹配准则不能保证的。

利用这一准则可实现不同成像条件下的图像匹配。首先在参考图中任一可能的匹配位置上截取与实测图大小相同的图像块,然后对实测图与各参考图子块提取特征点并作二值化,再采用上述准则求出二者的匹配度量 P。搜索完参考图中的每一个可能匹配位置,最后匹配度量 P 最大值对应的坐标即为配准位置。

由于 $g(\ )$ 对各点距离变换的值连续加权,当两幅图像发生一定的几何失真或边缘产生变化时,匹配度量 P 只稍微降低,并不影响对正确匹配的判断,而采用传统的匹配方法则会造成严重的误匹配。由于特征提取是对图像进行局部运算,采用这一匹配准则还具有抗灰度反转的能力。

2) 距离变换匹配的快速算法

在图像匹配的实际问题中,正确匹配位置上参考图与实测图的几何失真和结构变化一般具有一定的范围,而这个范围不可能是唯一的,因此有必要采用一种多尺度的加权函数 $g(\ )$。$g(\ )$ 函数在 x 正半轴是单调递减的,对于小于一定范围 X_0 的点正加权,对于大于 X_0 的点加权系数为 0。这个 X_0 可以随参考图与实时图失真范围的大小来确定,X_0 有尺度含义。

本书采用截断函数作为加权函数(图 5 - 32),既可以减少匹配算法的计算量,又可以保证有效地克服几何失真及结构变化的影响。

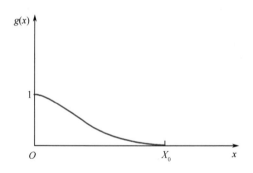

图 5 - 32　本书采用的加权函数 $g(x)$

3) 简化的匹配准则

记 A、B 分别为提取边缘或点特征并二值化后的实时图和参考图块中为"1"的点的集合。为提高匹配速度,上述匹配度量准则可简化为

$$P_{\text{match}} = \begin{cases} \dfrac{\sum\limits_{a \in A} g(T_B(a)) + N_A - N_B}{N_A + N_B} & (N_A \geqslant N_B) \\[4mm] \dfrac{\sum\limits_{a \in A} g(T_B(a)) + N_B - N_A}{N_A + N_B} & (N_A < N_B) \end{cases} \quad (5-5)$$

在进行具体的距离变换时,将加权函数离散化。取尺度为 2 时加权函数 $g(x)$ 离散化后得到的 3×3 离散化模板 $G(i,j)$($-1 \leqslant i \leqslant 1$, $-1 \leqslant j \leqslant 1$),如图 $5-33$ 所示。

0.3	0.6	0.3
0.6	1	0.6
0.3	0.6	0.3

图 $5-33$　加权函数 3×3 的离散模板 $G(i,j)$

同理,尺度为 3 时,可得 5×5 的离散模板 $G(i,j)$,如图 $5-34$ 所示。

0.0	0.2	0.25	0.2	0.0
0.2	0.35	0.5	0.35	0.2
0.25	0.5	1.0	0.5	0.25
0.2	0.35	0.5	0.35	0.2
0.0	0.2	0.25	0.2	0.0

图 $5-34$　加权函数 5×5 的离散模板 $G(i,j)$

特征点距离变换匹配步骤如下:

(1) 实时图提取特征点并二值化,统计图中为"1"的结构特征点的个数 N_A。

(2) 对每个参考图块提取特征点并二值化,统计图中为"1"的结构特征点的个数 N_B。

(3) 统计求出匹配度量:以参考图的特征点集作为特征点集合 B,对实时图上的特征点集 A 作距离变换。

采用以下算法加快计算特征点集合 A 中的特征点 $a(i,j)$ 相对特征点集合 B 的距离变换加权值。对特征点集合 A 中的特征点 $a(i,j)$,使特征点集合 B 中相应的以 (i,j) 为中心的 $(x_0-1) \times (x_0-1)$ 邻域内特征点的值(0 或 1)与加权离散函数的离散模板 $G(i,j)$ 对应项相乘,取最大值作为 $a(i,j)$ 相对于特征

点集合 B 的距离变换加权值 $g(T_B(a(i,j)))$。

$$g(T_B(a(i,j))) = \max\{b(i+m,j+m) \times G(m \cdot n)\} \qquad (5-6)$$

其中: $-(x_0-1) \leqslant m \leqslant (x_0-1)$, $-(x_0-1) \leqslant n \leqslant (x_0-1)$。

采用这一算法使得计算两个特征点集合 A、B 间的相似性度量 P 的运算量大大减少。

4）算法结果

下面给出了港口目标序列图像的识别结果,图5-35所示为根据下视可见光卫星图像建立的远距离港口目标多视点多尺度特征模型。图5-36为远距红外港口目标检测定位结果。

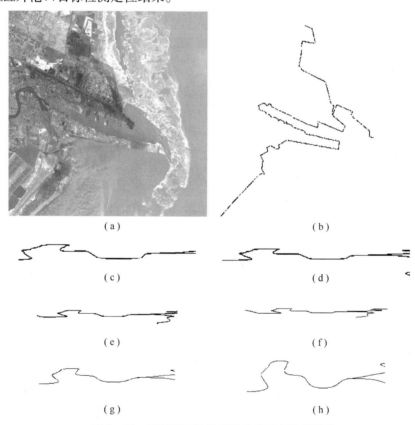

（a）　　　　　　　　　　（b）

（c）　　　　　　　　　　（d）

（e）　　　　　　　　　　（f）

（g）　　　　　　　　　　（h）

图5-35　远距港口目标多视点多尺度特征模型

（a）下视可见光卫星图像；（b）提取的轮廓图；（c）近距离目标模型；（d）较近目标模型；
（e）中距离目标模型；（f）远距离目标模型；（g）不同视角下的目标模型1；（h）不同视角下的目标模型2。

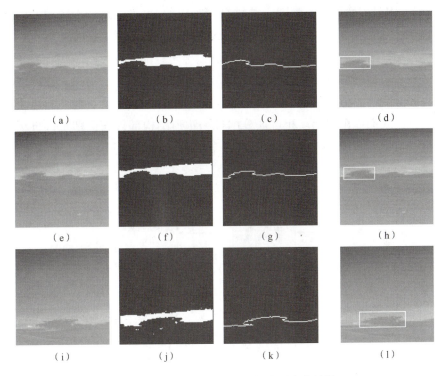

图 5 - 36　远距红外港口目标检测定位结果

(a)实时红外图像；(b)分割结果；(c)提取的海岸线；(d)识别结果；(e)实时红外图像；

(f)分割结果；(g)提取的海岸线；(h)识别结果；(i)实时红外图像；(j)分割结果；

(k)提取的海岸线；(l)识别结果。

▶ 5.3　基于部件的目标探测定位

在飞行器光学寻的制导中,随着目标的逼近,目标图像范围逐渐扩大,为了能够定位目标的兴趣点,需要进一步对目标进行兴趣区检测。

机场属于重要的目标,如果能从图像中提取出跑道信息将给实现寻的制导提供定位支持。跑道最显著的特征是长、细、长方形区域具有一致的明亮度。然而跑道模型的建立仅有这些是不够的,检测跑道的任务相当复杂,这主要有以下原因:

(1) 跑道为延展性目标,沿跑道带状重复模式严重,定位存在多义性。

（2）跑道表面可能不是同一种材料铺制成的,也可能是由于区域的修补和要求的不同造成的。不能保证红外图像中机场跑道灰度一致性。

（3）其他目标遮挡跑道表面,如被飞机、卡车等部分覆盖。

（4）背景与跑道可能使用类似材料,如机场周围的建筑物等。在红外图像中,就呈现出类似的灰度级,可能混淆。

为此,我们提出利用互相可区分的机场跑道结构部件来识别定位机场跑道,算法流程如图 5-37 所示。

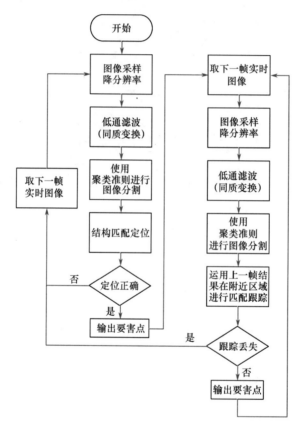

图 5-37　识别结构部件定位机场跑道算法流程

事实上在识别结构部件前,把它们从背景中提取出来就相当的困难,因此要进行以下工作:

（1）预处理。如果不经过预处理,跑道结构部件很难从背景中提取出来的。由图 5 – 38 可见,在中波红外图像中,机场周围的建筑物和机场内的草坪区灰度级非常接近,所以很难通过灰度直接从背景中提取出目标来。

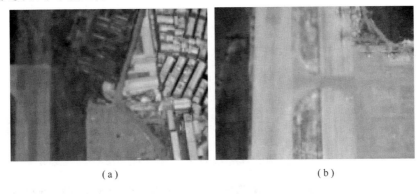

（a）　　　　　　　　　　　　　　（b）

图 5 – 38　机场图像中的建筑群和机场草坪

然而跑道在红外图像中有个很明显的特征,那就是它的跑道局部区域的灰度是相对均匀,而且背景的灰度比其波动要大。根据这个特征区分同质区与非同质区,进而区分出跑道部件和背景。同质区和非同质区区域内灰度的波动可用灰度方差表示。

设像素点灰度级为 $c(i,j)$,区域 x 内方差为 $D(x)$,期望或均值为 $E(x)$,则

$$E(x) = \frac{1}{n(x)} \sum_x c(i,j)$$,其中 $n(x)$ 为区域 x 内的像素点个数;

$D(x) = E[c(i,j) - E(x)]^2$,简化得,$D(x) = E(x^2) - [E(x)]^2$

通过把图像内灰度波动较大的区域滤除掉,可以较好地清除非跑道区域,为分割做好准备。

（2）预处理后的图像分割。经过同质变换后,就可以进行图像分割了。聚类分割方法如下:

设图像包含 L 个灰度级$(0,1,\cdots,L-1)$,灰度值为 i 的像素点数为 N_i,图像总的像素点数为 $N = N_0 + N_1 + \cdots + N_{L-1}$。灰度值为 i 的点的出现频率为

$$P_i = N_i / N$$

门限 t 将整幅图像分为暗区 c_1 和亮区 c_2 两类,则类间方差 σ_b^2 是 t 的函数,即

$$\sigma_b^2(t) = a_1 a_2 (u_1 - u_2)^2 \qquad (5 - 7)$$

式中:a_j 为类 c_j 的面积与图像总面积之比,$a_1 = \sum_{i=0}^{t} P_i$,$a_2 = 1 - a_1$;u_j 为类 c_j 的均值,$u_1 = \sum_{i=0}^{t} iP_i / a_1$,$u_2 = \sum_{i=t+1}^{L-1} iP_i / a_2$。该法选择最佳门限 $\hat{t}$ 使类间方差最大,即

$$\sigma_b^2(\hat{t}) = \max\{\sigma_b^2(t)\}, \ 令 \ \Delta u = |u_1 - u_2|,\ 则由式 \ \sigma_b^2(t) = a_1 a_2 (u_1 - u_2)^2,\ 有$$

$$\sigma_b^2(\hat{t}) = \max\{a_1(t)a_2(t)\Delta u^2(t)\}$$

图 5 - 39 为有同质变换预处理和没有进行预处理的图像分割结果对比。

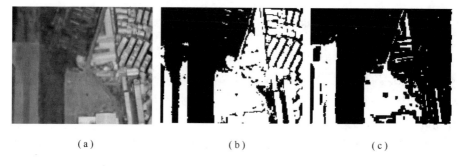

（a）　　　　　　　　　（b）　　　　　　　　　（c）

图 5 - 39　分割图的对比
（a）原始图；（b）直接分割图；（c）同质变换后分割图。

从图 5 - 39 可见,机场跑道周围的建筑物得到较好的抑制,而且跑道中央的灰度异常区域也得到较好的保存,机场跑道从背景中较好地分离出来。

（3）准备二值参考图模型。由于需要对实时图像进行总体定位,因此首先要制作准确可靠的机场参考图模型,这里可以利用可见光图像制作机场参考图二值模板,可见光遥感图和其二值模板如图 5 - 40 和图 5 - 41 所示。

（4）运用结构匹配定位机场目标。从红外图像中将机场跑道和周围环境区别开来后,就可运用二值匹配方法进行机场定位。二值匹配方法的原理如下:

当实时图 u 和参考图 v 中对应像素点灰度级分别为 i 和 j 时,可认为是一次匹配。$N_{i,j}(u,v)$ 则表示这种匹配的总次数。$N_r \times N_c$ 为图像大小,则匹配相关系数定义为

和度量 1：

$$r(u,v) = \frac{1}{N_r \times N_c} \big[N_{0,0}(u,v) + N_{1,1}(u,v) \big] \qquad (5-8)$$

积度量 2：

$$r(u,v) = \frac{N_{0,0}(u,\ v)}{N_{0,0}(u,v) + N_{0,1}(u,v)} \cdot \frac{N_{1,1}(u,v)}{N_{1,1}(u,v) + N_{1,0}(u,v)} \qquad (5-9)$$

这里，在不影响匹配结果的情况下，运用计算量最小的和度量 1 进行二值匹配度量，以便于减少算法的运算开销。

对于 256×320 大小的局部机场实时图像，要运用实时图像直接和机场参考图像进行单模板的二值匹配定位，势必会影响兴趣点检测的实时性和高速处理器珍贵的内存资源占用，图 5-42 所示为无重复模式的特殊结构模板集。

图 5-40　原始可见
光遥感图像

图 5-41　二值参考
模板图像

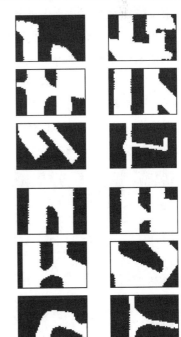

图 5-42　结构模板集

另外，在单模板相关跟踪中，模板在搜索区内逐点求相关系数得到相关面矩阵，目标在搜索区内的位置由相关面中的最大值来确定。相关系数的计算包括了模板及相应图像中的每一个像素值,当图像中的某一部分发生变化时,相关系数都会受到较大的影响。仅利用单模板相关峰值的大小判断很难得到正确的结果,采用多模板匹配可在一定的程度上解决这个问题。

利用结构特征明显的部件作为多模板匹配的模板,可提高匹配的鲁棒性和精度。另一方面,记录各匹配模板在原始机场参考图像中的位置,用此记录的位置和机场结构模板在实时图像中匹配得到的结果对实时图像在参考图进行相对定位。一旦定位正确,就可跟据预先规定的兴趣点位置进一步寻找兴趣点,后续帧则可利用匹配跟踪的方法进行定位。即先利用结构模板定位机场,再利用上一帧图像的相对定位信息进行匹配跟踪。

在定位后使用跟踪的办法,是基于实时性的考虑。跟踪的算法运算量小了许多。但只要定位出错,跟踪也就不能保证其正确性了。因此,在算法中相对定位准确很重要。为保证其正确性,应采取多次定位的办法以保证可靠性。同时为降低定位算法所耗的时间,使用多分辨率结构模板与实时图二值匹配。

根据已知的结构模板在原始参考图中的位置信息相对定位实时图像在原始参考图中的位置和后续的跟踪匹配是高效的定位方式。一旦获取实时图像在参考图中的位置信息,就可以根据参考图中预先规定的兴趣点位置判断实时图像中是否存在,从而达到寻的兴趣点或兴趣区的目的。

机场感兴趣区检测结果如图 5-43 所示。

图 5-43　机场感兴趣区检测结果实例

使用 DSP6414 的硬件资源,识别定位平均时间小于等于 20ms,其中识别耗时最长时间为 24ms,而识别耗时最短时间为 16ms。

(5)算法抗尺度和角度偏差性能。由于飞行器定位时,拍摄的图像和提供的参考图像模板可能存在尺度偏差和角度偏差,为了适应这一问题,我们的匹配定位算法必须具备忍耐一定尺度和角度偏差的良好特性。

下面对特征加权匹配算法、边缘加权匹配算法、二值匹配算法 3 种算法进行对比。

特征加权匹配算法的基本原理:在匹配算法中加入结构模板中特征点(如角点、拐点)的权值,以加强结构匹配中特征点的作用,从而达到忍耐一定尺度变化和角度变化的目的。其结果是匹配正确率为 84.2%(样本数为 646 帧图)。

边缘加权匹配算法的基本原理:在大目标二值匹配中,一定尺度变化和一定角度变化只是会引起大目标边缘部分的改变,而这种匹配算法可以在匹配边缘变化部分利用 5×5 权值模板,以减弱边缘变化而产生的影响,使得算法对一定尺度和角度变化的忍耐能力加强。在 646 帧测试样本图中,其正确匹配率为 93.8%。

二值匹配算法在 646 帧测试图中,正确匹配率高达 98.4%。二值匹配算法对 42 帧样本试验抗尺度变化的统计结果如图 5-44 所示。由图可见,算法在 -15% ~ +20% 尺度变化范围内匹配正确率可以达到 100%,有良好的忍耐

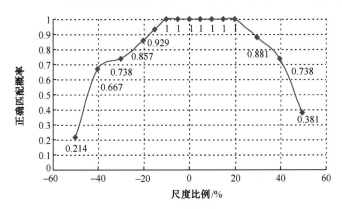

图 5-44　尺度变化匹配概率统计表

尺度变化能力。试验结果表明,二值匹配算法无论从实时性、匹配正确率,还是抗尺度变化均可首选。图 5－45 给出了实例。

图 5－45　机场跑道部件抗尺度变化检测结果

为了检验二值匹配算法忍耐旋转的能力,下面对有旋转变化的实际序列进行试验,试验结果如图 5－46 所示,结果表明角度在大约 10°的变化范围内也能正确匹配。

当目标在实时图像中所占像素比例较大且结构特征明显,尺度和角度变化后,目标内仍有大量像素点可以用于相关,相关峰明显,所以能够忍耐一定尺度变化和一定角度变化。

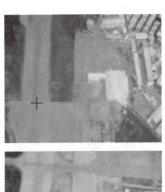

图 5 – 46　忍耐一定角度变化试验结果

5.4　目标/地标群关联探测定位

　　处于复杂地面背景中的目标难于探测定位,这对飞行器寻的制导是一个极大的挑战。本书将那些光学特性变化规律可循、结构特征显著、稳定、空间拓扑关系明确的部分地物杂波转化为利于弱小/隐藏/遮挡的目标识别定位的有用信息,即杂波→地标→信号,地标目标关系→信号,显著提高了信杂比。

5.4.1　平面地标导引的相对定位目标检测识别

　　地面立体建筑物通常处于复杂的自然场景之中,特别在城区,多数情况下跟其周边建筑关联成片,处于楼群之中。由于飞行器飞行航线的可变性及飞行器惯性导航定位的偏差,导致在城市地区中对地面立体建筑物识别定位的困难。

　　传统的建筑物识别方法都是直接识别立体建筑物,没有将建筑物目标置于自然场景的"周边关系"之中,因此,难免局限于就建筑物识别而谈建筑物识别。当立体建筑物相对于其所在城市地区场景特征不显著,如距离较远、光照条件不好、相似模式较多时,直接识别通常是不可行的。

　　实际上,间接寻找目标的方法更符合人类的视觉导航机理,也就是说,当我们意图捕获一个目标时,如果此目标相对于其所在的场景特征不显著,通常采取先捕获目标所在场景中具有某种显著性特征的地物结构,再间接定位到我们感兴趣的目标,进而达到对感兴趣对象的直接识别与定位。

在给定的正射影像图目标周围区域中,选出具有显著性特征,无相似模式的地标,通过识别地标相对定位到目标。对平面型地标采用特征模板匹配的识别方法:预先制备好地标基准参考图,根据传感器测量数据对基准参考图进行透视变换,得到待匹配模板,再与预处理后实时图进行匹配,识别地标,进而相对定位到目标。平面型地标特征模板匹配识别方法流程如图 5 – 47 所示。

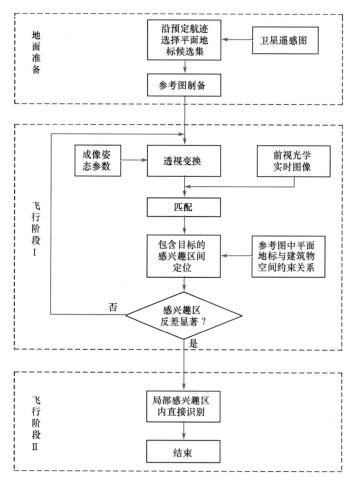

图 5 – 47　通过识别平面地标相对定位到目标的流程

采用目标周边区域地标的正射影像图作为参考图与光学前视实时图进行匹配识别时,从不同视点观察目标的图像,由于透视变换的存在,其目标图像的大小、形状都发生了改变,下视图像和前视图像拍摄的几何视点不同,两者存在着很大的几何差异,给匹配带来很大的困难,因此进行匹配前首先需要将参考图从下视方向透视变换至前视方向,或者将实时图从前视方向逆透视变换至下视方向。实际成像模型示意图如图5-48所示。

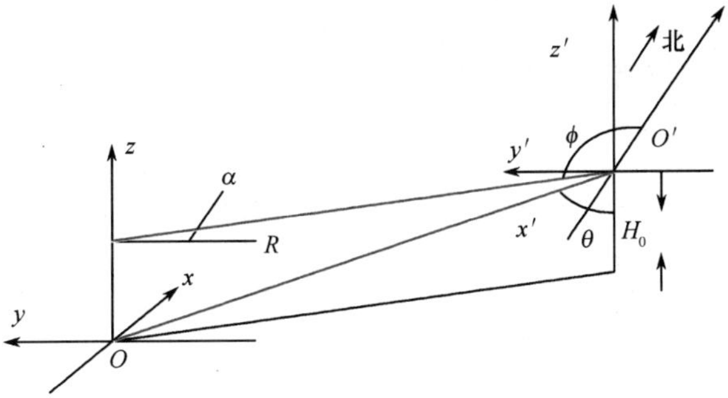

图5-48　成像模型示意图

图5-48中,O点是OO'光轴触地点,ϕ是以正北为基准的目标航向角,顺时针为正。$\alpha=\phi-90°$,$\theta=\arccos\dfrac{H_0}{R}$。

图5-49、图5-50分别为摄像机纵、横视场剖面触及地面的交线,图中$\Delta\theta$和$\Delta\phi$为摄像机的纵向视场和横向视场。图5-51为拍摄目标区域图像的大小,假定为$M\times N$个像素,中心像素点$(M/2,N/2)$位于光轴与地面的交点上。该图上任意一像素点如(m,n)对应前视图像中横、纵坐标(X,Y)如下式

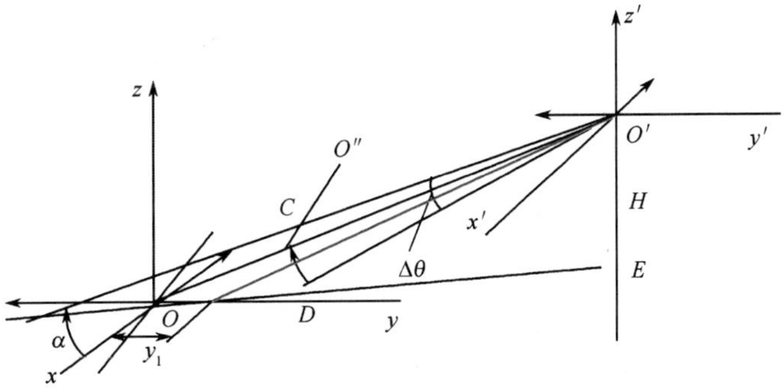

图5-49　摄像机纵向视场剖面触及地面的交线

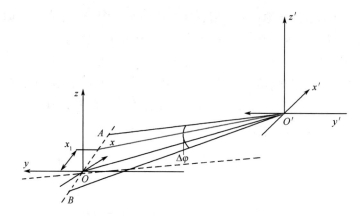

图 5 – 50　摄像机横向视场剖面触及地面的交线

计算：

$$AB = 2H \times \tan\left\{\theta + \arctan\left[\left(n - \frac{N}{2}\right) \times \frac{CD}{N} \times \frac{1}{OO'}\right]\right\} \times \tan\frac{\Delta\varphi}{2} \qquad (5-10)$$

$$x_1 = \left(m - \frac{M}{2}\right) \times \frac{AB}{M} \qquad (5-11)$$

$$OE = H \times \tan\theta \qquad (5-12)$$

$$O'D = \frac{H}{\cos\left(\theta - \dfrac{\Delta\theta}{2}\right)} \qquad (5-13)$$

$$CD = 2O'D \times \sin\frac{\Delta\theta}{2} \qquad (5-14)$$

$$O'O'' = O'D \times \cos\frac{\Delta\theta}{2} \qquad (5-15)$$

图 5 – 51　拍摄目标区域图像

$$y_1 = H \times \tan\left\{\theta + \arctan\left[\left(n - \frac{N}{2}\right) \times \frac{CD}{N} \times \frac{1}{O'O''}\right]\right\} - OE \qquad (5-16)$$

$$X = x_1 \times \cos\alpha - y_1 \times \sin\alpha \qquad (5-17)$$

$$Y = y_1 \times \cos\alpha + x_1 \times \sin\alpha \qquad (5-18)$$

上述公式利用空中某视点拍摄的前视图像的像素坐标(m,n)计算所拍摄地面上对应的各点的坐标$(X、Y)$。建立了这种关系后,同时也建立了前视图像像素的灰度与地面正射影像图上各点灰度之间的对应关系,即可编程实现透视变换。

在俯仰角度较小的情况下,将参考图从下视透视变换至前视与光学实时图进行前视匹配获取地标位置;当俯仰角较大时,由于覆盖区域较小,目标变大,采用前视匹配精度不够,且运算时间加大,因此可将实时图逆透视变换至下视与参考图进行下视匹配。

间接定位的基本思想:在已知平面地标在实时图中位置及平面地标与目标在大地坐标系下位置偏差的情况下,反过来解算目标在实时图中的位置。其算法实现如下:

假定通过匹配定位后,地标在实时图上的位置为(X_2,Y_2),它与实时图中心的位置关系如图5-52所示。令 ROW 为实时图行数,COL 为实时图列数,则实时图中心的坐标为$(\text{ROW}/2,\text{COL}/2)$。令 ξ 为纵向视场角,φ 为横向视场

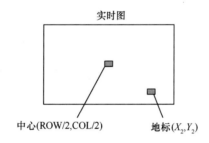

图5-52　实时图中心与地标的相对位置关系

角,α 为方位角,θ 为俯仰角,h 为视点 P 的高度,间接定位如图5-53所示。计算过程如下:

(1) 计算(X_2,Y_2)与光轴瞄准点在大地坐标系下沿进入方向的偏移量L_1,L_2。① 纵向距离L_1(图5-54)。如图5-54所示,令 $MT_0=L_1$,则

$$\beta_1 = \frac{Y_2-\text{ROW}/2}{\text{ROW}}\times\xi \qquad (5-19)$$

$$L_1 = \frac{h}{\tan\theta}-\frac{h}{\tan(\theta+\beta_1)} \qquad (5-20)$$

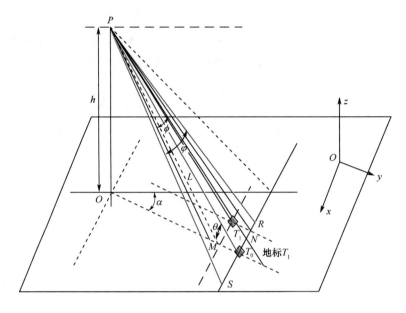

图 5－53　间接定位示意图

② 横向距离 L_2（图 5－55）。如图 5－55 所示，令 $T_0N = L_2$，则

$$\beta_2 = \frac{X_2 - \text{COL}/2}{\text{COL}} \times \varphi \qquad (5-21)$$

$$L_2 = \frac{h}{\sin\theta} \times \tan\beta_2 \qquad (5-22)$$

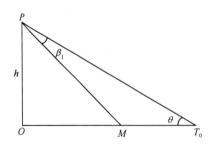

图 5－54　光轴瞄准点 T_0 与地标在飞行
方向纵轴上的投影 M 之间的位置关系

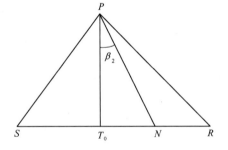

图 5－55　光轴瞄准点 T_0 与地标在飞行
方向横轴上的投影 N 之间的位置关系

（2）由 L_1，L_2 计算在正北方向上的投影量 $\mathrm{d}x_2$，$\mathrm{d}y_2$（图 5 – 56）。如图 5 – 56 所示，令 $CD = L_1$，$DE = L_2$，则 $\angle EDG = \alpha$，$CF = \mathrm{d}x_2$，$FE = \mathrm{d}y_2$，故

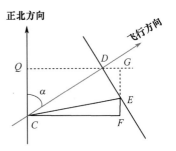

图 5 – 56　正北方向与飞行方向示意图

$$\mathrm{d}x_2 = L_2\cos\alpha + L_1\sin\alpha \qquad (5-23)$$

$$\mathrm{d}y_2 = L_1\cos\alpha - L_2\sin\alpha \qquad (5-24)$$

由于在大地坐标系下，地标的位置是已知的，因此，由上述计算出的 $\mathrm{d}x_2$，$\mathrm{d}y_2$ 即可得到光轴瞄准点在大地坐标系中的位置。光轴瞄准点与目标在大地坐标系下的位置偏移量 $\mathrm{d}x_1$，$\mathrm{d}y_1$ 是已知的（通过参考图制备过程即可知道），但此偏移数量是相对于是正北方向的，需要转化为相对于飞行方向的偏移量 $\mathrm{d}x_1'$，$\mathrm{d}y_1'$。

再次参考图 5 – 56，令相对于飞行方向的 x 向偏移量为 $\mathrm{d}x_1'$，相对于飞行方向的 y 向偏移量为 $\mathrm{d}y_1'$ 得如下方程：

$$\begin{cases} \mathrm{d}x_1 = \mathrm{d}x_1'\cos\alpha + \mathrm{d}y_1'\sin\alpha \\ \mathrm{d}y_1 = \mathrm{d}y_1'\cos\alpha - \mathrm{d}x_1'\sin\alpha \end{cases} \qquad (5-25)$$

解方程，得

$$\mathrm{d}x_1' = \mathrm{d}x_1\cos\alpha - \mathrm{d}y_1\sin\alpha \qquad (5-26)$$

$$\mathrm{d}y_1' = \mathrm{d}y_1\cos\alpha + \mathrm{d}x_1\sin\alpha \qquad (5-27)$$

（3）计算目标在实时图中的最终位置 (X_1, Y_1)。

① 计算 Y_1（图 5 – 57）。如图 5 – 57 所示，令 $T_0K = L_1'$，$L_1' = \mathrm{d}y_1'$，其中 K 表示目标的位置，则

$$\tan\beta_3 = \frac{h}{h/\tan\theta + L_1'} \qquad (5-28)$$

$$\beta_3 = \arctan\frac{h}{h/\tan\theta + L_1'} \qquad (5-29)$$

$$\beta_1' = \theta - \beta_3 \qquad (5-30)$$

$$Y_1 = \frac{\mathrm{ROW}}{2} + \frac{\beta_1' - \theta}{\phi} \times \mathrm{ROW} \qquad (5-31)$$

$$d' = h/\sin\beta_3 \qquad (5-32)$$

② 计算 X_1（图 5-58）。如图 5-58 所示，令 $KW = \mathrm{d}x_1'$，则

$$\beta_2' = \arctan\frac{\mathrm{d}x_1'}{d'} \qquad (5-33)$$

$$X_1 = \frac{\mathrm{COL}}{2} + \frac{\beta_2'}{\varphi}\times\mathrm{COL} \qquad (5-34)$$

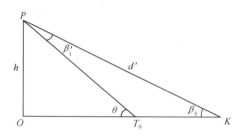
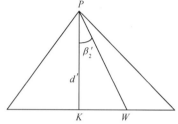

图 5-57　大地坐标系中光轴与
目标纵向位置关系图

图 5-58　大地坐标系中光轴与
目标横向位置关系图

至此，即得到了目标在实时图中的位置 (X_1,Y_1)。

下面是地标特征模板匹配间接识别目标方法实例，如图 5-59、图 5-60 所示。

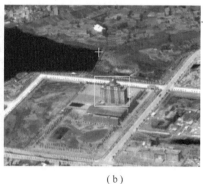

（a）　　　　　　　　　　　（b）

图 5-59　建筑物单帧识别

（a）实时图；（b）间接识别定位，十字叉为地标区，矩形框为目标区。

著者提出的平面地标导引间接定位方法的合理性、创新性如下。

前视成像寻的技术被广泛应用于飞行器制导的末段，它主要是通过光学

（a）　　　　　　　　　　　　　　　　（b）

图 5 - 60　建筑物单帧识别

（a）实时图；（b）间接识别定位，十字叉为地标区，矩形框为目标区。

传感器的前视成像目标识别来对飞行器进行精确制导，一般的前视寻的方法都是采取直接识别目标的策略。但是，在待识别建筑物光学成像特征不显著时，如被隐藏、被遮挡、相似模式较多、建筑物局部对比度差等情况下，直接识别定位立体建筑物通常是不可行的。实际上，迂回寻找目标的方法更符合人类的视觉导航机理，也就是说，当欲捕获一个目标时，如果此目标相对于其所在的场景特征不显著时，我们通常采取先捕获目标所在场景中具有某种显著性特征的地物结构，再间接定位到我们感兴趣的目标，从而达到对感兴趣对象的间接定位与识别。平面地标在城区及其周边很常见，其上有多个可供选择的形殊点用于间接定位。本方法能对动平台条件下城区复杂背景中的建筑物进行间接识别，具有很好的鲁棒性和高的定位精度，能满足飞行器末段制导精度的要求。

⚔ 5.4.2　立体地标导引的相对定位地面目标检测识别

　　该方法分为地面准备阶段和飞行时目标识别定位阶段。在地面准备阶段，按飞行器预定航迹规划选取待识别建筑物目标周围显著立体地标，利用三维建模软件构建建筑物及立体地标的三维模型，制备建筑物目标及地标的多尺度、多视点特性视图。再依据特性视图生成形态学结构元素。在目标捕获阶段，首先进行立体地标的检测识别定位，然后根据姿态参数及地标与待识别建筑物目标的空间位置约束关系，估计该建筑物目标区在图像中的粗略位置，再确定建筑目标的局部区域大小，对其进行建筑物的确认，最后定位目标的准确位置,其流程如图 5 -61 所示。

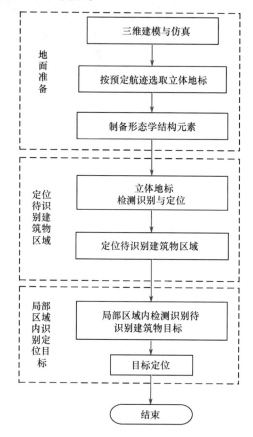

图 5 -61　基于立体地标相对定位目标检测方法流程

待识别地面立体建筑物相对于其所在城区场景的光学成像特性不显著时,如待识别建筑物被遮挡、相似模式多、目标局部反差低,且无显著平面地标情况下,直接检测识别或利用平面地标均不能有效识别目标。此时可利用显著立体地标间接定位目标区,适用于前视导航定位复杂楼群背景中的各种高度的建筑物。

地标结构元素实例如图 5 -62、图 5 -63 所示。

识别定位结果示例如图 5 -64 所示。

本书提出的立体地标导引的间接定位方法的要点如下:

(1) 待识别建筑物目标在光学成像过程中不可见或不显著时,如目标局

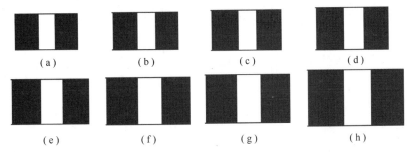

图 5 – 62　多尺度地标结构元素实例 1

(a) 10 – 9.5km；(b) 9.5 – 9km；(c) 9 – 8.5km；(d) 8.5 – 8km；(e) 8 – 7.5km；

(f) 7.5 – 7km；(g) 7 – 6.5km；(h) 6.5 – 6km。

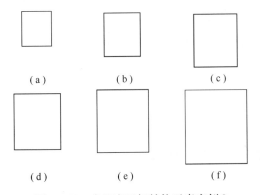

图 5 – 63　多尺度目标结构元素实例 2

(a) 尺度 1：10 – 9km；(b) 尺度 2：9 – 8km；(c) 尺度 3：8 – 7km；

(d) 尺度 4：7 – 6km；(e) 尺度 5：6 – 5km；(f) 尺度 6：5 – 4km。

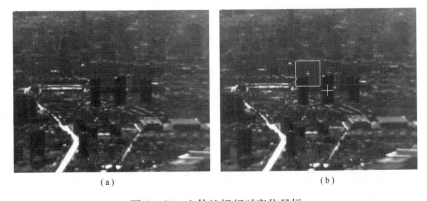

图 5 – 64　立体地标相对定位目标

(a) 原始图；(b) 识别结果(十字叉为地标)。

部反差低、目标相似模式多的情况下,对建筑物目标进行间接定位识别。

(2) 在检测识别定位策略上,预先检测识别定位立体地标,而不是直接检测识别定位建筑物目标。

(3) 在待识别建筑物目标所在的局部区域内确认建筑物目标,当处理序列图像时,在局部区域内目标的识别是一个时间序列上的递推过程。

5.5 光学寻的导引参考图制备

利用可见光卫星正射影像图选择地标,提取目标 - 地标群几何特征和空间关系;分析多光谱卫星图像,获得地标 - 目标材质分类信息,预测其光学特征;利用数字高程图、数字表面模型,确定飞行器 - 目标接近过程中的遮挡关系;利用飞行器成像平台参数数据,制备制导用的多时相、多尺度、多视点光学特征参考图。图 5 - 65 为上述制备方法过程示例,图 5 - 66 为作者研发的光学成像制导仿真与参考图制备系统。

5.5.1 前视平面地标选择和参考图制备

飞行器要利用前视成像装置导航定位到目的地,必须解决一系列技术难点,提出并实现合适和正确的定位方法。飞行目的地常常处于复杂的自然背景当中,特别在城区,目的地常常处于复杂楼群之中。从光学成像角度考虑,目的地和场景之间存在相互遮挡;另外,在不同时相、不同气候、不同光照、不同成像高度、不同成像距离和不同成像角度的情况下,光学成像传感器所获取的目的地光学图像呈现不同的特性且复杂多变。因此,在远距离条件下,目的地看不见或看不清的情况下,采取直接导航制导方法往往是不可行或不可靠的。如果飞行目的地周边区域存在平面景物且能将此平面景物作为导航定位过程中的地面标志(以下简称平面地标),那么可通过对平面地标的定位间接导航到目的地。

平面地标选择和参考图制备总体流程如图 5 - 67 所示,下面以图 5 - 68 包含立体建筑物、河流、陆地的数字正射影像图为例对本方法作进一步说明。如图 5 - 69 所示,飞行预设航路的飞行高度 h,进入角度 α(与正北方向的夹

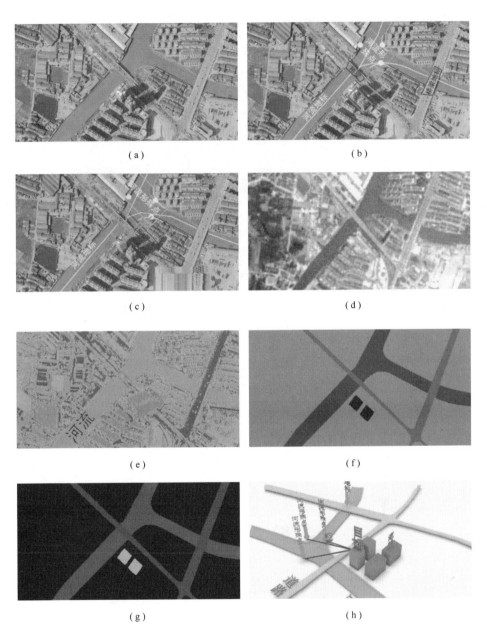

图 5 - 65 上述制备方法过程示例(见书末插页)

(a)卫星正射影像图;(b)提取显著地标;(c)确定空间约束关系;(d)多光谱卫星图像;

(e)材质分类;(f)白天特征参考图;(g)夜间特征参考图;(h)三维空间约束关系。

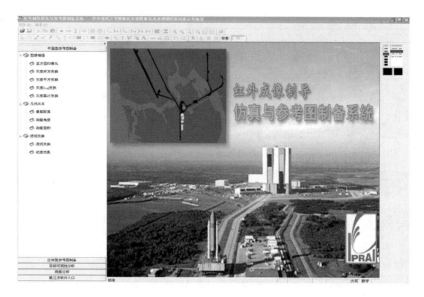

图 5-66　光学成像制导仿真与参考图制备系统(见书末彩页)

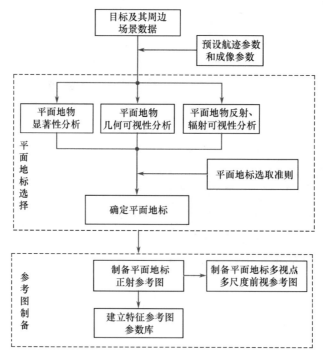

图 5-67　平面地标选择和参考图制备总体流程

图 5 - 68 数字正射影像图示例

图 5 - 69 预设飞行方向和目标位置示意图

角),成像传感器俯仰角 θ,传感器横向视场角 φ、传感器纵向视场角 ϕ,正射影像图分辨率 r。圆点标示了飞行器目的地位置。

1. 平面地标的选择

1)建立平面地标选取准则

(1)平面地标形状显著。形状显著是指平面地标在实时图像中占到一定比例、相似模式较少,易于区分。

定义在视点 $P(h,\alpha,\theta)$ 下平面地标的投影面积为 A,成像传感器所成光学图像行数为 ROW,图像列数为 COL,面积为 S。平面地标投影面积占总的图像大小比例为 η,则显著性因子

$$\eta = \frac{A}{\text{ROW} \times \text{COL}} \qquad (5-35)$$

如果 $\eta \geq \eta_p$,设 η_p 取值范围为 5% ~ 10% ,则认为该平面地标在视点 $P(h,\alpha,\theta)$ 下具有形状显著性。

(2)平面地标几何可视。几何可视是指平面地标全部或大部分不被周边背景遮挡。

定义在视点 $P(h,\alpha,\theta)$ 下平面地标的投影面积为 A,被遮挡面积为 A_{uo},则被遮挡因子

$$\mu = \frac{A_{\text{uo}}}{A} \qquad (5-36)$$

如果 $\mu \leq \mu_p$,设 μ_p 取值范围为 30% ~ 10% ,则认为该平面地标在视点 $P(h,\alpha,\theta)$ 下几何上可见。

(3)平面地标反射、辐射可视。反射、辐射可视是指平面地标在光学图像中与周边区域存在反差。

定义在视点 $P(h,\alpha,\theta)$ 下平面地标在光学图像中的平均亮度为 I,周围近邻区域的平均亮度为 E,则反差因子

$$C = \frac{|I-E|}{E} \qquad (5-37)$$

如果 $C \geq C_p$,设 C_p 取值范围为 5% ~ 10% ,则认为该平面地标在视点 $P(h,\alpha,\theta)$ 下局部存在反差,反射、辐射可视。

2)计算传感器视场覆盖范围

根据预设航迹,利用航迹飞行高度 h,以及传感器横向成像角度 φ、纵向成

像角度 ϕ,以及成像俯仰角 θ,计算视场成像覆盖范围,由图 5 - 70 可知,视点 $P(h,\alpha,\theta)$ 下传感器视场覆盖范围为一梯形 $ABCD$,具体计算如下:

$$EF = \frac{h}{\tan\left(\theta - \dfrac{\phi}{2}\right)} - \frac{h}{\tan\left(\theta + \dfrac{\phi}{2}\right)} \qquad (5-38)$$

$$L_1 = h/\sin\left(\theta + \frac{\phi}{2}\right) \qquad (5-39)$$

$$L_2 = h/\sin\left(\theta - \frac{\phi}{2}\right) \qquad (5-40)$$

$$AB = 2L_1/\sin\frac{\varphi}{2} \qquad (5-41)$$

$$CD = 2L_2/\sin\frac{\varphi}{2} \qquad (5-42)$$

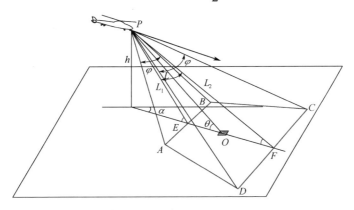

图 5 - 70 飞行器传感器视场覆盖范围示意图

3) 对平面地物进行分析

在预设航路视点 $P(h,\alpha,\theta)$ 下传感器视场覆盖范围梯形 $ABCD$ 内选择平面地标,通过对视场范围内的所有平面地物进行显著性分析、几何可视性分析和反射、辐射可视性分析,根据分析结果最终确定该视点下使用的平面地标。

1) 平面地物显著性分析

透视变换几何模型如图 5 - 71 所示,其中:ϕ 为传感器纵向成像视场角;φ 为传感器横向成像角,实时成像行数为 ROW,列数为 COL;α 为成像方位角;θ 为成像俯仰角;h 为成像高度;$T_0(x_0,y_0)$ 为大地坐标系下光轴瞄准点;$T_1(x_1,$

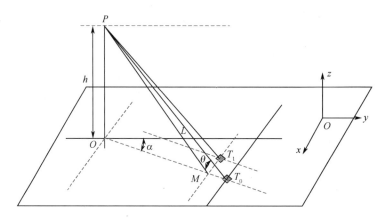

图 5 - 71　透视变换几何模型示意图

y_1)为大地坐标系下的某个成像点,则在光电传感器获取的实时成像图中 T_0 的像素点位置为(COL/2,ROW/2),设 T_1 在光电传感器获取的实时成像图中的像素点位置为(T_1_COL,T_1_ROW),则计算 T_1_COL 和 T_1_ROW 的过程如下:

$$OT_0 = h/\tan\theta \tag{5-43}$$

$$OM = OT_0 + (y_1 - y_0) \times \cos\alpha + (x_1 - x_0) \times \sin\alpha \tag{5-44}$$

$$\tan(\angle OMP) = h/OM \tag{5-45}$$

$$T_1\_ROW = ROW/2 + (\angle OMP - \theta) \times ROW/\phi \tag{5-46}$$

$$T_1\_COL/COL/2 + \arctan[((x_1 - x_0) \times \cos\alpha -$$
$$(y_1 - y_0) \times \sin\alpha)/(h/\sin(\angle OMP))] \times COL/\varphi \tag{5-47}$$

式中:OT_0 为光轴指向与大地水平面交点 T_0 与成像仪投影至大地 O 点的距离;M 点为 T_1 点投影至光轴纵向方向与 OT_0 直线的交点。

由以上分析可知,只要知道大地坐标系下某点与光轴瞄准点之间的位置偏差,就可以解算该点在实时成像中的位置。

2)显著性分析

显著性分析就是解算平面地物在实时图像中所占比例。在大地坐标系下,平面地标可用有 n 个顶点的多边形近似表达,如图 5 - 72 所示,多边形顶点为 $P_1(x_1, y_2), P_2(x_2, y_2), P_3(x_3, y_3), \cdots, P_n(x_n, y_n)$ 是有序的排列。

在光轴瞄准点位置 O 和视点 P 的参数 h, α, θ 确定的条件下,运用透视变

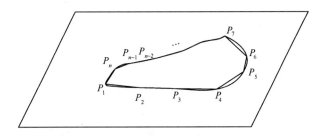

图 5 - 72 多边形近似表示平面地标示意图

换可解算出该视点 $P(h,\alpha,\theta)$ 下平面地标在实时图像中的投影多边形顶点 $Q_1(x_1',y_1'),Q_2(x_2',y_2'),Q_3(x_3',y_3'),\cdots,Q_n(x_n',y_n')$。

已知三点 $A(x_1,y_1),B(x_2,y_2),C(x_3,y_3)$ 围成的面积为

$$S(A,B,C) = 0.5 \times |(x_1-x_3)(y_2-y_3)-(x_2-x_3)(y_1-y_3)|$$
$$= 0.5 \times |x_1y_2-x_2y_1+x_2y_3-x_3y_2+x_3y_1-x_1y_3| \quad (5-48)$$

那么在视点 $P(h,\alpha,\theta)$ 下平面地标在实时图像中的投影多边形面积 A 可通过多个三角形累积得到,即

$$A = 0.5 \times |S(Q_1,Q_2,Q_3)+S(Q_2,Q_3,Q_4)+\cdots+$$
$$S(Q_{n-2},Q_{n-1},Q_n)+S(Q_{n-1},Q_n,Q_1)|$$
$$= 0.5 \times |x_1'y_2'-x_2'y_1'+x_2'y_3'-x_3'y_2'+x_3'y_1'-x_1'y_3'+x_2'y_3'-$$
$$x_3'y_2'+x_3'y_4'-x_4'y_3'+x_4'y_2'-x_2'y_4'+\cdots+x_{n-2}'y_{n-1}'-x_{n-1}'y_{n-2}'+$$
$$x_{n-1}'y_n'-x_n'y_{n-1}'+x_n'y_{n-2}'-x_{n-2}'y_2'+\cdots| \quad (5-49)$$

则有显著性因子

$$\eta = \frac{A}{\mathrm{ROW} \times \mathrm{COL}} \quad (5-50)$$

3) 平面地物几何可视性分析

平面地物几何可视性指在飞行器成像传感器所处视点 P 下平面地物几何形态的可见程度。

平面地标有无被遮挡受到其所处场景、观察视点的影响。一般认为平面的高度为零,所以其周边有高度的地物都可能对其造成遮挡,如图 5 - 73 所示。另外,视点的不同也会使平面地物的被遮挡情况发生变化,所以对平面地物的遮挡分析是非常复杂的问题。

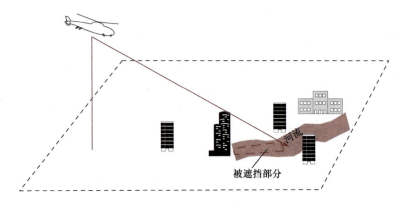

图 5-73 平面地标被周边场景遮挡示意图

可充分利用目的地区域数字表面模型(Digital Surface Model),它是一定范围内规则格网点的平面坐标(X,Y)及其高度(Z)的数据集,主要描述在区域地貌形态上的高度数据。所以对 DSM 数据三维重建可以得到区域场景信息,运用三维透视变换可得到各视点下的场景图像,处理流程如图 5-74 所示。

三维透视变换(perspective transform)的主要任务是计算成像面坐标系中的点 $P'(x'_p, y'_p)$ 与 P 点在世界坐标系中的坐标(x,y,z)之间的关系。如图 5-75 所

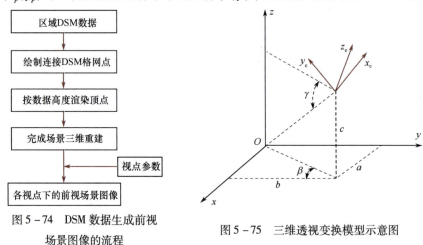

图 5-74 DSM 数据生成前视
场景图像的流程

图 5-75 三维透视变换模型示意图

示,步骤如下:

① 通过坐标系变换,将世界坐标系中的点 P 坐标(x,y,z)转化为相机坐标系中的坐标(x_e, y_e, z_e)。通过计算得到坐标系变换矩阵为

$$P = \begin{bmatrix} -\cos\beta & \sin\beta\sin\gamma & \sin\beta\cos\gamma & 0 \\ -\sin\beta & -\cos\beta\sin\gamma & -\cos\beta\cos\gamma & 0 \\ 0 & \cos\gamma & -\sin\gamma & 0 \\ 0 & 0 & \sqrt{a^2+b^2+c^2} & 1 \end{bmatrix} \qquad (5-51)$$

可以计算出:

$$\begin{cases} x_e = -x\cos\beta - y\sin\beta \\ y_e = x\sin\beta\sin\gamma - y\cos\beta\sin\gamma + \cos\gamma \\ z_e = x\sin\beta\cos\gamma - y\cos\beta\cos\gamma - z\sin\gamma + u \end{cases} \qquad (5-52)$$

式中:$u = \sqrt{a^2+b^2+c^2}$ 为相机离物体的距离;β 为方位偏转角;γ 为俯仰角。

② 通过投影,将相机坐标系中的坐标(x_e, y_e, z_e)映射到成像坐标系(x_s, y_s)。

由相机模型$\dfrac{f}{z_e} = \dfrac{x_s}{x_e} = \dfrac{y_s}{y_e}$,其中$f$为相机焦距,得

$$\begin{cases} x_s = f \cdot x_e / z_e \\ y_s = f \cdot y_e / z_e \end{cases} \qquad (5-53)$$

改变β、γ,即从不同角度观察一个物体;改变u值,即把相机移动到接近物体或远离物体。

得到视点$P(h, \alpha, \theta)$的场景图像后,可以估算出平面地物在此视点下被遮挡的面积A_{uo},所以可解算出平面地物的被遮挡因子为

$$\mu = \frac{A_{uo}}{A} \qquad (5-54)$$

4) 平面地物反射、辐射可视性分析

成像传感器将接收到的能量映射成光学图像中的灰度值,传感器接收到的场景中某一部分的能量强度越大,反映在图像中的这部分的灰度值越亮。除场景本身的辐射和反射之外,大气的状态(包括大气辐射、环境辐射以及辐射在传输过程中的衰减)也会对成像产生很大的影响。因此,对平面地物进行反射、辐射分析,就必须考虑环境及背景因素的影响,到达传感器成像面上各点的辐射应该是考虑了大气和背景环境所对应的辐射与大气衰减以及传感器光谱响应共同作用的结果。传感器接受能量方程为

$$L_d = \int_{\lambda_1}^{\lambda_2} \Omega(\lambda) L_{observer} d\lambda \qquad (5-55)$$

$L_{observer} = L_{direct}(\lambda) \cdot \cos\theta_i \cdot \rho \cdot (1-f_{rac}) \cdot \tau_{path} + //太阳月亮漫反射项$

$L_{direct}(\lambda) \cdot \rho_\lambda \cdot f_{rac} \cdot f_{ang} \cdot norm \cdot \tau_{path}(\lambda) + //太阳月亮镜面反射项$

$L_{ambient}(\lambda) \cdot \rho_\lambda \cdot \tau_{path}(\lambda) + //周围环境（天空）反射项 \qquad (5-56)$

$L_{thermal}(\lambda) \cdot (1-\rho_\lambda) \cdot \tau_{path}(\lambda) + //热反射项$

$L_{path}(\lambda)(1-\tau_{path}(\lambda)) //传输路径的发射与散射项$

式中：λ 为辐射波长；$\lambda_1 \sim \lambda_2$ 为辐射波长范围；L_d 为到达传感器成像面上的辐射能量；$\Omega(\lambda)$ 为传感器的光谱响应；$L_{observer}$ 为到达传感器表面的辐射能量；$L_{ambient}(\lambda)$ 为物体表面的环境辐射能量；$L_{direcl}(\lambda)$ 为太阳（或月亮）辐射能量；$L_{direct}(\lambda)$ 为与物体表面等温的黑体辐射能量；$L_{path}(\lambda)$ 为物体表面与传感器之间的路径辐射能量；$\tau_{path}(\lambda)$ 为物体与传感器表面的大气透射比；ρ_λ 为物体表面的漫反射系数；f_{rac} 为物体表面的镜面反射比；θ_i 为太阳（或月亮）光线与物体成像面法线间的夹角；f_{ang} 为物体表面镜面反射的角度依赖关系式；norm 为镜面反射的归一化系数。

在能量方程式的每个累加项右边"//"注释处标明了该能量因子的来源。可见，能量方程式有5个组成因子，总的辐射能量为该5个因子的叠加，概括起来，传感器接收到的总能量主要包括反射能量、发射能量和路径传输能量。

有了对场景物体的几何描述、物体的位置、状态参考及气象条件后，通过传感器接收能量方程可解算场景中各部分的表面温度和不同波段的辐射特征分布。

解算在视点 $P(h,\alpha,\theta)$ 下平面地物在光学图像中的平均亮度为 I，周围近邻区域的平均亮度为 E，则反差因子

$$C = \frac{|I-E|}{E} \qquad (5-57)$$

5）确定平面地标

将显著性因子 η、被遮挡因子 μ 和反差因子 C 满足用户设定值的平面地物确认为预设航路视点 $P(h,\alpha,\theta)$ 下平面地标。

在有两个或多个平面地物的显著性因子 η、被遮挡因子 μ 和反差因子 C 满足用户设定值的条件下，可额外考虑平面地物的材质均匀性，选择材质相对

均匀和光学成像的明暗是熟知的平面地物作为平面地标。根据预设航路视点下平面地标的选择情况,可确定整个预设航路范围内的平面地标。

选取平面地标河流、道路的正射影像示意图见图 5 – 76,其中河流在某预设视点被其周围建筑物遮挡因子的分析所用的前视三维图见图 5 – 77 所示。

图 5 – 76　选取平面地标示意图

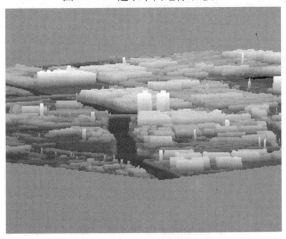

图 5 – 77　在预设视点下的前视场景图像

2. 平面地标参考图制备

1）平面地标多视点多尺度前视特征参考图制备

平面地标参考图的制备使用数字正射影像图（DOM）。首先把平面地标制备成下视的正射参考图 I_0，主要包括地标形状 S_{L_i}（i 为平面地标序号，$1 \leqslant i \leqslant n$，$n$ 为平面地标数目）、目标位置 P_{T_j}（j 为目标序号，$1 \leqslant j \leqslant m$，$m$ 为目标数目）、地标灰度 G_{L_i} 和背景灰度 G_B，则

$$I_0 = f(S_{L_i}, P_{T_j}, G_{L_j}, G_B) \quad (1 \leqslant i \leqslant n, 1 \leqslant j \leqslant m) \tag{5-58}$$

因为视点的不同，平面地标同样会在传感器所成光学图像中呈现不同的形态。运用透视变换的几何模型可将平面地标正射参考图变换成前视多视点多尺度参考图，如图 5-78 所示。

本实例中选取河流作为平面地标，制备的平面地标正射参考图如图 5-79 所示。

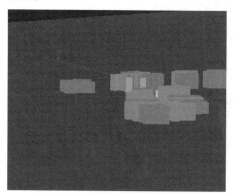

图 5-78　在预设视点下的　　　　图 5-79　制备的河流地标正射参考图，
场景光学图像实例　　　　　　白色方点为两个待识别定位的建筑物

在飞行高度 $h = 1000\text{m}$，方位角 $\alpha = 43°$，以两个目标中心 C 为光轴瞄准点，得到多视点、多尺度的前视参考图实例如图 5-80 所示。

2）建立参考图特征库

（1）平面地标特征参数

记录平面地标形殊点 $\text{LSP}_{i,j}(x_{ij}, y_{ij})$ 位置，$\text{LSP}_{i,j}(x_j, y_j)$ 为第 i 个平面地标的第 j 个形殊点坐标。本实例在河流地标的参考图上，选取河流分叉区域作为局部感兴趣区，并将该区域取为经验值大小 300 像素高 300 像素宽。在此子

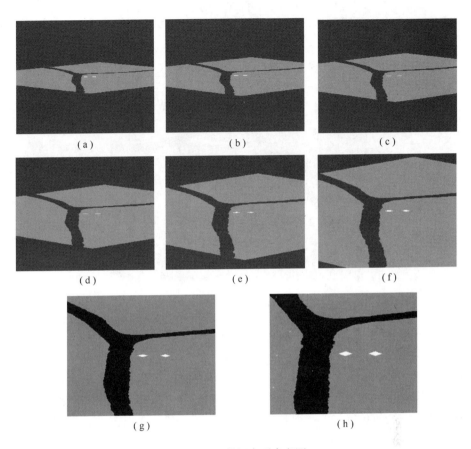

图 5 – 80　前视序列参考图

传感器与目的地距离：(a) $d = 10\text{km}$；(b) $d = 9\text{km}$；(c) $d = 8\text{km}$；(d) $d = 7\text{km}$；
(e) $d = 6\text{km}$；(f) $d = 5\text{km}$；(g) $d = 4\text{km}$；(h) $d = 3\text{km}$。

区内,选取 4 个点作为形殊点,第一点为该子区的形心,其坐标记为 $\text{LSP}_{1,1}$ $(1050,720)$；第二点为左边一段弧线状河岸线的曲率最大点,其坐标记为 $\text{LSP}_{1,2}(998,687)$,；第三点为右上角一段弧线状河岸线的曲率最大点,其坐标记为 $\text{LSP}_{1,3}(1095,689)$；第四点为右下角一段弧线状河岸线的曲率最大点,其坐标记为 $\text{LSP}_{1,4}(1071,779)$。在图 5 – 81 中以一组实心的圆点加以标注。

（2）目的地的特征参数：

① 如果目的地是平面物体,那么其几何特征有平面物体的形心 TP_i 和面积 TA_i，$i = 1,2,\cdots,n$ 分别表示平面物体的序号。

图 5 - 81　河流地标参考图及河流地标形殊点与建筑物正投影形心的位置关系图

② 如果目的地为立体建筑物,则其几何特征有等效高度 TH_i、等效宽度 TW_i、等效长度 TL_i、周长 $TP_i = 2 \times (TH_i + TW_i)$、面积 $TA_i = TH_i \times TW_i$、体积 $TV_i = TH_i \times TW_i \times TL_i, i = 1, 2, \cdots, n$ 分别表示目标建筑物的序号。

本实例中目的地为两栋建筑物,等效高度 TH_i 为 65m、等效宽度 TW_i 为 25m、等效长度 TL_i 为 29m、周长 $TP_i = 2 \times (TH_i + TW_i)$ 为 180m、面积 $TA_i = TH_i \times TW_i$ 为 1625m^2、体积 $TV_i = TH_i \times TW_i \times TL_i$ 为 47125m^3, $i = 1, 2$。

（3）卫星遥感图片中平面地标与目的地之间的空间约束关系特征参数

① 如果目的地为平面物体,平面地标形殊点与平面物体形心之间的约束关系为 $\Delta^1_{q,j,k}(\Delta^1 x_{q,j,k}, \Delta^1 y_{q,j,k})$, $\Delta^1 x_{q,j,k} = x_{T_q} - x_{LSP_{j,k}}$, $\Delta^1 y_{q,j,k} = y_{T_q} - y_{LSP_{j,k}}$, $q = 1, 2, 3, \cdots, j = 1, 2, 3, \cdots, k = 1, 2, 3, \cdots, (x_{T_q}, y_{T_q})$ 为第 q 个目的地正投影的形心坐标, $(x_{LSP_{j,k}}, y_{LSP_{j,k}})$ 为第 j 个平面地标的第 k 个形殊点坐标。

② 如果目的地为立体建筑物,则

（a）平面地标形殊点与建筑物正投影的形心之间的约束关系 $\Delta^1_{q,j,k}(\Delta^1 x_{q,j,k}, \Delta^1 y_{q,j,k})$, $\Delta^1 x_{q,j,k} = x_{T_q} - x_{LSP_{j,k}}$, $\Delta^1 y_{q,j,k} = y_{T_q} - y_{LSP_{j,k}}$, $q = 1, 2, 3, \cdots, j = 1, 2, 3, \cdots, k = 1, 2, 3, \cdots, (x_{T_q}, y_{T_q})$ 为第 q 个目标建筑物正投影的形心坐标 $(x_{LSP_{j,k}}, y_{LSP_{j,k}})$ 为第 j 个平面地标的第 k 个形殊点坐标。

（b）平面地标形殊点与建筑物可见表面的形心之间的约束关系 $\Delta^2_{q,m,j,k}$

$(\Delta^2 x_{q,m,j,k}, \Delta^2 y_{q,m,j,k})$，$\Delta^2 x_{q,m,j,k} = x_{\mathrm{ST}_{q,m}} - x_{\mathrm{LSP}_{j,k}}$，$\Delta^2 y_{q,m,j,k} = y_{\mathrm{ST}_{q,m}} - y_{\mathrm{LSP}_{j,k}}$，$m = 1$，2，3，$\cdots$，$(x_{\mathrm{ST}_{l,m}}, y_{\mathrm{ST}_{l,m}})$ 为第 q 个目标建筑物可见表面的第 m 个形心坐标，$(x_{\mathrm{LSP}_{j,k}}, y_{\mathrm{LSP}_{j,k}})$ 为第 j 个平面地标的第 k 个形殊点坐标。

（c）平面地标形殊点与建筑物可见表面的角点之间的约束关系 $\Delta^3_{q,r,j,k}$ $(\Delta^3 x_{q,r,j,k} \Delta^3 y_{q,r,j,k})$，$\Delta^3 x_{q,r,j,k} = x_{\mathrm{CT}_{q,r}} - x_{\mathrm{LSP}_{j,k}}$，$\Delta^2 y_{q,r,j,k} = y_{\mathrm{CT}_{q,r}} - y_{\mathrm{LSP}_{j,k}}$，$q = 1$，2，3，$\cdots$，$r = 1$，2，3，$\cdots$，$(x_{\mathrm{CT}_{q,r}}, y_{\mathrm{CT}_{q,r}})$ 为第 q 个建筑物可见表面的第 r 个角点坐标，$(x_{\mathrm{LSP}_{j,k}}, y_{\mathrm{LSP}_{j,k}})$ 为第 j 个平面地标的第 k 个形殊点坐标。

5.5.2 前视立体地标选择与参考图制备

下面介绍一种利用地面基准数据选择飞行器精确导航制导所用的立体地标和参考图制备的方法，目的在于解决在导航定位点不可视或直接识别困难且无法实地测绘目标及其近邻区域的情况下，为飞行器前视间接识别定位目的地的导航制导问题提供数据支持和方法依据，总体流程如图 5 - 82 所示。

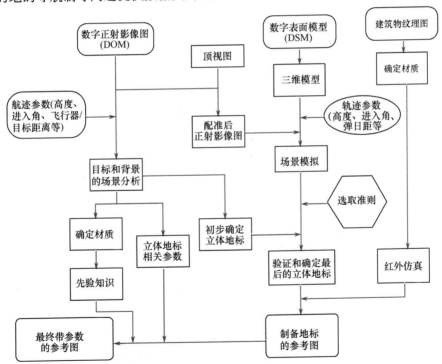

图 5 - 82 立体地标选择与参考图制备流程

1. 立体地标选择方法

1）初步确定预设航路上可能出现的立体地标

（1）计算传感器视场覆盖范围

根据预设航迹，利用航迹飞行高度 h，以及传感器的水平视场角 φ、垂直视场角 ϕ，以及成像传感器俯仰角 θ，计算视场成像覆盖范围，由图 5-83 可知，视场覆盖范围为一梯形 $ABCD$，计算如下：

$$EF = \frac{h}{\tan\left(\theta - \dfrac{\phi}{2}\right)} - \frac{h}{\tan\left(\theta + \dfrac{\phi}{2}\right)} \qquad (5-59)$$

$$L_1 = h / \sin\left(\theta + \frac{\phi}{2}\right) \qquad (5-60)$$

$$L_2 = h / \sin\left(\theta - \frac{\phi}{2}\right) \qquad (5-61)$$

$$AB = 2L_1 / \sin\frac{\varphi}{2} \qquad (5-62)$$

$$CD = 2L_2 / \sin\frac{\varphi}{2} \qquad (5-63)$$

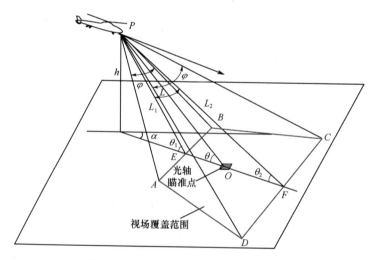

图 5-83　传感器视场覆盖范围示意图

2）在视场覆盖范围内选取潜在立体地标

初步判定立体地标时,应使待选地标尽可能满足以下四条准则:

① 潜在立体地标在航线附近;

② 潜在立体地标在导航目的地附近;

③ 潜在立体地标体量较大、显著;

④ 初步判定潜在立体地标在预设航线方向被遮挡的可能性小。

首先按照预设航路方向对目标区域进行分析,如图 5 – 84 所示。初步判定航线附近靠近目标区存在 3 栋高大的立体建筑物,根据航路方向,在目标东北方向的 3 栋建筑物可能会出现在视场中,并且成像过程中该 3 栋建筑物会出现在目标的前方,初步判定为潜在立体地标 1。同时,在目标西南方向的高塔也可能会在成像中出现,初步判定为潜在立体地标 2。

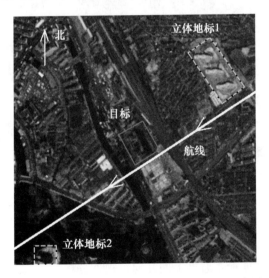

图 5 – 84　正射影像图中目的地建筑物位置示意图

2）验证和确定预设航路上的立体地标

（1）利用数字表面模型（DSM）模拟场景。数字表面模型（DSM）测量时以大地水准面为基准,测量值反映了地物表面高出水平面的距离。所以,如果给出区域的数字表面模型,可以将数字表面模型可视化,能很好显示出城市区域的场景。首先借助 OpenGL 图形库函数编程对该例子中的数字表面模型进行三维重建,其数字表面模型覆盖范围为 Row × Col m² (Row = 2000,

$\mathrm{Col}=2000$),采样间隔为 $rm(r=1.0)$,总的采样点数为 $\dfrac{\mathrm{Row}\times\mathrm{Col}}{r^2}$。三维重建的同时,进行基于成像器的成像投影模拟,得到如图 5 – 85 所示的示意图。根据成像传感器的规格设定,所得成像大小 $W\times H$ 为(W 和 H 的单位为像素)。为了能够更好地体现模型的真实程度,将相同大小、相同区域的数字正射影像图作为模型的表面纹理叠加到模型上,可视化显示结果如图 5 – 86 所示。

图 5 – 85　三维仿真场景中的立体
地标和目标示意图

图 5 – 86　叠加了数字正射影像
的三维仿真场景示意图

　　(2) 三维场景模拟。根据(1)建立的可视化模型,可以通过变化观察点模拟飞行器在飞行高度为 $h=\times\times\times\mathrm{m}$,进入角度为 $\alpha=243°$(与正北向夹角),距离目标 $[D_0,D_{\mathrm{Nearest}}]$(其中 D_0 表示初始距离即为最远距离 $\times\times\mathrm{km}$,D_{Nearest} 表示终止距离即为最近距离 $\times\mathrm{km}$)内航迹上的场景情况,如图 5 – 87 所示。

　　(3) 潜在立体地标在航迹上的几何可视性分析

　　如图 5 – 88 所示,地面建筑物的几何可视性可以通过前方的建筑物的遮挡范围计算所得。飞行器成像器所处位置为 S 点,距离地面高度 h,目标 T 的高度为 H_{T},宽度为 W_{T},长度为 L_{T}。潜在立体地标前方有建筑物 $B_1,B_2,\cdots,B_n$,其在潜在立体地标上的投影高度分别为 $O_1,O_2,\cdots,O_n$。目标可视比率 σ 为目标可视部分的体积 V_{v} 除以目标的体积 V_{T},则

$$\sigma=\frac{V_{\mathrm{v}}}{V_{\mathrm{T}}}\times100\%=\frac{H_{\mathrm{T}}-\max(O_1,O_2,\cdots,O_n)}{H_{\mathrm{T}}}\times100\% \qquad (5-64)$$

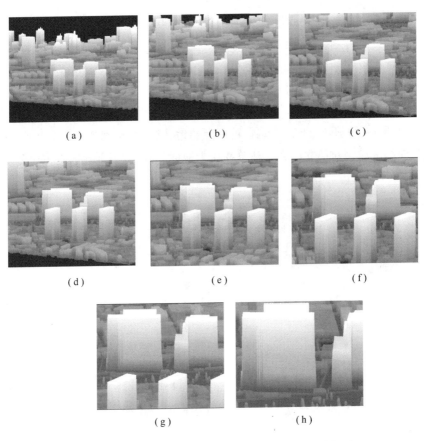

图 5 - 87 表示距离目标 × × ~ × km 情况下场景模拟图

(a)距离目标 × × km；(b)距离目标 x_1 km；(c)距离目标 x_2 km；(d)距离目标 x_3 km；

(e)距离目标 x_4 km；(f)距离目标 x_5 km；(g)距离目标 x_6 km；(h)距离目标 x_7 km。

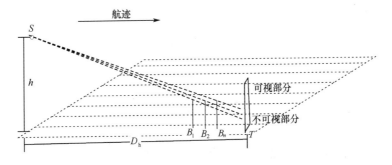

图 5 - 88 几何可视性分析示意图

实例中,根据 Johnson 准则认为可视率为 50% 以下时,其为几何不可视。通过上述方式计算,当飞行器成像器所处位置 S 为 $\times \times km, x_1 km, \cdots, x_5 km$ 时,立体地标 1 可视,则立体地标 1 的可视距离范围为 $[\times \times km, x_5 km]$,同理获得立体地标 2 的可视距离范围为 $[\times \times km, x_3 km]$。

（4）空间孤立性分析

如图 5-89 所示,城市建筑物被周围的地物簇拥,空间孤立性分析有利于选取局部区域相对孤立的大型建筑物作为地标,为间接识别导航定位服务。

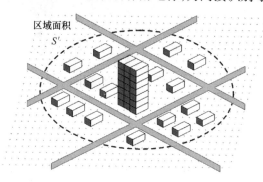

图 5-89   建筑物孤立特性示意图

孤立性是指地标的体积占其所处的局部区域内地物总体积的比率。孤立系数越大,表明地标越孤立。可规定局部区域面积 S' 为

$$S' = \pi' \cdot \left(\frac{S_R}{h_R} \right)^2 \tag{5-65}$$

说明局部区域面积的确定跟地标的形状有关。孤立系数计算公式如下:

$$\rho_S = \frac{V_R}{V}, \quad V = \sum_i v_i \cdot \sqrt{\frac{h_i}{H_{max}}} \tag{5-66}$$

式中:孤立系数 $\rho_S \in (0,1]$;V_R 为地标体积;V 为局部区域 S' 内所有建筑物总体积;$\sqrt{\dfrac{h_i}{H_{max}}}$ 为区域内建筑物 i 的权重,用其高度 h_i 与区域内最大高度 H_{max} 之比作为度量。其中 S_R 代表地标的表面积,h_R 代表地标的高度。

（5）显著性分析

对于每一幅模拟成像图,通过投影计算地标在该模拟成像图中所占面积 S_R 与模拟成像面积 S_{Img} 的比值,比值越大,显著性越高,且显著性阈值 σ_R 须满足

$$\sigma_R = \frac{S_R}{S_{Img}} \geqslant \sigma_0$$

如果连续的多幅模拟成像图中同一地标满足显著性要求,则认为该地标在这些模拟成像图对应的采样范围内具有良好的显著性。显著性表明了地标在实际图像中的几何显著程度,即地标占据了多大的图像空间,例如将 σ_0 设定为 0.05,σ_R 越大表明越显著。

综上所述,立体地标的选择按照以下步骤进行:

(S1)沿预设航迹在传感器视场覆盖范围内选取潜在立体地标。

(S2)对导航区域进行三维重建,按照预设航迹模拟生成飞行序列成像图。

(S3)在飞行序列成像图中,对各潜在立体地标进行几何可视性分析从而确定其在预设航迹上的可视距离范围。

(S4)在飞行序列成像图中,对各潜在立体地标进行显著性分析;潜在立体地标的显著性表征为 $\sigma_R = \dfrac{S_R}{S_{Img}}$,$S_R$ 表示在模拟成像图中潜在立体地标的投影面积,S_{Img} 表示潜在立体地标的实际成像面积。

(S5)分别计算各潜在立体地标的孤立性;孤立性表征为 $\rho_S = \dfrac{V_R}{V}$, $V = \displaystyle\sum_i v_i \cdot \sqrt{\dfrac{h_i}{H_{\max}}}$,$V_R$ 为潜在立体地标体积,V 为局部区域 S' 内所有建筑物的总体积,v_i 为局部区域 S' 内第 i 个建筑物的体积,h_i 为局部区域 S' 内第 i 个建筑物的高度,$H_{\max}$ 为局部区域 S' 内建筑物的最大高度,局部区域 S' 表示以潜在立体地标为中心,面积为 $\pi \cdot \left(\dfrac{S_R}{h_R}\right)^2$ 的区域,S_R 为潜在立体地标的表面积,h_R 为潜在立体地标的高度,π 为圆周率。

(S6)选取可视距离范围、显著性、孤立性均满足用户设定值的潜在立体地标为最终立体地标。

3)立体地标选取准则

(1)该地标在飞行航路上具有较宽的几何可视距离范围。

(2)该地标具有孤立性。

(3)该地标尺度足够大,具有显著性。

在满足以上条件的基础上,还可额外考虑地标的材质光学成像特性:如果指该地标材质与周边形成差异即地标与周边场景有明显的亮度差,则该地标容易识别,可选为地标。

2. 立体地标参考图制备方法

立体地标参考图制备,按如下步骤进行:

(T1)按照步骤(S1)~(S6)选取立体地标。

(T2)制备立体地标的结构元素系列图。

(T3)将立体地标参数写入与其对应的参考图所绑定的地标文件中,地标参数包括:地标类型,地标编号,地标可视时的俯仰角的范围,立体地标出现的距离范围,目标和立体地标的长、宽、高,地标建筑物中两两建筑物间在进入方向上的距离,该立体地标中的结构个数,该立体地标形状类型、立体地标形心坐标相对与目标形心坐标的偏差等。

1)获得地标、目标的几何形态

根据 DSM 数据得到:目标长 L_Tm,宽 W_Tm,高 H_Tm;单个地标长 L_Rm,宽 W_Rm,高 H_Rm。

2)对地标进行建模仿真

如图 5-90 所示,针对图 5-84 的三座建筑物组成的立体地标,通过量测 DSM(数字表面模型)数据对地标进行建模仿真(图 5-85),并确定其材质类型(钢结构、玻璃或者钢筋混凝土等),由飞行模拟典型视点,从而获得地标的多尺度多视点的仿真特性视图例子。在该例中飞行高度恰当,从而不存在明显的遮挡,可视性好。

3)制备立体地标的参考图

图 5-90 所示为飞行模拟序列采样图,通过观察该序列图发现,在此航迹上 $[\times\times\text{km},x_5\text{km}]$ 范围内,立体地标1(图中三座建筑物组成立体地标1)持续显著出现在视场,在[5km,3km]范围内,立体地标超出视场,而此时目标却不再被立体地标1遮挡,所以,在 $[\times\times\text{km},x_5\text{km}]$ 范围内将立体地标1作为间接识别时的立体地标,而在 $[x_5\text{km},x_7\text{km}]$ 范围内,目标完全可视,使用直接识别。同时,我们将该立体地标1相对于目标的位置在参考图中反映出来,制备图 5-91 所示的地标结构元素系列图。

4)基于场景和知识的分析和预测

假设实时图的拍摄时间为 2007 年 10 月 21 日下午 2 点 49 分,飞行高度

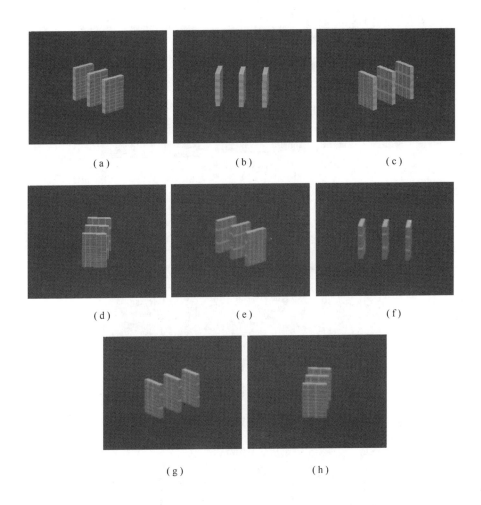

图 5 - 90 飞行模拟不同方位角情况下地标的光学仿真特性视图

(a)方位角为 0°;(b)方位角为 45°;(c)方位角为 90°;(d)方位角为 135°;

(e)方位角为 180°;(f)方位角为 225°;(g)方位角为 270°;(h)方位角为 315°。

××××m,进入角 243°,地点为北半球中纬度地区。可知,飞行器是在逆光的条件下拍摄的,又由于立体地标 1 的材质预测类型为钢筋混凝土。可以预计,建筑物的背光面在成像时会表现出低亮度的特点,并将在参考图参数文件中体现出来。

5)获得地标与目标的空间关系

如图 5 - 92 所示,目标相对地标 $d_x = d_{tx} - d_{rx}, d_y = d_{ty} - d_{ry}$。两者间的直线距离为 $D_{TR} = ××××m$。

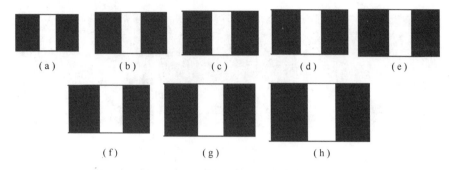

图 5 - 91　距离目标 × × ~ x_7 km 情况下立体地标结构元素图

（a）距离目标 × × km；（b）距离目标 x_1 km；（c）距离目标 x_2 km；（d）距离目标 x_3 km；

（e）距离目标 x_4 km；（f）距离目标 x_5 km；（g）距离目标 x_6 km；（h）距离目标 x_7 km。

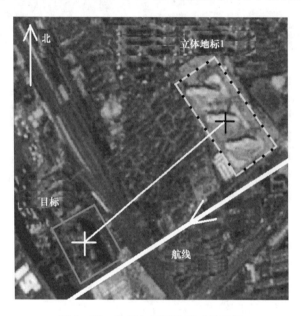

图 5 - 92　地标与目标的相对关系图

参 考 文 献

[1] Yang Xiaoyu, Zhang Tianxu, et al. Building Recognition Based on Geometric Model in FLIR Image Sequences[J]. J. of Infr. , Mill. , and Terahertz Waves, 2009, 30(5):468 - 483.

[2] Sun Xiechang, Zhang Tianxu, et al. Clutter Suppression Method Based on Spatiotemporal An-

isotropic Diffusion for Moving Point Target Detection in IR Image Sequence[J]. J. of Infr. , Mill. , and Terahertz Waves,2009,30(5):496 – 512.

[3] Wang XiaoPing,Zhang Tianxu,Yan Luxin. Indirect building localization based on a prominent solid landmark from a forward – looking infrared imagery[J]. Chinese Optics Letters, 2011, 9(3),041003:1 – 4

[4] Wang Dengwei,Zhang Tianxu, Building Recognition Based on Indirect Location of Planar Landmark in FLIR Image Sequences[J]. International Journal of Pattern Recognition and Artificial Intelligence,2011,25(3):431 – 448.

[5] Yang Xiaoyu,Zhang Tianxu,et al. Method for Building Recognition from FLIR Images[J]. IEEE A&E system magazine, 2011,5:28 – 33.

[6] Zhu Hu,Zhang Tianxu. A robust and fast hausdorff distance for image matching[J]. Opt. Eng. ,2012,51(1):1 – 5.

[7] Lu Haifeng,Zhang Tianxu,Yan Luxin. Threshold Selection using Partial Structrual Similarity. Intern[J]. J. of Dig. Content Techn. and its Appl. , 2011, 5(7): 397 – 407.

[8] 曹杨. 特征参考图制备与机场目标检测识别[D]. 武汉:华中科技大学硕士论文,2006.

[9] Guan J,Zhang T,Wang X. New class of grayscale morphological filter to enhance infared building target[J]. IEEE A&E system magzine,2012,27(6):5 – 10.

[10] 张天序,胡礴. 数字景象图的计算机模拟生成[J]. 宇航学报,1999,20(2):93 – 98.

第 6 章
动目标光学成像寻的信息处理方法

　　动平台条件下对动目标的捕获处理是挑战性的研究领域,这包括:①如何区分平台运动导致背景图像的虚假运动与目标的真实运动;②不同空间尺度的多个运动目标的可靠捕获,减少虚警和漏警;③抗环境干扰/人为干扰的可靠检测与跟踪等。运动目标包括空中目标、海面目标、地面目标等。

▶ 6.1　空中动目标多尺度探测定位

　　常用的红外空中小目标检测算法通常只能检测亮目标或暗目标。目标在图像中表现为亮斑状的小区域,如果考虑到噪声的影响,目标在整幅图像中应该处于中频区,背景处于低频区,而噪声则处于高频区,如图 6 – 1 所示。$f(x)$ 为图像在 x 轴向的剖面。

　　图 6 – 1 中,G_n,G_t,G_b 分别表示噪声、目标和背景的灰度值,C_n,C_t,C_b 分别表示噪声、目标和背景所占区域中心的位置。T_n、T_b、T_t 分别表示噪声、背景和目标在 x 轴方向的平均宽度。

　　采用某种带通滤波器(如多级滤波器)就可以实现对小目标的增强。但是,由于探测器所对太阳的方位的不同(如面向太阳、背向太阳、斜向太阳等),探测器使用时间的不同(早上、正午、傍晚),空中目标(飞机)所呈现的姿态不同(侧

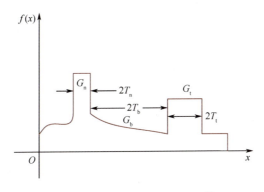

图 6 - 1　背景、目标和噪声的理想模型

飞、迎头、追尾)等因素的影响,会导致目标的辐射、反射强度在图像中呈现不同的特性。有的时候表现为亮的区域,有的时候表现为暗的区域,而有的时候则是既有亮的部分又有暗的部分。这就给检测带来了很大的困难。我们对如何自适应地检测出亮的或是暗的空中目标进行了研究,并取得了较好的试验结果。

为了解决自适应检测亮暗空中目标的问题,应首先对飞机在空中可能出现的姿态和在图像中表现的特性进行建模。

飞机典型的姿态为迎头、侧飞和追尾。一般来说,由于飞机发动机的温度较机身其他地方要高,其红外辐射的能量也最大。当飞机有尾焰时,其红外辐射的能量也较大。飞机在图像中表现出的亮、暗辐射特性不仅与飞机本身的红外辐射特性有关,而且与背景的辐射强度有关。为此,我们在考虑飞机在空中的姿态的同时,也要考虑背景的辐射,对飞机及其所处背景进行综合建模,如图 6 - 2 所示。

1. **算法流程**

基于建立的飞机空中姿态和图像中表现的辐射强度特性模型,我们考虑寻找一种可以自适应检测出亮暗飞机的算法。在目标的特征未知的情况下,可以合理地认为目标或目标部件是连通、封闭的,没有灰度突变的区域。这样,首先利用多级滤波对图像进行增强处理,通过寻找滤波后的局部极值选出感兴趣的点,在这些点的周围选择一些区域为感兴趣区。这些感兴趣区可能有多个。这可能是因为目标通过多级滤波处理后可能被分成了几段(目标中间亮,两端暗的时候);也可能感兴趣区中既有真实目标,也有部分的背景区域;当图像中有多个感兴趣区时,也可能场景中确有多个目标,且滤波器传递函数的响应峰值偏向于

> **159**

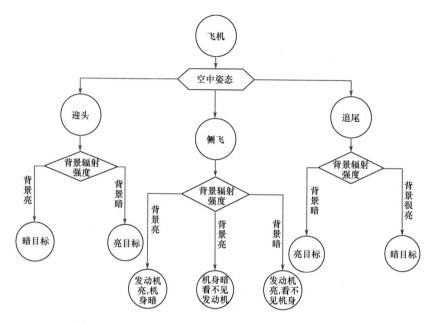

图 6-2　飞机空中姿态和图像中表现的辐射强度特性模型

亮区域一侧。所以,不能单纯的以多级滤波的结果作为目标检测的判据。

　　在感兴趣区域提取后,对其进行局部对比度增强处理。当目标的均值高于邻近局部背景的均值时,其对比度大于 1;而当目标的均值低于邻近局部背景的均值时,其对比度小于 1。此时,将对比度取倒数。由于目标的尺寸较小,而背景属于大范围灰度均匀的区域,所以目标的对比度一般来说是高于背景的对比度的。通过局部对比度增强的处理,可以得到目标的比较精确的边缘(因为目标的边缘区域的对比度相对于目标内部的对比度要大一些)。这样,可以避免由于多级滤波滤波器传递函数的响应峰值偏向于亮的区域一侧对目标定位造成的偏差,有利于正确检测出目标。算法流程图如图 6-3 所示。

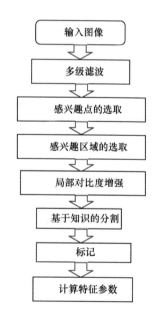

图 6-3　算法流程图

2. 算法原理

首先,简单回顾一下文献中多级滤波器的原理。

对于单一的门函数,其时域和频域如图6-4、图6-5所示。

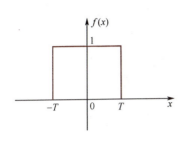

图6-4　门函数的时域

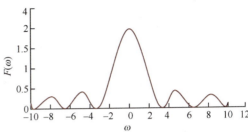

图6-5　门函数的频域

我们利用门函数构造出一级低通滤波器(LPF),用低通滤波器对图像进行低通滤波。如果低通滤波器的截止频率选择得好,目标和噪声部分将会被滤除掉,而背景部分将会被增强。用 F 来表示原始图像 f 的幅度频率谱,而用 L_p 来表示低通滤波器 LPF 的幅度频率谱。原始图像 f 通过低通滤波器滤波后,可以写成 $F \times L_p$。用原始图像减去用低通滤波器得到的结果(背景杂波部分),得到的是目标部分和噪声部分,写成 $F - F \times L_p = F(1 - L_p)$。同样,也可以抑制噪声部分和增强目标部分,这些工作将由另外的幅度频谱为 L_q 的低通滤波器完成。

如果一个低通滤波器后面跟着一个低通滤波器,其总的幅度频谱的值等于 $L_p \times L_p$。与 L_p 比起来,总的频谱带宽会缩小,这意味着通过串接两个低通滤波器,可得到通带更窄的低通滤波器。基于这个原理,可在带宽较大的低通滤波器之后串连一个低通滤波器,用来测试带宽是否合适。同样,L_q 也可以用这种串连的方法来构造。在训练和学习系统中,可以通过调整串连滤波器的数量,以得到比较好的检测效果。

本质上说,多级滤波器只是对图像的中频部分进行增强。因而它只能作为检测候选目标区域的工具,而不足以完成小目标的检测处理判决。对于在图像中表现为亮的目标区域,多级滤波后处理的结果是使该区域得到增强,如图6-6所示。而对于在图像中表现为暗的目标区域,则是对其目标的边缘进行了增强,并且滤波器传递函数的响应峰值偏向于亮的背景一侧,如图6-7所示。对于既有亮的又有暗的部分的目标区域,则是对亮的发动机部分和飞

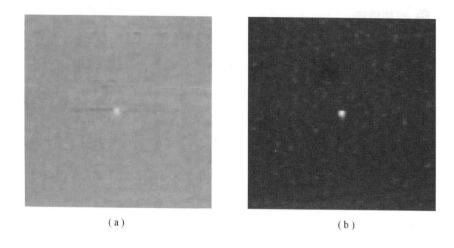

（a）   （b）

图 6-6　亮目标多级滤波结果图

（a）原图；（b）多级滤波后的图。

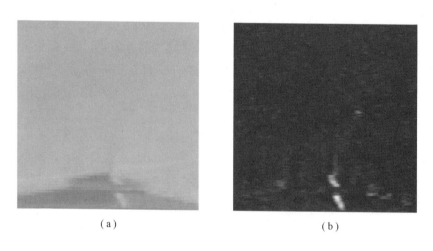

（a）   （b）

图 6-7　暗目标多级滤波结果图

（a）原图；（b）多级滤波后的图。

机的头尾边缘部分都进行了增强,同样,滤波器传递函数的响应峰值偏向于亮的背景一侧和亮的发动机一侧,如图 6-8 所示。

如果先用多级滤波找到感兴趣点,继而找到感兴趣区,对感兴趣区域进行对比度增强,再次寻找真正的目标,则是合理的处理步骤。

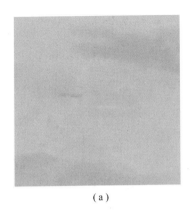 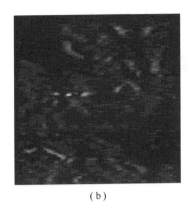

（a） （b）

图 6-8 亮/暗目标多级滤波结果图

（a）原图；（b）多级滤波后的图。

此处目标与背景的对比度（contrast）定义为

$$\text{Contrast} = \begin{cases} \dfrac{m_t - m_{bmin}}{m_b - m_{bmin}} & \dfrac{m_t - m_{bmin}}{m_b - m_{bmin}} > 1 \\ 1 \Big/ \dfrac{m_t - m_{bmin}}{m_b - m_{bmin}} & \text{其他} \end{cases} \qquad (6-1)$$

式中：m_t，m_b，m_{bmin} 分别为目标的灰度均值、局部背景的灰度均值和区域内灰度最小值。其具体定义为

$$m_t = \frac{\sum_{i=-a}^{a}\sum_{j=-b}^{b} f(i,j)}{(2a+1)(2b+1)} \qquad (6-2)$$

$$m_b = \frac{\sum_{i=-A}^{A}\sum_{j=-B}^{B} f(i,j) - \sum_{i=-a}^{a}\sum_{j=-b}^{b} f(i,j)}{(2A+1)(2B+1) - (2a+1)(2b+1)} \qquad (6-3)$$

$$m_{bmin} = \min\{f(i,j) \; -A \leqslant i \leqslant A, \; -B \leqslant j \leqslant B\} \qquad (6-4)$$

通过对感兴趣区域进行局部对比度增强的处理，可以增强灰度突变的地方。对于小目标来说，其边缘得到了较大的增强。由于小目标与背景相比，其区域是很小的，所以小目标也得到了增强。当目标的均值高于邻近局部背景的均值时，其对比度大于1，而当目标的均值低于邻近局部背景的均值时，其对

比度小于1。此时,将对比度取倒数即可。在进行分割时,利用对目标的假设检验,就可以完成亮、暗目标的自适应检测处理。

3. 研究结果

我们通过对序列①2000 帧飞机穿越云层的序列图像和序列②2000 帧亮目标的序列图像作目标检测与跟踪处理,发现序列①的图像中飞机表现为发动机为亮点,机身较暗的辐射特性。在飞机进、出云层,飞机接近太阳亮光区的时候均能对目标进行较好的检测跟踪。图 6-9(a)~(f)所示为算法对序列①的处理结果。图 6-10(a)~(d)表示对序列①飞机在穿越云层的过程中均可较好地跟踪结果。序列②的图像中飞机表现为亮目标。图 6-11(a)~(f)表示算法对序列②的处理结果,图 6-12(a)、(b)表示对序列(2)亮目标飞机的跟踪。

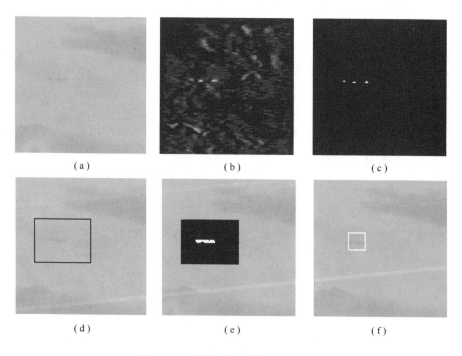

(a)   (b)   (c)

(d)   (e)   (f)

图 6-9　算法对序列①的处理结果

(a)原图;(b)多级滤波后;(c)感兴趣点的选择;

(d)感兴趣区域的选取;(e)局部对比度增强;(f)检测结果。

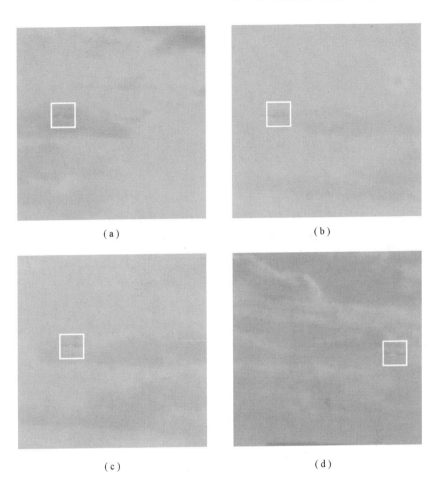

图 6 - 10　飞机穿越云层的跟踪结果

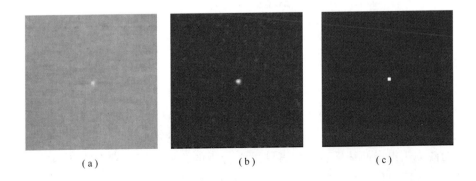

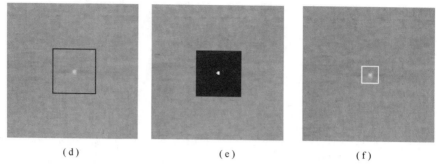

图 6 – 11　算法对序列①的处理结果

(a)原图；(b)多级滤波后；(c)感兴趣点的选择；

(d)感兴趣区域的选取；(e)局部对比度增强；(f)检测结果。

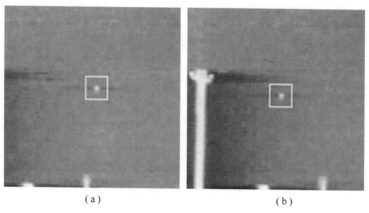

图 6 – 12　亮目标飞机的跟踪结果

▶ 6.2　空中动目标抗干扰检测跟踪

　　下面所述多目标关联与跟踪算法,具有抗多个诱饵干扰的能力,定义了目标机动和诱饵遮挡目标两种异常事件,在异常事件发生时,正确关联目标,消除诱饵影响,保持对真目标的稳定跟踪。

　　该算法是建立在目标已捕获交班的基础上,经有关实时处理,达到在诱饵干扰条件下,不丢失有价值目标的目的。同时,也具有目标丢失后重新捕获目标的能力。提出的基于知识和事件发生分析的智能化场景理解方法,解决真实目标关联、可靠跟踪和诱饵影响去除的问题。算法处理流程如图 6 – 13 所示。两个仿真序列的处理结果分别见图6-14~图6-19。处理结果证明,即使在多个压制性干扰遮挡真实目标的条件下,本书算法仍然工作得相当好。

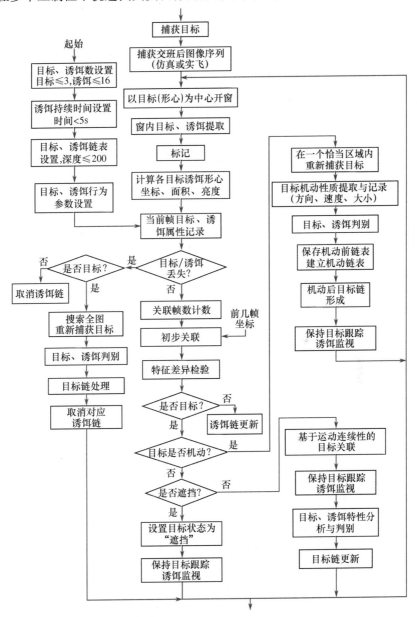

图6-13　算法处理流程图

（1）仿真序列1（图6-14~图6-16）。

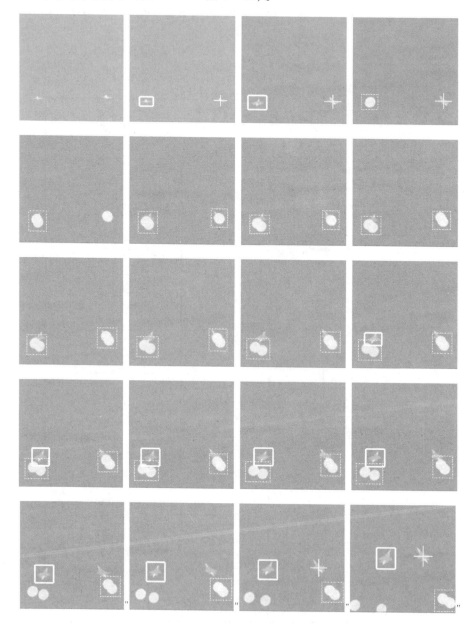

图6-14　序列1,跟踪关联结果

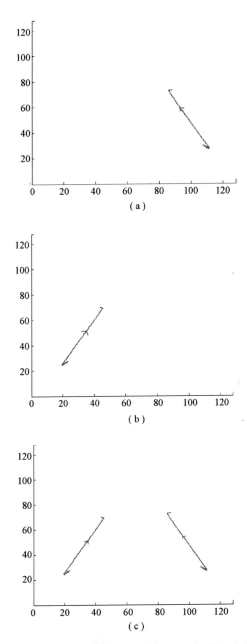

图 6 - 15　序列 1,目标轨迹(共跟踪 2 个目标,最后一帧包含所有目标轨迹)

(a)目标 1 轨迹;(b)目标 2 轨迹;(c)2 个目标轨迹对比。

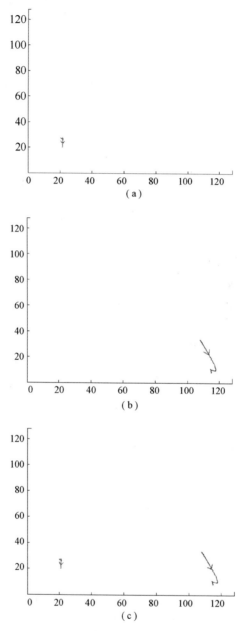

图 6-16　序列 1,诱饵轨迹(共跟踪 2 个诱饵,最后一帧包含所有诱饵轨迹)

(a)诱饵 1 轨迹;(b)诱饵 2 轨迹;(c)2 个诱饵轨迹对比。

（2）仿真序列2（图6－17～图6－19）。

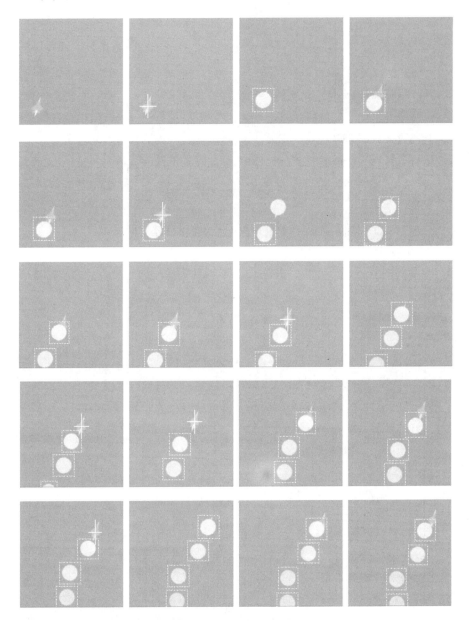

图6－17　序列2,跟踪关联结果

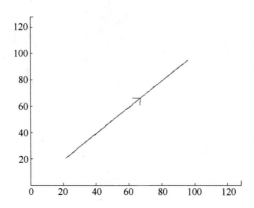

图6-18 序列2,目标轨迹(共跟踪1个目标)

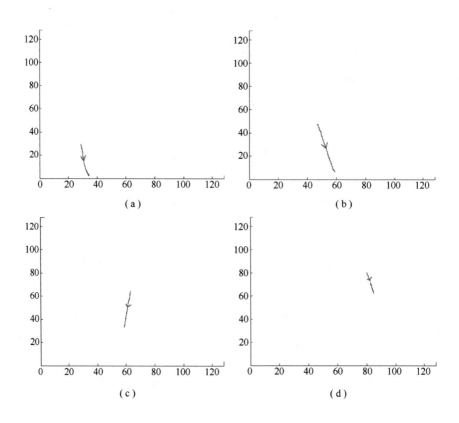

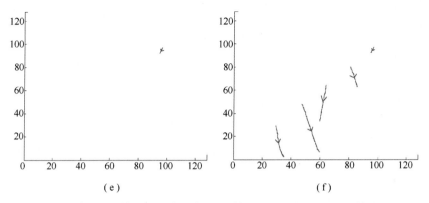

图 6-19　序列 2,诱饵轨迹(共跟踪 5 个诱饵,最后一帧包含所有诱饵轨迹)

(a)诱饵 1 轨迹;(b)诱饵 2 轨迹;(c)诱饵 3 轨迹;

(d)诱饵 4 轨迹;(e)诱饵 5 轨迹;(f)5 个诱饵轨迹对比。

6.3　混合人工神经网络动目标识别(MUSSER)

在截获目标,提取目标图像特征后,接下来就是目标图像的识别问题。目前,图像的识别方法较多,大体上可分为统计识别方法、结构识别方法、神经网络识别方法等。

统计模式识别认为图像可能包含一个或多个物体,并且每个物体属于若干事先定义的类型(范畴)或模式类之一。它研究的基本手法就是将研究对象用能够反映该对象的若干属性,即一组特征来加以描述,并将这些特征构成一个 n 维空间矢量,于是所有模式都抽象为特征空间中的点。这样,就可按问题的需要设计相应的模式分类器,对任何给定的模式样本进行分类识别。在用统计模式识别方法设计分类器之前,常常需要对模式进行统计分析。映射技术是进行模式分析的有效工具,也是进行维数压缩的主要手段之一。与 Fisher 判别准则相关的 Foley-Sammon 最佳鉴别矢量方法就是一种有效的映射技术。统计识别方法又可分为最小距离识别法、最小平均损失识别法和树分类法。

结构识别也称句法(或文法)识别。其基本思想是考虑图像中各部分的空间关系(结构),用若干符号按一定顺序的排列来表征其图像结构。对图像的识别归结为对符号串的判别,类似于用语法对句子的类型进行判别的过程。所以,也称句法识别。

模仿视觉神经系统功能的人工神经网络理论的研究正迅猛发展,它能处理各种信号、模式,并具有自适应学习、联想记忆能力,已广泛应用于各种信息处理系统。它给模式识别系统带来新的希望。

人工神经网络理论的主要支柱来自神经生理学和心理学,它可以处理环境信息十分复杂、背景知识不清楚、推理规则不明确的问题,允许样本有较大的缺损和畸变。神经网络所具有的信号分布式存储、大规模自适应并行处理、高度的容错性等是它们可用于模式识别的基础,特别是其学习能力和容错能力对模式识别方法的发展具有独到之处。

神经网络系统由于本身具有自组织、自学习、自适应的特点,在某种意义上,网络的自学习过程就是在实现模式变换与特征提取。因而,只要待识别的模式在所表示域里,具有一定的差异,网络就可以通过自适应聚类学习,找到区分不同模式的特征信息。

神经网络用于目标识别,其特色主要表现在以下三方面:

(1)神经网络的特征内部表示能力使其可以在一定程度上自动获取用常规的启发式和变换方法很难提取的目标特征。

(2)神经网络的泛化能力使其可以通过适当增加网络容量来获取目标信息的多模式分布特性,从而在一定程度上提高了系统对场景的适应能力。

(3)神经网络对非线性连续函数的一致逼近能力使得神经网络识别系统可以提供简单易操作的训练算法,自动构造接近最佳的判别函数。

由于神经网络所具有的优点,使得它在目标识别中得到了广泛的应用。

6.3.1 反向传播学习神经网络(BP网络)

标准BP网络的学习,由4个过程组成:输入模式由输入层经中间层向输出层方向"模式顺序传播"过程;网络的希望输出与网络实际输出之差的误差信号由输出层经中间层向输入层逐层进行修正连接权的"误差逆序传播"过程;由"模式顺序传播"与"误差逆序传播"的反复交替进行的网络"学习记忆"训练过程;使网络趋向收敛,即全局误差趋向极小值的"学习收敛"过程。其学习方式有逐一学习方式和批量学习方式。

图6-20所示为一个三层BP神经网络示意图,设 M 为输入层节点个数,L 为隐含层节点个数,t_{pj} 为模式 p 下节点 j 的希望输出值,O_{pj} 为模式 p 下节点 j

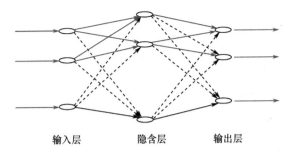

输入层　　　　隐含层　　　　输出层

图 6-20　三层 BP 网络模型结构

的实际输出值, W_{ij} 为节点 i 到节点 j 之间联系的权重, θ_j 为节点 j 的阈值, 定义误差函数 E_p 为各节点希望输出值与实际输出值之差的平方和, 即

$$E_p = \frac{1}{2} \sum_{j=1}^{M} (t_{pj} - O_{pj})^2 \qquad (6-5)$$

在模式 p 下, 节点 j 的净输入为

$$\mathrm{NET}_{pj} = \sum_{i=1}^{L} W_{ij} O_{pj} - \theta_{pj} \qquad (6-6)$$

其中求和运算是对所有作为节点 j 的输入量进行的, 如果节点 j 处于输出层, 则 O_{pj} 代表该节点的实际输出, 其实际输出值 O_{pj} 由式(6-7)的加权及阈函数决定, 即

$$O_{pj} = f_j = \left(\sum_{i=1}^{L} W_{ij} O_{pi} - \theta_j \right) \quad (j=1,2,\cdots,M) \qquad (6-7)$$

一般阈值 θ_j 为常数, 并取($-1, +1$)之间任意值。要使式(6.5)的误差函数为最小值, 则需每次训练时使 E_p 关于 W_{ij} 的导数为负, 由隐函数的求导法则得

$$\frac{\partial E_p}{\partial W_{ij}} = \frac{\partial E_p}{\partial \mathrm{NET}_{pj}} \frac{\partial \mathrm{NET}_{pj}}{\partial W_{ij}} \quad (j=1,2,\cdots,M) \qquad (6-8)$$

由式(6.6), 得

$$\frac{\partial \mathrm{NET}_{pj}}{\partial W_{ij}} = \frac{\partial}{\partial W_{ij}} \sum_{k=1}^{L} W_{kj} O_{pk} = \sum_{k=1}^{L} \frac{\partial W_{kj}}{\partial W_{ij}} O_{pk} = O_{pk} \qquad (6-9)$$

因 $\frac{\partial W_{kj}}{\partial W_{ij}} = \begin{cases} 0 & (i \neq k) \\ 1 & (i = k) \end{cases}$, 故式(6.9)右端成立。

记 $-\frac{\partial E_p}{\partial \mathrm{NET}_{pj}} = \sigma_{pj}$, 则式(6.8)变为

$$-\frac{\partial E_p}{\partial W_{ij}} = \sigma_{pj} O_{pk} \tag{6-10}$$

要减少误差函数 E_p 的值就要使权重的变化量 ΔW_{ij} 正比于 $\sigma_{pj} O_{pk}$，即

$$\Delta W_{ij} = \eta \sigma_{pj} O_{pk} \tag{6-11}$$

式中：η 为比例系数。

一旦求出 σ_{pj}，则可由式(6.10)决定权重的改变量，便可对权重进行调整。式中的 O_{pj} 的表达式可以写为

$$\sigma_{pj} = -\frac{\partial E_p}{\partial \mathrm{NET}_{pj}} = -\frac{\partial O_{pj}}{\partial \mathrm{NET}_{pj}} \frac{\partial E_p}{\partial O_{pj}} \tag{6-12}$$

将式(6.7)代入上式中的 $\dfrac{\partial O_{pj}}{\partial \mathrm{NET}_{pj}}$，得

$$\frac{\partial O_{pj}}{\partial \mathrm{NET}_{pj}} = f_j'(\mathrm{NET}_{pj}) \tag{6-13}$$

将式(6.5)代入式(6.12)中的第一个因子，得

$$\frac{\partial O_{pj}}{\partial \mathrm{NET}_{pj}} = -(t_{pj} - O_{pj}) \tag{6-14}$$

将式(6.13)、式(6.14)代入式(6.12)，得

$$\sigma_{pj} = f_j'(\mathrm{NET}_{pj})(t_{pj} - O_{pj}) \tag{6-15}$$

如果 j 是输出单元，t_{pj}、O_{pj} 均已知，则可由式(6.11)和式(6.15)联立，求出 σ_{pj} 和 Δw_{ij}。如果 j 不是输出单元而是隐含层单元，因希望输出值未知（对于隐层而言），需再用隐函数求导法则进一步推出：

$$\begin{aligned}
\frac{\partial E_p}{\partial O_{pj}} &= \sum_{k=1}^{M} \frac{\partial E_p}{\partial \mathrm{NET}_{pk}} \cdot \frac{\partial \mathrm{NET}_{pk}}{\partial O_{pj}} \\
&= \sum_{k=1}^{M} \frac{\partial E_p}{\partial \mathrm{NET}_{pk}} \cdot \frac{\partial}{\partial O_{pj}} \times \left(\sum_{i=1}^{N} W_{ik} O_{pi} - \theta_j \right) \\
&= -\sum_{k=1}^{M} \sigma_{pk} W_{jk} \quad (j = 1, 2, \cdots, L)
\end{aligned} \tag{6-16}$$

式中：k 为与隐含层节点 j 相联的输出节点，而输出层的节点 k 的 σ_{pk} 已经求出，则

$$\sigma_{pk} = f_j'(\mathrm{NET}_{pj}) \cdot \sum_{k=1}^{M} \sigma_{pk} W_{jk} \quad (j = 1, 2, \cdots, L) \tag{6-17}$$

由此可见,这个算法是计算输出层的误差,然后由式(6.13)反传到中间层,算出中间层 σ_{pj} 的值。取阈函数为 Sigmoid 型函数,即

$$f(x) = \frac{1}{(1 + e^{-Sx})} \qquad (6-18)$$

可见,从数学意义上讲,BP 网是训练样本实现从输入到输出的映射,即从 R^M 到 R^N 的一个高度非线性映射。BP 网络不需要知道描述这种映射的具体数学表达式,而只是在所选网络的拓扑结构下,通过学习算法调整各神经元的阈值和连接权值,使误差信号最小。

6.3.2　径向基函数神经网络(RBF 网络)

径向基函数神经网络(Radial Basis Function Neural Network,RBFNN)是一类局部最小网络,和普通的前馈网络相比,其优点在于结构比较简单,训练简洁快速,用线性的学习算法来完成以往非线性学习算法所做的工作,同时又能保持非线性算法的高精度的特点。

用径向基函数(RBF)作为隐含层单元的"基"构成隐含层空间,对输入矢量进行一次变换,将低维的模式输入数据变换到高维空间内,通过对隐含层单元输出的加权求和得到输出。这就是 RBF 网络的基本思想。RBF 网络具有良好的逼近任意非线性函数的能力及表达系统内在的难以解析的规律性的能力,并且具有极快的学习收敛速度,如图 6-21 所示。

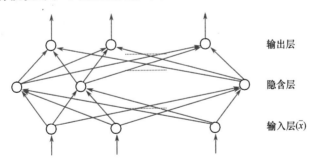

图 6-21　RBF 网络拓扑结构

RBF 网络在结构上是一种三层前向网络:第 1 层为输入层,由信号源节点组成;第 2 层为隐含层,隐单元的变换函数是一种局部分布的非负非线性函数,对中心点径向对称衰减,其单元数由所描述问题的需要确定;第 3 层为输

出层,网络的输出是隐单元输出的线性加权。RBF 网络的输入空间到隐含层空间的变换是非线性的,而从隐含层空间到输出层空间的变换是线性的,其输入输出关系为

$$F_l(\boldsymbol{X}) = \sum_{i=1}^{M} w_i G(\parallel \boldsymbol{X} - t_i \parallel) \quad l = 1,2,\cdots,m$$

式中:$\boldsymbol{X}$ 为输入向量,$\boldsymbol{X} \in R^n$,t_i 为 RBF 网络隐含层单元的中心,$t_i \in R^n$,$i = 1,2,\cdots,M$,$\parallel \cdot \parallel$ 为范数

$$F(\boldsymbol{X}) = [F_1(\boldsymbol{X}),F_2(\boldsymbol{X}),\cdots,F_m(\boldsymbol{X})]$$

而且
$$F(X_i) = t_i \quad (i = 1,2,\cdots,N)$$

式中:t 为 m 维空间中的目标矢量,$\{t_i \in R^m\}$;w_i 为隐含层至输出层的连接权值,$G(\parallel \boldsymbol{X} - t_i \parallel)i = 1,2,\cdots,M$ 为径向基函数(RBF)。

通常使用的 RBF 有高斯函数、多二次函数(multiquadricfunction)、逆多二次函数、样条函数及薄板样条函数等。

普通 RBF 网络采用的是高斯函数,其输入输出关系可表达为

$$F(\boldsymbol{X}) = \sum_{i=1}^{M} w_{il}\exp\left(-\frac{\parallel \boldsymbol{X} - t_i \parallel^2}{2\sigma^2}\right) \quad l = 1,2,\cdots,m \qquad (6-19)$$

一般使用的网络结构为普通 RBF 网络结构,要学习的参数有 3 个,即 RBF 的中心、方差及隐含层单元至输出层单元的连接权值。

对 RBF 中心的学习采用了 C 均值聚类算法,算法步骤与无监督的 C 均值聚类方法相同。RBF 选用的高斯函数为

$$G(\parallel \boldsymbol{X} - d_i \parallel) = \exp\left(-\frac{\parallel \boldsymbol{X} - d_i \parallel^2}{2\sigma^2}\right)$$

因此方差用公式 $\sigma = \dfrac{d_{max}}{\sqrt{2M}}$ 来进行计算,M 为隐含层节点数,d_{max} 为所选取中心之间的最大距离。隐含层至输出层单元连接权值可以用最小二乘法直接计算,即

$$\boldsymbol{W} = \boldsymbol{G}^+ t = (\boldsymbol{G}^{\mathrm{T}}\boldsymbol{G})^{-1}\boldsymbol{G}^{\mathrm{T}}t\boldsymbol{G} = \{g_{ji}\}\, g_{ji} = \exp\left(-\frac{1}{2\sigma^2}\parallel X_j - d_i \parallel^2\right)$$

$$= \exp\left(-\frac{1}{2d_{max}^2}\parallel X_j - d_i \parallel^2\right) \quad j = 1,2,\cdots,N;i = 1,2,\cdots,M$$

$$(6-20)$$

⊿ 6.3.3　多尺度模型下的混合神经网络识别算法

通常,目标并非能同时表现出其所有可能的特征,而会以一个过程逐步展示出来。特别对运动中的三维目标,如果序列图像的信息自然可用,就没有必要在单帧图像上追求高的识别率。这就是说更聪明的策略应该是通过多帧目标图像有效信息的递推积累来达到更高的识别率。这样,不仅减少了目标特性视图模型的数量,而且可简化分类器的训练,保证更高的收敛性。

由于三维运动目标可能有无穷多个姿态,基于其二维投影图像的识别,对每一类目标本质就是一个多类识别问题,对具有无穷多可能姿态的多类目标识别是非常困难的,如何构造一个有效的识别器是本节的重点。

1.　基于多尺度模型的单帧识别

最基本的识别算法是基于单尺度模型训练的 BP 网络来施行的。设预期识别的目标类数为 K,即目标类集合为 $f = (f_1, f_2, \cdots, f_K)$。BP 网络输出集合为 $o = (o_1, o_2, \cdots, o_K)$,这 K 个输出分别代表 K 类不同的目标。对 BP 网络训练时,理想情况下,对某个属于第 k 类目标的样本特征向量,该 BP 网络的第 k 个输出应为 1,其他所有输出应为 0。实际情况可能是网络的第 k 个输出为最大,其他所有输出都应较小。

定义 6.1　单帧识别可信度。

将输出结果 $(o_1, o_2, \cdots, o_K)$ 按从大到小的顺序排列为 $(o_1', o_2', \cdots, o_K')$,$0 \leqslant o_i' \leqslant 1$,单帧识别的相对可信度可合理地定义为

$$P = \left(o_1' - \frac{o_2'}{1 \times 2} - \cdots - \frac{o_K'}{(K-1) \times K} \right) \bigg/ (o_1' + o_2' + \cdots + o_K') \quad (6-21)$$

该定义是直观合理的:①可信度的值域变化范围应该是 $[0,1]$;②当且仅当最大输出 $o_1' = 1$ 且 $o_2' = \cdots = o_K' = 0$ 时,可信度为最大值 1;③当且仅当 $o_1' = o_2' = \cdots = o_K' = 0$ 时,可信度为最小值 0;④o_1' 越大可信度越大,o_2' 到 o_K' 越小可信度越大;⑤$\forall m \leqslant K$,如果 $o_1' = o_2' = \cdots = o_m' = 1$ 且 $o_{m+1}' = o_{m+2}' = \cdots = o_K' = 0$,就得到 m 个完全相等的最大值,而只选取 o_1' 对应的类作为识别结果,显然可信度应该只有 $1/m$。

在单一尺度模型下训练 BP 网络,利用单尺度信息对其他尺度(分辨率)的图像进行单帧识别的结果如表 6-1 所列(其中利用 7 个标准尺度级别训练

BP 网络,接着对包括标准级别的共13个尺度级别的图像进行识别)。

表6－1　单尺度BP网络对不同分辨力(不同尺度)

目标图像的识别率　　　　　　(单位:%)

识别率／分辨力 BP网络 尺度		256^2	224^2	192^2	160^2	128^2	112^2	96^2	80^2	64^2	56^2	48^2	40^2	32^2	平均 识别率
单 尺 度 识 别 器	0	**90.5**	89.7	86.8	86.8	81.9	81.7	76.5	73.6	68.9	66.2	56.5	52.2	44.4	73.51
	1	85.6	88.2	**88.3**	87.4	83.7	82.4	82.1	79.8	77.1	73.0	63.5	55.3	50.8	76.71
	2	84.1	88.0	87.0	87.0	**87.8**	84.8	81.1	80.0	77.4	75.7	66.5	59.0	53.7	77.85
	3	79.6	81.0	81.5	83.1	83.5	83.1	**83.9**	79.8	76.5	73.2	60.3	56.6	48.4	74.65
	4	72.4	75.7	77.4	79.2	80.9	81.0	80.0	82.5	**84.0**	77.3	68.9	64.8	52.2	75.10
	5	65.2	66.3	69.1	68.7	68.5	69.1	66.5	72.6	72.4	73.8	**77.4**	64.8	52.3	68.21
	6	49.6	51.0	51.9	52.3	51.0	57.8	58.8	60.4	58.8	60.8	56.6	60.4	**66.0**	56.56

从表中可以看到利用本级别的 BP 网络所得到的识别率是最高的,即表中黑体的数字,而对于其他级别识别率明显的低于对本级别的识别率,这表明对于任意尺度级别的图像的识别,利用单一尺度模型信息是远远不够的。

若目标图像的尺度是未知的,假定它可能的尺度范围是$[s_0, s_{L-1}]$,则上述基于单尺度目标模型训练的 BP 网络就不能应付尺度变化的目标识别问题了,必须在单尺度的目标识别算法的基础上建立基于多尺度模型的目标识别方法,建立由多个 BP 网络构成的多尺度识别器。

该方法利用前面第3章生成的各类目标的标准级别模型的信息来进行识别,如图6－22所示。

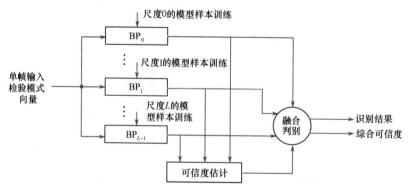

图6－22　基于多尺度模型的多 BP 网络识别算法流程图

为每一个标准级别建立一个 BP 子网络，每个子网络分别由对应尺度级别的特性视图模型训练生成。将待识别目标分别输入各个子网络得到各自对应的网络输出，令尺度 l 的 BP 子网 BP_k^l 的输出值为 O_k^l，子网的识别可信度为 P^l，其中 $k=1,2,\cdots,K,l=0,1,\cdots,L-1$，则基于多尺度模型的多 BP 网络识别单帧输出为

$$MO_k = \frac{\sum_{l=0}^{L-1} O_k^l \times P^l}{L} \qquad k=1,2,\cdots,K;l=0,1,\cdots,L-1 \qquad (6-22)$$

若 $MO_j = \max\{MO_k,k=1,2,\cdots,K\}$，$j\in[1,K]$，则称输入的待识别目标属于第 j 类。

定义 6.2 多尺度模型下的多 BP 网络单帧识别可信度。

类似定义 6.1，将多 BP 网络输出的结果 $MO_k(k=1,2,\cdots,K)$，排序计算后即可得到基于多尺度模型的多 BP 网络识别可信度单帧识别结果的归一化后的可信度 MP。

多尺度模型下的多 BP 网络单帧识别算法对各标准级别图像以及其他中间级别图像的单帧识别结果如表 6-2 所列。

表 6-2 多尺度模型下的多 BP 网络识别算法对不同分辨力

(不同尺度)目标图像的识别率　　　　　　　　　(单位:%)

识别率　分辨力 BP 网络 尺度	256^2	224^2	192^2	160^2	128^2	112^2	96^2	80^2	64^2	56^2	48^2	40^2	32^2	平均 识别率
多尺度识别器	88.2	88.0	87.6	87.4	86.8	85.4	85.0	84.3	82.3	81.6	73.4	67.2	59.0	81.22

对比表 6-1 可知，使用新算法相比原来的算法在识别率上平均提高了 9.42%。特别是对(模糊的)小目标。这说明建立基于多级模型的识别算法是非常必要的，其性能要优于单尺度模型训练的 BP 网络。

2. 基于多尺度模型的混合神经网络多帧识别算法

相对于单帧图像，三维目标运动产生的序列图像，含有更丰富的关于目标的信息，如何充分地利用这些信息提高识别率是非常有价值的。在 50 帧/s 的成像系统下，相邻两帧成像时间间隔仅仅为 0.02s，在如此短的时间内任何运动的三维目标其姿态不可能有很大的变化，这是一个关键的目标动力学约束。在一个图像序列中，目标的尺度不可能保持不变，也许目标会由远及近，也许

由近及远,还有可能两者都有。目标在由远及近的过程中目标不断变大,分辨更清晰,信息也就越来越丰富。显然在不同尺度(分辨力)条件下的目标图像对识别所做的贡献是不同的。尺度小分辨力高的目标图像提供的信息多,因而对识别所做贡献大;而尺度大分辨力低的目标图像提供的信息少,因而对识别所做贡献小。如果对于不同尺度、不同分辨力下的目标图像都是一视同仁,处以相同贡献,显然不合理。因为尺度较大目标的识别结果会削弱尺度较小目标的识别结果,从而降低识别率,因此在识别过程中加入目标图像尺度信息的影响很重要。

设输入某类目标的 N 帧图像序列进行识别,其第 j 帧(其中 $j=1,2,\cdots,N$)图像特征向量 $\boldsymbol{f}(j)$,令 $\mathrm{MO}_k(j)$ 为多尺度多 BP 网络识别器第 k 个输出节点的单帧处理输出结果,那么该图像序列多帧识别的输出结果为

$$\mathrm{MMO}_k = \sum_{j=1}^{N} \mathrm{MO}_k(j) \cdot W_k(j) \qquad (6-23)$$

式中:$W_k(j)$ 为第 j 帧第 k 类输出的加权系数。

根据以上对多帧识别特点的分析,对权系数的取值有如下考量:

(1) 由特性视图转移矩阵 $\boldsymbol{T}$ 获得权系数。

三维目标运动中姿态不可能在短时间内突然发生改变,要将该动力学约束用于目标识别中,必须对每一时刻目标的姿态进行正确的估计,然后根据目标特性视图空间转移矩阵找到对应的转移矩阵值也即相邻帧之间的转移代价,将这一代价作为识别的权值,即将目标姿态不可能突变的约束应用在多帧识别中。

径向基函数(RBF)神经网络与反向传播学习神经网络(BP)都是非线性的层状网络,是通用的模式分类器。对于一个特定的 BP 总存在一个 RBF 网络能够模仿它,反之亦然。然而,这两种网络在几个重要方面存在着不同之处:

① 典型的,一个 BP 网络位于隐含层或输出层的计算节点,其神经元模型是相同的,而 RBF 网络隐含层中计算节点与网络输出层节点是相当不同且作用也不一样。RBF 网络与 BP 网络使用不同的作用函数,BP 网络中的隐含层节点使用的是 Sigmoid 函数,其函数值在输入空间中无限大的范围内为非零值,而 RBF 网络中的作用函数则是局部的。由此决定了在分类类别多,任务复杂的情况下,RBF 网络比 BP 网络具有更强的分类识别能力。

② RBF 网络的隐含层是非线性的,而输出层是线性的。但是 BP 网络作为模式分类器,其隐含层和输出层都是非线性的。

③ RBF 网络能实现对输入空间进行任意的非线性变换,而 BP 网络则不能。

经过对 5 类飞机目标的多样本试验,在识别输出类别数不大的情况下,BP 网络的识别效果比 RBF 好,如表6-3所列;而在训练样本不多且识别输出类别较多的情况下,RBF 网络相比 BP 网络有更强的分类能力,并且 BP 网络这时的训练难度加大,非常耗时。

表6-3　BP 网络与 RBF 网络的 162 个视点姿态判别及

目标分类正确率统计比较　　　　　　　　　（单位:%）

网络完成的任务	图像分辨力	未畸变	畸变强度1	畸变强度2	畸变强度3
RBF 网络识别姿态	256×256	94.0	89.3	74.6	63.5
BP 网络识别姿态	256×256	84.3	80.2	68.5	55.9
RBF 网络分类目标	256×256	85.5	82.1	78.6	70.7
BP 网络分类目标	256×256	88.2	86.6	83.3	78.3

因此,本节采用 RBF 网络识别三维目标姿态(特性视图所对应的视点),RBF 网络姿态识别器的结构图如图6-23所示。

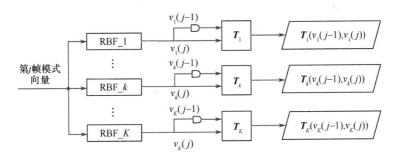

图6-23　RBF 网姿态识别器

由 RBF 网络构造的姿态识别器估计各类目标的可能姿态。根据运动目标动力学约束,目标图像序列的相邻帧一般不会发生大的姿态迁移。这就是说,若识别器判断发生大的迁移则表明相邻帧信息的不可靠,可考虑赋予小的权重。故转移矩阵的相应元素可用于产生权系数,即

$$w_k^{(1)}(j) = \frac{1}{\boldsymbol{T}_k(v_k(j-1), v_k(j))} \quad (k=1,2,\cdots,K,j=2,3,\cdots,N) \quad (6-24)$$

注：$w_k^{(1)}(1)=1$。

式中：$\boldsymbol{T}_k$ 为第 k 类目标的特性视图转移矩阵；$\boldsymbol{T}_k(v_k(j-1), v_k(j))$ 为 $\boldsymbol{T}_k$ 中的在坐标 $(v_k(j-1), v_k(j))$ 处的元素，$v_k(j-1)$ 为第 $(j-1)$ 帧单帧判决的特性视图的标号，$v_k(j)$ 为第 j 帧单帧判决的特性视图的标号。$\boldsymbol{T}_k(v_k(j-1), v_k(j))$ 越大，表明相邻两帧发生了较大的姿态迁移，即较大的三维目标姿态变化。若第 j 帧图像识别为属于 k_0 类，则对相邻两帧图像只可能发生以下 4 种情况：

情形 1：第 $(j-1)$ 帧正确，第 j 帧也正确；

情形 2：第 $(j-1)$ 帧正确，但第 j 帧错误；

情形 3：第 $(j-1)$ 帧错误，但第 j 帧正确；

情形 4：第 $(j-1)$ 帧错误，第 j 帧也错误。

推断出现何种情况的判据为 $\boldsymbol{T}_{k_0}(v_{k_0}(j-1), v_{k_0}(j))$ 和当前帧判决可信度 $P_{k_0}(j)$，以下是一种较合理的选择权值的方法。

若 $\boldsymbol{T}_{k_0}(v_{k_0}(j-1), v_{k_0}(j)) < T_t$，且 $P_{k_0}(j) > P_t$，则认为第 j 帧单帧识别属于情形 1、情形 3 的可能性较大，则

$$w_{k_0}^{(1)}(j) = \frac{1}{\boldsymbol{T}_{k_0}(v_{k_0}(j-1), v_{k_0}(j))} \quad (6-25)$$

式中：T_t, P_t 为一恰当的门限（根据对一定量训练、学习样本的识别结果确定这两个门限值，为经验值）。

否则，情形 2、情形 4 发生的可能性大，由于类别识别可能错误，则姿态转移定为各类别中转移矩阵元素的最大值加 1，即

$$w_{k_0}^{(1)}(j) = \frac{1}{\max\{\boldsymbol{T}_k(\cdot)\} + 1} \quad k=1,2,\cdots,K \quad (6-26)$$

其含义是压低当前帧可能错误的信息的影响。

表 6-4 所列为 RBF 网络的姿态判别正确率统计。

（2）由目标图像尺度信息获得权系数。

目标的信息与图像的分辨力即尺度有关，在不变焦条件下目标图像所占像素数越多，即分辨力越高，尺度越小，信息越丰富。设第 j 帧图像中目标像素

表6-4 RBF 网络的姿态判别正确率统计　　　　（单位:%）

图像分辨率力	未畸变	畸变强度1	畸变强度2	畸变强度3
256×256	94.0	89.3	74.6	63.5
224×224	91.8	86.8	72.1	61.2
192×192	92.8	83.7	70.7	54.4
160×160	90.9	82.9	68.4	51.1
128×128	91.8	81.3	66.5	46.4
112×112	87.9	80.2	64.1	43.5
96×96	88.5	74.1	61.2	42.5
80×80	80.1	71.6	57.7	37.7
64×64	80.7	66.0	53.8	34.7
56×56	71.1	61.4	48.4	33.4
48×48	72.7	56.3	41.6	27.0
40×40	60.6	50.2	37.1	26.8
32×32	62.2	44.9	30.5	24.4

数为 N_j,该帧加权系数可合理地按下式计算:

$$w^{(2)}(j) = \mathrm{e}^{-\frac{\alpha}{N_j}} \qquad (6-27)$$

式中:α 为一常数(一般来说,我们所获取的图像分辨力为 $256 \times 256 \sim 16 \times 16$,$\alpha$ 的取值应使分辨力 256×256 的图像目标权系数接近 1,而分辨力为 16×16 的图像目标权系数接近 0),图 $6-24$ 所示为该权系数与 N_j 的关系。

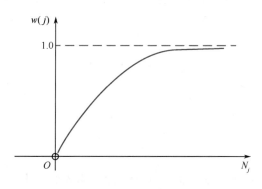

图 6-24 加权系数随目标像素数的变化关系

直观地讲,目标像素越多,则可信度相对高,权重相对大。

总结一下,第 j 帧的综合权系数为两部分组成,即

$$W_k(j) = w_k^{(1)}(j) \cdot (w)^{(2)}(j) \qquad k = 1, 2, \cdots, K \qquad (6-28)$$

那么基于混合神经网络的多尺度多帧识别输出结果为

$$\mathrm{MNetO}_k = \sum_{j=1}^{N} \mathrm{MO}_k(j) \cdot W(j) \qquad k = 1, 2, \cdots, K \qquad (6-29)$$

若 $\mathrm{MNetO}_{k_0} = \max\{\mathrm{MNetO}_k, k=1,2,\cdots,K\}, k_0 \in [1,K]$,则输入待识别目标序列的综合多帧识别结果是该序列识别为第 k_0 类目标。

定义 6.3 基于多尺度模型的混合神经网络多帧识别可信度。

类似定义 6.1,将该神经网络系统输出结果 $\mathrm{MNetO}_k, k=1,2,\cdots,K$ 排序计算后,即可得到基于多尺度模型的多 BP 网络识别可信度多帧识别结果归一化后的可信度 $\mathrm{MNet}P$。

✍ 6.3.4 试验结果

1. 样本的产生和训练

生成大量三维飞机目标模拟图像作为训练样本和测试样本。根据第 3 章的方法,针对 5 类目标:B2、F117、Mirage2000、F22、Su27,由高斯观察球产生 162 个视点的目标侧影图,经聚类合并形成少量的特性视图。每一类目标包括 7 个标准尺度级别的二维特性视图集。各尺度分别为 38、39、44、41、42 个特性视图,代表了不同视点、距离、模糊和尺度的影响,即 5 类目标分别有 7×38, $7 \times 9, 7 \times 44, 7 \times 41, 7 \times 42$ 个特性视图。由每一个特性视图可得八维模糊矩不变量特征向量。各尺度模型的特征向量作为训练样本,训练相应尺度的 BP 神经网络和 RBF 网络,直至收敛。

检验样本产生:在 13 个尺度级范围内随机产生不同视点的样本图像 450 幅。可分别对其轮廓坐标叠加噪声,使轮廓产生畸变,模拟图像噪声和分割的缺陷所造成目标图像分割误差(此处不讨论分割算法,假定目标已从图像中分割出来)。4 种畸变强度的例子如图 6-25 所示。

每个 BP 网络构件有 8 个输入节点,隐含层为 48 节点,输出层 5 个节点,代表 5 类目标输出。每个 RBF 网络构件的输入为各类目标 7 个标准级别的特性视图的特征向量,输出层为各类目标特性视图数目,代表输出特性视图

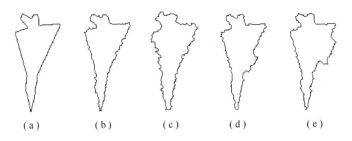

图6-25 对目标图像施加4种不同畸变强度的例子

(a)原始图像;(b)畸变强度1;(c)畸变强度2;(d)畸变强度3;(e)畸变强度4。

的编号,即姿态编号。

2. 单尺度模型训练的多帧序贯识别

图6-26所示为第0级尺度模型训练后的BP网络识别率与畸变强度帧类的关系曲线,统计试验次数,其中2~18帧各有10800个试验序列,单帧识别试验样本有450个。可见,随着帧数的增加,识别率的收敛性很好。

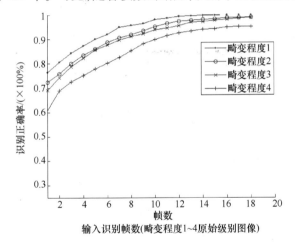

输入识别帧数(畸变程度1~4原始级别图像)

图6-26 BP网络识别率与畸变强度、帧数的关系曲线

3. 多尺度模型训练的多帧识别

使用450个视点的各种尺度及轮廓畸变的样本图像,对本书提出的神经网络系统算法进行检验(分辨力级别分别为256×256、224×224、192×192、160×160、128×128、112×112、96×96、80×80、64×64、56×56、48×48、40×40、32×32共13个尺度级别,其中标准级别7个,中间级别6个,并分别包含

未畸变与 3 种畸变强度图像)。图 6-27~图 6-30 所示为基于多尺度模型的混合神经网络多帧识别算法的多帧识别率。

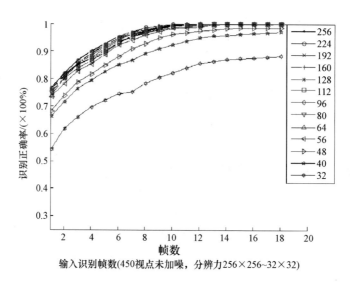

输入识别帧数(450视点未加噪,分辨力256×256~32×32)

图 6-27　450 个视点,未畸变图像识别率曲线

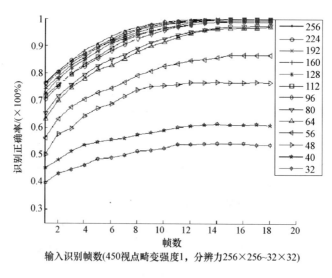

输入识别帧数(450视点畸变强度1,分辨力256×256~32×32)

图 6-28　450 个视点,畸变强度 1 图像识别率曲线

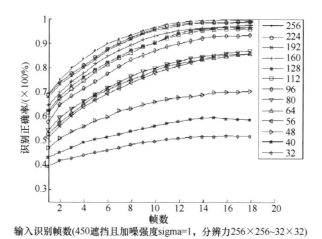

输入识别帧数(450遮挡且加噪强度sigma=1,分辨力256×256~32×32)

图 6 – 29 450 个视点,畸变强度 2 图像识别率曲线

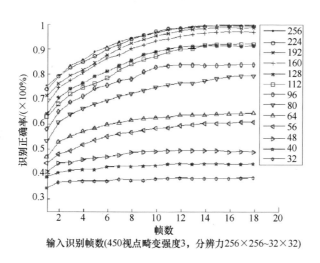

输入识别帧数(450视点畸变强度3,分辨力256×256~32×32)

图 6 – 30 450 个视点,畸变强度 3 图像识别率曲线

　　图 6 – 31 所示为姿态方位与尺度均变化多帧序列识别结果,图 6 – 32 所示为多帧序贯识别可信度变化曲线。图 6 – 31 识别的图像序列中目标由小到大,图 6 – 33 所示为其中的一个实例。所有试验结果都指出本书算法随着序列帧数的增加较快地收敛到特定水平的正确的识别率。

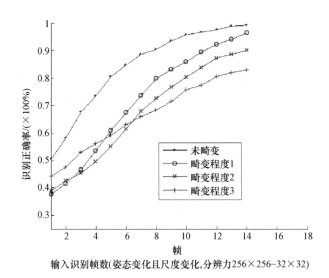

输入识别帧数(姿态变化且尺度变化,分辨力256×256~32×32)

图 6 – 31　姿态方位与尺度均变化多帧序列识别结果

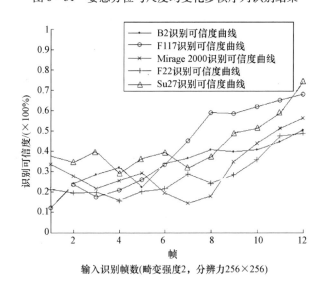

输入识别帧数(畸变强度2,分辨力256×256)

图 6 – 32　多帧序贯识别可信度变化曲线

4. 根据可信度拒识的试验结果

　　一般说来,识别错误的样本其识别的可信度会比较低,当然也会有一些识别正确的样本的可信度比较低的情况,但一般较少。对于可信度低的样本不予识别(拒绝判决),对于可信度高的给予确认,那么给予确认识别的样本的识

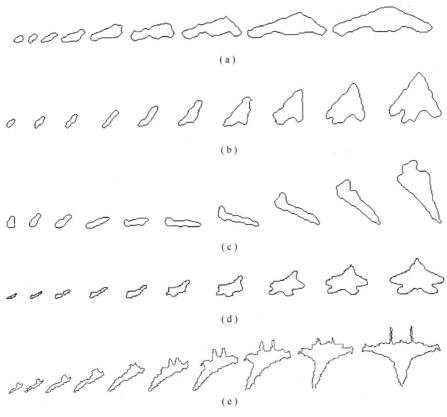

图 6 – 33　具有畸变尺度和姿态同时变化的序列目标图像

(a) B2 连续序列图像；(b) F117 连续序列图像；(c) 幻影 2000 连续序列图像；

(d) F22 连续序列图像；(e) Su27 连续序列图像。

别正确率会比对所有样本都认为识别正确的比率会有所提高。设输入 M 个样本(或样本序列)作识别处理，拒识可信度阈值为 MP_t(多帧识别为 $MNetP_t$)。如果识别可信度 $MP < MP_t$(多帧识别为 $MNetP < MNetP_t$)的样本或样本序列数为 m，那么拒识率就为 $\dfrac{m}{M} \times 100\%$。如果在给予确认识别的 $(M-m)$ 个样本中识别正确的样本为 x 个，那么识别正确率就为 $\dfrac{x}{M-m} \times 100\%$。表 6 – 5 所列为加入拒识后图像序列尺度及姿态同时变化的拒识率与识别率结果与未加入拒识结果的比较(其中 $MNetP_t = 0.2$)。

表6-5 加入拒识后图像序列尺度及姿态同时变化的
拒识率/识别率结果与未加入拒识结果的比较

帧数/尺度	2	3	4	5	6	7	8	9	10	11	12	13	14	15
	未加入拒识结果(识别率%)													
未畸变	50.4	58.2	67.6	73.4	80.5	84.7	88.6	90.4	93.5	95.8	96.6	97.6	98.9	99.2
	加入拒识结果(识别率%)													
未畸变	61.3	72.8	81.9	83.2	88.3	91.1	93.0	95.6	97.1	97.7	98.4	98.9	99.6	99.8
	拒识率(%)													
未畸变	9.2	10.1	9.5	8.0	6.4	6.6	5.3	3.7	2.5	1.6	1.1	0.8	0.5	0.3

5. 多尺度模型训练混合神经网络多帧识别序列图像试验

前面给出的试验结果是针对仿真图像的,试验结果证明了算法的正确性和有效性。为了进一步验证,我们对公开资料中各类目标真实视频图像序列进行了包括姿态和类别的识别,结果令人满意,下面是其中两个例子。

我们从Su27飞机的实拍视频中截取了800帧图像,对其分割后利用多尺度的单帧识别算法,正确率达到90.2%。多帧识别算法在连续帧数达到8的情况下都能正确识别。实时性方面,在主频1.8GHz的PC上50帧图像序列的识别时间为0.861s,对于50帧/s的视频可以做到实时处理。图6-34所示为该目标由大尺度转移到小尺度的图像序列实例。

图6-35所示为B2目标视频200帧序列图像中的例子,可以看到其目标与背景的灰度值接近,局部信杂比较低,分割效果不是很好,造成单帧识别率较低,只有62.5%。但是输入多帧信息后利用本书的多帧识别算法,在连续帧数达到12后算法都能给出正确的结果,证明了在目标图像单帧识别率较低的情况下,通过多帧算法能够有效地提高识别正确率。

综上所述,大量试验结果证明:

(1)模糊不变矩对于轮廓高斯模糊图像有着良好的不变性,使得样本在一定模糊尺度范围内,其识别率没有随着图像模糊而出现大的下降。

(2)多尺度训练的多BP子网络识别率比单尺度下的适应性更好,适合多尺度图像序列。

(3)多尺度模型的混合神经网络多帧目标识别算法比单帧的识别算法有更高的识别率,并且随着图像序列帧数的增加,识别率也随之增高,可收敛到特定水平的正确识别率。

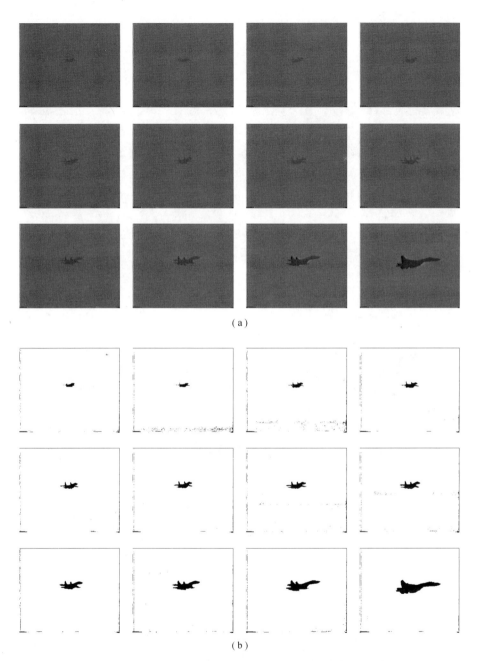

（a）

（b）

图 6 – 34 Su27 目标尺度变化的图像序列例

（a）原始图像序列；（b）分割图像序列。

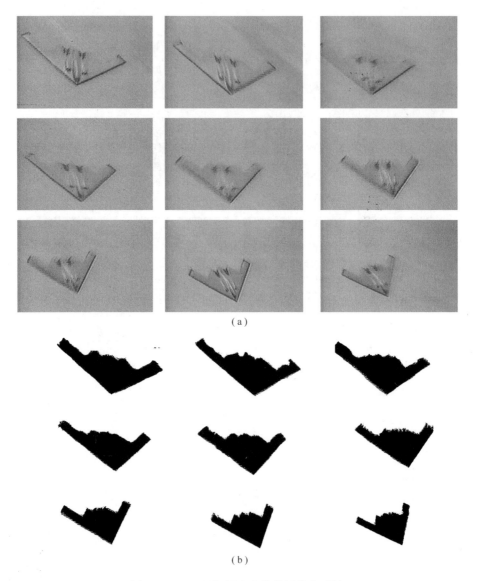

（a）

（b）

图6-35　B2目标尺度变化的图像序列例

（a）原始图像序列；（b）分割图像序列。

　　（4）考虑序列图像目标姿态约束以及尺度因子对识别的影响,对多帧输出进行合理的加权使算法更加有效。

　　（5）对于不完全分割的目标,算法也能够通过序列中其他帧的信息将错误纠正过来,得到正确的识别结果。

(6) 加入拒识识别率得到了提高,证明了这里所定义可信度的合理性。

真实图像序列试验结果证明,由于模型是依据目标的公开数据,且建立了目标的多级尺度模型,我们的算法能够对真实的图像序列进行卓有成效的识别。在真实图像分割不完美的情况下,算法也能给出正确的识别结果,这与我们前面所做的仿真畸变图像的识别结果一致性很好,证明了多尺度模型的混合神经网络执行的多帧识别算法具有良好抗噪性能和应用价值。

6.4　海面动目标多尺度探测定位

6.4.1　基于生物视觉注意机制的海面目标实时检测方法[21,22]

由生物视觉系统中引入的注意机制能有效地提高计算效率。依据这种排除无关数据的思想,可以将目标检测分为在全图范围的简单预检测和在小范围内的精细检测。其中精细检测与已有目标检测方法一样。本节着重针对海面目标预检测展开讨论,本节的成果也可用于其他类型目标检测中。

1. 注意机制与海面小目标预检测

注意机制应能根据探测任务所确定的特征以足够简单的计算,选择待处理的图像数据(感兴趣区域),以提高计算效率。在小目标图像中,没有纹理、色彩、轮廓等信息可以应用,能利用的特征主要是目标与背景的反差。

本节给出了一种适合小目标检测的预检测机制。试验证明该预检测能明显提高计算速度,同时还具有一定的抗噪能力。

采样模型如下:

采样模型是用软件实现的对输入图像的重新采样。如果严格遵循生物视觉的 log – polar 结构,可能导致一部分像素被漏采,设定的相邻采样点的重叠率也无法实现。因此在这里采用了一个简化的采样结构,如图 6 – 36 所示。图中注视区域保持与输入图像相同的分辨力,周边区域中采样点感受野(Receptive Field)的大小(空间分辨力的倒数)与该感受野中心和注视区域中心的距离成正比,相邻感受野之间部分重叠。注视区域大小为 $\alpha W \times \alpha H (0 < \alpha < 1)$,$W$、$H$ 分别为输入图像的宽和高。以下论述中长度单位均为像素数。

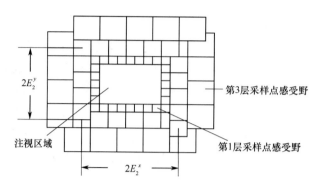

图 6-36　采样模型

采样点 (i,j) 的感受野 $N_{i,j}$ 的半径为

$$r_i = \begin{cases} i & (1 < i < N) \\ N & (i > N) \end{cases}$$

式中：i 为该采样点所属的层号；j 为采样点在该层上的编号；N 为允许的最大采样点感受野半径。该采样点覆盖图像空间中大小为 $(2r_i + 1) \times (2r_i + 1)$ 区域。

各层采样点的中心位于矩形上，矩形垂直边和水平边与注视中心的距离分别为

$$\begin{cases} E_i^x = \alpha W/2 + o_v \cdot \sum_{j=0}^{i-1} (2j+1) \\ E_i^y = \alpha H/2 + o_v \cdot \sum_{j=0}^{i-1} (2j+1) \end{cases} \qquad (6-30)$$

在此以局部灰度均值作为每一采样点的响应函数，即

$$R_{i,j} = \frac{1}{\| S_{i,j} \|} \iint_{S_{i,j}} I(x,y) \, \mathrm{d}x\mathrm{d}y \qquad (6-31)$$

式中：$R_{i,j}$ 为采样点 $N_{i,j}$ 的响应函数；$S_{i,j}$ 为 $N_{i,j}$ 所覆盖的图像区域；$I(x,y)$ 为输入图像；$\| S_{i,j} \|$ 为 $N_{i,j}$ 的有效面积。

与高斯响应函数相比，灰度均值响应函数有助于使亮目标位于采样点的任何位置都能使采样点获得足够的显著性。

定义局部反差为

$$C_{i,j} = \frac{\max\{ | R_{i,j} - R_{i',j'} | \}}{\mathrm{mean}\{ \boldsymbol{R}_s \}} \qquad R_{i',j'} \in \boldsymbol{R}_s \qquad (6-32)$$

式中：$\boldsymbol{R}_s = \{ R_{i',j'} \mid \| N_{i',j'} - N_{i,j} \| < r_{i,j} + r_{i',j'} \}$，为 $N_{i,j}$ 相邻采样点响应的集合。

考虑到在观察者快速运动时目标在图像中的位置连续性无法保证,本方法中没有利用帧间显著性累积,但采用了帧内累积以尽快突出目标,同时抑制均匀背景。图像空间中像素位置(m,n)处第 p 次感兴趣点检测后的显著性 $W_{m,n}^p$ 为

$$W_{m,n}^p = W_{m,n}^{p-1} + \text{mean}\{C_{i,j}\} \quad (\forall(i,j),(m,n)\in S_{i,j}, \quad \forall(m,n),W_{m,n}^0=0)$$

$$(6-33)$$

一旦(m,n)落入注视区域,$W_{m,n}^p=0$,并在本帧内不再参与以后的感兴趣点检测。只要没有新图像输入,检测感兴趣点的工作就应一直进行,直到图中没有足够显著的感兴趣点。新的感兴趣点将在下一循环中成为注视中心。本研究采用 WTA(Winner – Takes – All) 机制选择下一注视点。即选择在点集 $\{(m,n)\mid W_{m,n}^p = \max\{W^p\}\}$ 中距当前注视中心最近的点作为下一注视点。W^p 为第 p 次感兴趣点检测形成的显著性图。

2. 注意机制与海面船舶目标检测

在本研究中开发的多 DSP 系统上实现的注意机制算法结构如图 6 – 37 所示。在检测中,只要检测到一个目标,就分配一个独立的 DSP 模块来跟踪它,直至其从视场中消失。

根据上述的注意机制,可以通过下面的算法来检测船舶:

(1)用非线性采样网格,对输入图像进行二次采样。

(2)生成显著性图。

(3)在当前 AOI 区域之外选择新的索引点。

(4)在进行步骤 1~3 的同时,分析 AOI 中的图像,以判断是否存在目标的次显著特征。本书中采用 Sobel 算子来检测吃水线。

(5)如果被检测区域有符合条件的次显著特征,这通常意味着在当前的 AOI 中存在目标,此时应将注视点转移到目标的中心上。如果没有次显著特征,则将注视点转移到 AOI 外被检测到的索引点上。

(6)重复进行步骤(1)~(5),直到输入一帧新图像。

3. 试验结果

为验证所提出的注意机制对小目标检测的有效性,将此方法应用于 G. Y. Wang 等提出的次优方法 AGADMM。对大小为 128×128 的图像,AGADMM 在 PC586/166 上的计算时间约为 600ms。应用参数为 $\alpha=1/6,o_v=1$ 的预检测,注视点位于图像中心(此时采样节点数最大,计算量也最大)时,单次预检测 +

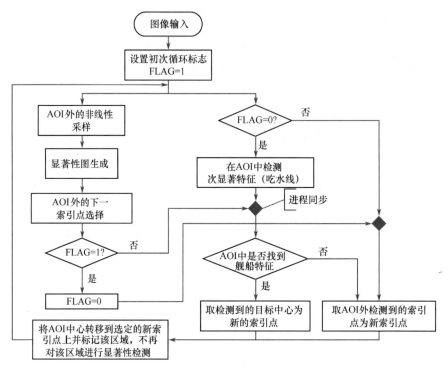

图 6-37　多 DSP 系统上实现的注意机制算法结构

检测时间为 20ms。对如图 6-38(a)所示的一组共 46 帧图像(目标大小 6×6,信噪比为 1.5~1.8),预检测均能使第一个感兴趣点位于目标上或距目标边缘距离不超过目标尺寸,即该目标将位于下一注视区域内,而与目标在图像中的位置无关。图 6-38(b)和图 6-38(c)分别为对图 6-38(a)应用预检测方法生成的显著性图和选择的感兴趣点。

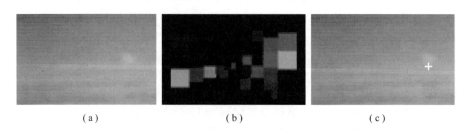

(a)　　　　　　　　　　(b)　　　　　　　　　(c)

图 6-38　小目标预检测试验结果

(a)原始图像;(b)显著性图;(c)预检测结果。

在另一组试验中,在自行研制的单 DSP 实时图像处理系统和多 DSP 实时图像处理系统上实现了基于注意机制的红外小目标预检测和基于小波的小目标检测算法。小波算法在单 DSP 系统上实现帧周期为 41.4ms,在多 DSP 系统上实现帧周期为 25ms。而预检测 + 小波方法在单 DSP 系统实现的帧周期即为 12ms。结果表明在同等检测概率情况下,采用预检测可以有效提高计算效率。

由于多数情况下小目标图像中会存在噪声,所以预检测必须具有一定的抗噪能力才能在噪声环境下的小目标检测中应用。对上一节所用的一组图像叠加上不同标准差的高斯噪声,相应的感兴趣点检测结果如图 6 – 39 所示。

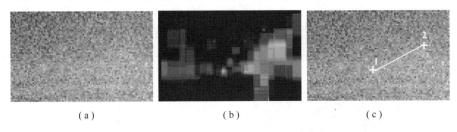

(a)   (b)   (c)

图 6 – 39　对图 6 – 38(a)叠加高斯噪声 $\sigma = 0.1$ 后的预检测试验结果

(a)叠加噪声的原始图像; (b)获得的显著性图; (c)预检测结果。

对 46 帧图像均叠加上 $\sigma = 0.1$ 的高斯噪声后的预检测结果的统计表明,87% 的图像帧中能在 3 次之内检测到位于目标上或与目标边界距离小于目标尺寸的感兴趣点,平均检测次数为 1.75。这说明在噪声环境下,预检测仍能较快地检测到位于目标上或离目标足够近的感兴趣点,具有好的抗噪能力。试验中各参数为 $\alpha = 1/6, o_v = 1$。

图 6 – 40 所示为大小是 200×196 的原始海面场景图像。图像中有两艘船舶,靠近观察者的地方还有一个较小的信标。图 6 – 41 所示为应用本节提出的非线性采样模型检测得到的所有索引点,图 6 – 42 所示为用 5×5 均匀采样模型检测得到的所有索引点。

图 6 – 43 中白色方框标记为在图 6 – 40 中检测到的目标,若只有十字标记则表示其附近未找到次显著特征的索引点。试验中,$\alpha = 1/6$。在最初的两次 AOI 检测中检测到两艘船舶,在第 5 次 AOI 检测中,检测到假目标:信标。

图 6 – 44 是用动态多分辨率注意机制经过 30 次迭代后(30 次 AOI 检测)找到的全部索引点。在本试验中,该方法生成局部反差特征的随机震荡次数

图 6 - 40　原始图像

图 6 - 41　非线性采样模型

图 6 - 42　5×5 采样检测
到的所有索引点

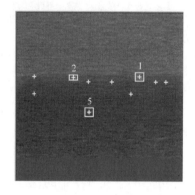
图 6 - 43　用两步扫视法检测到的目标

图 6 - 44　用动态多分辨率
注意机制找到的索引点

定为20,找到的索引点虽比用本节提出的方法找到的索引点更靠近实际边界,但通过使用两步扫视法,本节提出的方法也能得到精确的目标位置。而且,若随机振荡次数为 n,则使用动态多分辨力注意机制的计算量至少是本研究方法的 n 倍,其计算量远大于本研究提出的方法。

在自行开发的基于 ADSP21060 的多 DSP 系统上对该方法进行试验,以验证其实时性,结果如表 6 - 6 所列。

表 6 - 6　计算周期(输入图像大小 128×128)　(单位:ms)

处理方法	单个 ADSP21060	3 个 ADSP21060 系统
小波方法	41.4	25
本书的方法	12	5

由此可见,本研究的方法能够在极短的周期内检测到所有的船舶目标。尽管增加 DSP 数可以提高计算速度,但 DSP 间的通信开销及共享资源的管理都降低了系统性能。相比之下,应用注意机制的船舶检测方法能够获得更好的实时性。

6.4.2 天水区约束的海面船舶目标识别定位方法

1. 海面机动船舶目标/场景知识

复杂海洋背景中船舶目标的检测识别方法,大体分为两大类:一类是依据目标/背景红外辐射特性、海杂波纹理、天空纹理等相关知识,直接检测识别船舶目标;另一类则是以船舶目标常出现在天水线的先验知识为指导,在天水线中实现船舶目标的间接检测识别。但是,天水线在复杂天海环境中很容易同时受到云杂波和海杂波的影响,很难定位天水线,因而这里提出以远距离海面船舶目标常出现在天水区的先验知识为指导,在天水区中实现船舶目标的间接检测识别。此方法能有效地同时抑制云杂波和海杂波的影响,相比直接检测识别方法能获得更好的检测性能。

我们需要系统地依据海洋背景中船舶目标/背景知识,使用知识推理的方法实现对前视图像中海面运动船舶目标的检测识别。典型远距离船舶目标图像如图 6 - 45 所示,有关要点知识如下:

(1) 远距离海面船舶目标在成像面上呈现出斑状且目标无形状特征或不明显,一般为 $1 \times 1 \sim 7 \times 7$ 个像素。

(2) 远距离海上图像都可以划分为天空区域、天水区域、海面区域三部

图 6 - 45 典型远距离船舶目标中波红外图像

分;天水区即海面与天空相邻的子区域,既有天空的一部分也有海面的一部分。

（3）天空区域和海面区域的红外辐射特性明显不同。一般天空区域的红外辐射特性比海面区域的红外辐射特性要强,在红外图像中表现为天空区域图像较海面区域图像亮。

（4）远距离海面杂波所引起的海面亮带在中波红外成像上呈现出与目标类似的红外辐射强度,因而海洋背景中海杂波对船舶目标检测识别的影响比天空云层要大很多。

（5）天空区即使在有云层出现时也会和海面区相比呈现出不同的纹理信息,天空区和海面区在垂直方向的高频特征明显不同,在天水区附近高频垂直向投影值将出现突变。

（6）天水线为天空区域和海面区域的分界线,且天水线可以看做天水区的中心线。

归纳的这些知识要点中突出了前视成像寻的获取的船舶目标图像的主要特征:斑状船舶目标与天水区的关系,对于不同的海洋背景中船舶都能适用,能获得高的鲁棒性。而且知识要点非常精炼,易于实现且可作为进一步知识推理的前提。

2. 船舶目标识别定位方法

根据船舶目标/场景知识要点可知,在天水区中检测识别船舶目标,可以达到有效抑制天空和海面背景杂波干扰,提高目标检测识别率的目的。

1）基于小波的图像预处理

在远距离船舶图像中,天空区和海面区呈现出两种不同的纹理信息。天空区和海面区在垂直于天水线方向上的高频特征明显不同,天水区是天空区与海面区的交界,且在天水区附近高频信息将出现突变。图像中的低频成分存在于天空区域和海面区域中沿天水线方向。可以利用小波变换的多尺度多分辨率特性,提取图像中的低频信息和高频信息,进行天水区的检测。

将输入图像 $f(x,y)$ 经正交小波分解后得到垂直方向上的高频分量图 $f_{LH}(x,y)$ 和低频分量图 $f_{LL}(x,y)$。分析各级小波分解得到的 $f_{LL}(x,y)$ 和 $f_{LH}(x,y)$ 得知,在二级以上小波分解都是在对前一级小波分解的低频分量图中进行的,图像中的垂直方向上的高频信息会随着小波分解级数的增加而减少,即

$f_{LH}(x,y)$图像中表征的高频信息会随着小波分解级数的增加而减少,而$f_{LL}(x,y)$随着小波分解级数的增加更能突出原始输入图像的低频信息。与此同时,天空区和海面区的对比度也得到提高,为后续天水区检测提供保障,可对图像进行一级和二级正交小波分解。

分析小波分解后获得的4个子图,在低频分量图$f_{LL}(x,y)$中图像中的噪声被抑制,图像中天空区和海面区的对比度明显增强;在正交小波分解中,本节采用的正交小波基的系数如下:

低通滤波器系数为$\{0,0.125,0.375,0.375,0.125,0\}$;

高通滤波器系数为$\{-0.0061,-0.0869,-0.5798,0.5798,0.0869,0.0061\}$。

2)图像复杂度准则和图像分类

海上船舶图像中杂波的复杂程度影响目标检测性能,而天水区检测的正确性直接影响后续目标检测的准确率。应通过对海景杂波成像特性进行统计分析,进行图像复杂度的分类,然后依据杂波强度调配相应的天水区检测模块,从而实现准确高效的天水区的检测定位。在此,我们将输入的海洋场景图像分为简单、中等复杂、极度复杂3个等级。

通过分析在不同海空场景下、不同成像器获取的图像,提取能表征图像特性的特征量,建立图像复杂度准则。此处我们利用图像分割后的空间分布特性,建立图像复杂度准则。具体实现步骤如下:

步骤1 对当前帧图像$f(x,y)$作n级正交小波分解,得到低频分量图$f_{LL}^{n}(x,y)$和垂直方向的高频分量图$f_{LH}^{n}(x,y)$,正交小波分解的级数n取正整数,且$n\geqslant1$。

步骤2 对低频分量图$f_{LL}^{n}(x,y)$作二值聚类分割得到低频分割图$f_{LLseg}^{n}(x,y)$,提取其面积最大的白块区域$Maxblock_1$和黑块区域$Maxblock_2$。

步骤3 统计低频分割图$f_{LLseg}^{n}(x,y)$中的区域数region_num,计算复杂度判断因子σ_i、η_i、ρ_i,即

$$\sigma_i = H_i/wt^n\_h$$

$$\eta_i = W_i/wt^n\_w$$

$$\rho_i = S_i/(H_i \times W_i)$$

式中:$i=1,2$;H_i为区域$Maxblock_i$的高度;W_i为区域$Maxblock_i$的宽度,S_i为

区域 $\mathrm{Maxblock}_i$ 的面积;wt^n_w 为低频分量图 $f_{\mathrm{LL}}^n(x,y)$ 的图像宽度;wt^n_h 为低频分量图 $f_{\mathrm{LL}}^n(x,y)$ 的图像高度。

步骤4 若 region_num $=2,\sigma_i<0.8,0.9<\eta_i\leqslant1$ 且 $0.6<\rho_i\leqslant1$,则认为图像简单,否则进入步骤5。

步骤5 若 region_num $>2,\sigma_i<0.8,0.9<\eta_i\leqslant1$ 且 $0.6<\rho_i\leqslant1$,则认为图像中等复杂,否则进入步骤6。

步骤6 判断图像为极其复杂。

3) 天水区检测方法

通过对上述3种不同海空场景下、不同红外成像器获取的远距离红外船舶图像进行图像复杂度分析,并结合知识2~知识5实现了3种天水区检测模块,即天水区检测模块Ⅰ,天水区检测模块Ⅱ,天水区检测模块Ⅲ。针对简单的图像采用天水区检测模块Ⅰ进行天水区的检测定位;针对中等复杂的图像采用天水区检测模块Ⅱ进行天水区的检测定位;针对极其复杂的图像则采用天水区检测模块Ⅲ进行天水区的检测定位。流程如图6-46所示。

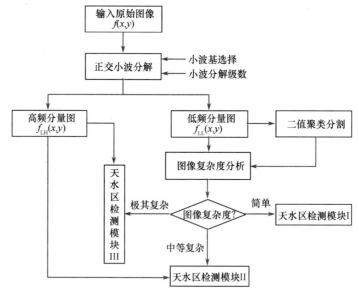

图6-46 基于复杂度准则的天水区检测方法流程图

(1) 天水区检测模块Ⅰ。针对简单的船舶红外图像可充分结合知识2、知识3和知识6进行天水区检测模块的设计,在此采用天水区检测模块Ⅰ进行

天水区的检测,其详细步骤描述如下:

步骤1　提取白块区域 $Maxblock_1$ 形心的纵坐标 cg_y_1 及 $Maxblock_1$ 纵坐标的上端值 up_y_1 和下端值 $down\_y_1$;提取黑块区域 $Maxblock_2$ 形心的纵坐标 cg_y_2 及 $Maxblock_2$ 纵坐标的上端值 up_y_2 和下端值 $down\_y_2$。

步骤2　若 $cg\_y_1 \leqslant cg\_y_2$,则天水区中心线在当前帧图像的纵坐标值 $s\_line = 2^n \times center\_line$,天水区中心线在低频分割图 $f_{LLseg}^n(x,y)$ 中的纵坐标值为 $center\_line = (down\_y_1 + up\_y_2)/2$。

步骤3　若 $cg\_y_1 > cg\_y_2$,则天水区中心线在当前帧图像 $f(x,y)$ 中的纵坐标值 $s\_line = 2^n \times center\_line$,天水区中心线在低频分割图 $f_{LLseg}^n(x,y)$ 中的纵坐标值为 $center\_line = (down\_y_2 + up\_y_1)/2$。

步骤4　在当前帧图像 $f(x,y)$ 中,天水区的纵坐标上端值为 $s\_line + \Delta$,下端值为 $s\_line - \Delta$。

(2) 天水区检测模块Ⅱ。针对中等复杂的船舶红外图像可充分结合知识2、知识3、知识4和知识6进行天水区检测模块的设计,在此采用天水区检测模块Ⅱ进行天水区的检测,其详细步骤描述如下:

步骤1　提取白块区域 $Maxblock_1$ 纵坐标的上端值 up_y 和下端值 $down\_y$,以及 $Maxblock_1$ 的形心坐标 (cg_x_1, cg_y_1)。

步骤2　在低频分割图 $f_{LLseg}^n(x,y)$ 中,寻找位于白块区域 $Maxblock_1$ 正上方和正下方区域宽度最接近图像宽度 wt^n_w 的黑块区域,分别记为 $Maxblock_{up}$ 和 $Maxblock_{down}$,提取 $Maxblock_{up}$ 纵坐标的下端值 $down\_y_{up}$,以及 $Maxblock_{down}$ 纵坐标的上端值 up_y_{down}。

若白块区域 $Maxblock_1$ 的形心纵坐标 $cg\_y_1 > wt^n\_h/2$,则天水区中心线在低频分割图 $f_{LLseg}^n(x,y)$ 中的纵坐标值 $center\_line = (up\_y + down\_y_{up})/2$。

若白块区域 $Maxblock_1$ 的形心纵坐标 $cg\_y_1 \leqslant wt^n\_h/2$,则天水区中心线在低频分割图 $f_{LLseg}^n(x,y)$ 中的纵坐标值 $center\_line = (down\_y + up\_y_{down})/2$。

步骤3　将第一级正交小波分解得到的高频分量图 $f_{LH}^1(x,y)$ 沿水平方向灰度投影,在该灰度投影图中的纵坐标 $[2^{n-1} \times center\_line - \Delta_1, 2^{n-1} \times center\_line + \Delta_1]$ 范围内寻找投影峰值,$wt^1\_h/20 \leqslant \Delta_1 \leqslant wt^1\_h/10$,$wt^1\_h$ 为高频分量图 $f_{LH}^1(x,y)$ 的高度。

步骤4　将天水区中心线在低频分割图 $f_{LLseg}^n(x,y)$ 中的纵坐标值 center_

line 更新为 peak_pos/2^{n-1}，peak_pos 为投影峰值在灰度投影图中的纵轴坐标值。

步骤 5 天水区中心线在当前帧图像的纵坐标值 s_line = $2^n \times$ center_line。

步骤 6 在当前帧图像 $f(x,y)$ 中，天水区的纵坐标上端值为 s_line $+\Delta$，下端值为 s_line $-\Delta$。

（3）天水区检测模块Ⅲ。针对极其复杂的海洋场景图像可充分结合知识2、知识5和知识6进行天水区检测方法的设计，在此采用天水区检测模块Ⅲ进行天水区的检测，其详细步骤描述如下：

步骤 1 将第一级正交小波分解得到的高频分量图 $f_{LH}^1(x,y)$ 沿水平方向灰度投影，在得到的灰度投影图中寻找投影值首次大于 $2\times\mu$ 的纵坐标位置 p_x，μ 为在灰度投影图中位于纵坐标 $[5, wt^1\_h/5]$ 范围内的投影均值，然后在纵坐标 $[p\_x-\Delta_1, p\_x+\Delta_1]$ 范围内寻找第一个峰值，记此峰值对应的纵坐标值为 h_x。

步骤 2 天水区中心线在当前帧图像的纵坐标值 s_line = $2\times$ h_x。

步骤 3 在当前帧图像 $f(x,y)$ 中，天水区的纵坐标上端值为 s_line $+\Delta$，下端值为 s_line $-\Delta$。

4）海面背景杂波抑制与目标增强

在准确检测定位出天水区之后，就可在天水区中进行船舶目标的识别定位。依据船舶目标/场景知识库中知识1可知远距离船舶红外目标呈现斑状，然而斑状目标检测最常用的方法就是通过滤波来提高信噪比，而多级滤波和 Top-hat 形态学滤波是两种有效且实用的滤波方法。

在动平台条件下所获得的红外船舶目标序列图像中，当平台飞向目标，距离逐渐减小，目标成像尺寸渐渐变大。针对大小不同的目标，6.1节中提到的多级滤波器和 Top-hat 形态学滤波器一样存在滤波模板选择的问题。然而，在目标检测阶段使用固定大小模板对图像采取滤波的时候，效果不好，如果换为长度较小的模板则只能达到增强边缘效果。如果用不同尺寸的模板对图像进行滤波，再将多个滤波结果进行融合，就可以在不知道目标大小的情况下分割出多种尺寸大小不同的小目标，并得到较好的结果。但是该方法计算量大，不适合实时计算。因此，可降低图像采样率，图像变小了，目标尺寸也就相应变小，滤波模板大小就不需要改变。这样不但能满足检测不同尺度目标的要求，而且大大减少以后步骤中处理的数据量，提高系统的实时性。

Top – Hat 形态学滤波。

形态学的基本思想是用具有一定形态结构的元素去度量和提取图像中对应的形态,以达到对图像分析和识别的目的。形态学的应用可以简化图像数据,保持其基本的形状特性,并去除不相干的结构。

形态学的基本运算有 4 个,即膨胀、腐蚀、开运算和闭运算。对于灰度图像,灰度形态学膨胀以结构元素 $g(i,j)$ 为模板,搜寻图像在结构元素大小范围内的灰度和的极大值。腐蚀运算的过程则是以结构元素 $g(i,j)$ 为模板,搜寻图像在结构元素大小范围内的灰度差的极小值。因而,对于图像中某一点 $f(x,y)$ 的灰度形态学腐蚀运算定义为

$$(f\Theta g)(x,y) = \min_{i,j}\{f(x-i,y-j) - g(-i,-j)\}$$

灰度形态学膨胀运算定义为

$$(f\oplus g)(x,y) = \max_{i,j}\{f(x-i,y-j) + g(i,j)\}$$

灰度形态学闭运算定义为

$$f \cdot g = (f\oplus g)\Theta g$$

灰度形态学开运算定义为

$$f \circ g = (f\Theta g)\oplus g$$

开运算是采用相同的结构元先做腐蚀后做膨胀的迭代运算,闭运算是采用相同的结构元素先做膨胀后做腐蚀的迭代运算。开运算类似于非线性滤波器,根据所选择结构元素的大小,有效地去除图像中的高频成分。

红外小目标图像的特性十分适合使用开运算来估计背景。利用与目标大小相近的结构元素进行灰度开运算,能够达到去除背景和增强目标的效果,而最终滤波结果应为

$$\text{Tophat}(x,y) = f(x,y) - f \circ g(x,y)$$

5)船舶目标识别定位

船舶红外图像经过背景杂波抑制和目标增强处理后,疑似的船舶目标都被凸显出来,为后续目标的提取奠定了坚实的基础。船舶目标识别定位流程如图 6 – 47 所示。

(1)递推二值分割。

在对背景抑制后的结果图像进行二值分割之后,对分割结果图像中凸显

出来的疑似目标区域进行标记,得到各个疑似目标区域的几何属性,如包括长度、宽度、面积和位置坐标等。为了对疑似目标进行较完整的分割,让其轮廓尽可能的表现出来,需要在各个疑似目标的周边区域进行递推二值分割。在递推过程中,包含目标的局部区域的大小按照长度和宽度的 1.5 倍进行增长,再通过标记算法得到所分割结果的几何属性。如果在某次迭代,前后两次分割所得潜在目标的面积基本维持不变,那么当前的递推分割过程结束。然后进行下一个疑似目标区域的递推分割过程,直到所有疑似目标都较完整分割出来,递推二值分割流程如图 6 - 48 所示。

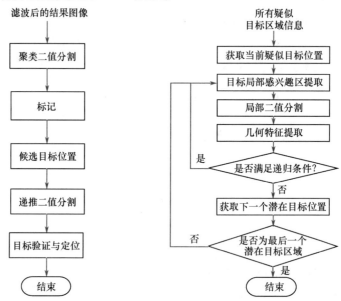

图 6 - 47　船舶目标识别定位流程　　图 6 - 48　递推二值分割流程

（2）目标验证与定位。

递推分割后,疑似目标数据链已从图像中提取。但是,此目标数据链中既包含真实目标,也包含伪目标,即有虚警。需要通过目标验证过程剔除位于疑似目标数据链中的虚警,确认真目标的存在。

在海天场景,远距离的船舶目标通常出现在天水区,天水区可看作一条近似水平的条带;另外,在红外像平面上,远距离亮/暗船舶目标常常呈现出斑状,并且与其周边背景区域存在显著的局部对比度。因此,可以利用潜在目标与天水区的纵向距离以及其与周边背景的局部对比度来实现目标区域的验证,它们分别用 DT_{t2l} 和 C_{tgt} 来表示。

令 μ_{tgt} 表示目标区域均值,μ_{bkgd} 表示背景区域均值,σ_{tgt} 代表目标区域的标准差,μ_{scene} 表示单帧场景图像均值,$\Delta\mu$ 表示目标与其局部背景的均值差,(L_{cx}, L_{cy}) 代表天水区的中心点位置,(T_{ix}, T_{iy}) 代表疑似目标数据链中第 i 个疑似目标的形心坐标,因此可得 DT_{t2l} 和 C_{tgt} 的计算表达式如下:

$$DT_{t2l} = abs(L_{cy} - T_{iy}) \tag{6-34}$$

$$C_{tgt} = \frac{\sqrt{\Delta\mu^2 + \sigma_{tgt}^2}}{2\mu_{scene}} = \frac{\sqrt{(\mu_{tgt} - \mu_{bkgd})^2 + \sigma_{tgt}^2}}{2\mu_{scene}} \tag{6-35}$$

对于图像宽度为 M,图像高度为 N 的海天场景图像 $f(x,y)$ 而言,其目标验证准则定义如下:

准则1　如果 $DT_{t2l} \leqslant N \times \varepsilon (0 < \varepsilon \leqslant 0.1)$,候选目标保留,否则剔除。依据大量的试验数据,得到 ε 最佳的取值为0.05。

准则2　如果天水区存在,通过准则1所得到的候选目标数据链得到更新,其中已经剔除了一部分的虚警;然后计算每个候选目标区域的局部对比度 C_{tgt},取其中目标局部对比度最大的作为真实的船舶目标。

准则3　如果天水区不存在,准则1就不适用,那么可直接计算所有原始候选目标数据链中所有候选目标的局部对比度 C_{tgt},取其中目标局部对比度最大的作为真实的船舶目标。

另外,在没有捕获到目标时,探测器处于前视扫描搜索目标的状态,如图6-49所示。可以根据扫描速度、探测器视场角、飞行速度和惯导测量误差计算出连续两幅图像之间画面平移像素数,然后根据相邻两帧中目标的位置来进一步排除虚警。假设成像器成像帧频率为 $f($帧$/s)$,探测器扫描角速度为 $\alpha'(°/s)$,成像器水平视场角为 $\theta(°)$,图像的列数为 IMG_W,连续两帧像素偏移数为 offset,则它们满足函数关系式:

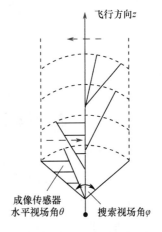

图6-49　探测器前视扫描潜在目标区的状态示意图

飞行方向z

成像传感器水平视场角θ　搜索视场角φ

$$offset = \frac{\tan(\alpha'/f)}{2 \times \tan(\theta/2)} \times IMG\_W \tag{6-36}$$

当在至少连续3帧中,每相邻两帧图像中疑

似目标出现的水平位置差距在像素偏移比如$[0.7 \times \text{offset}, 1.3 \times \text{offset}]$经验值范围内,符合这个像素偏移数,表明该疑似目标同时出现在相邻两帧的恰当位置上,则认为该目标非虚警,可输出目标信息。

3. 试验结果分析

在不同飞行参数下红外成像器实拍序列图像,每个序列图像 1000 帧。将序列图像按照杂波程度分为 3 类,即简单图像、中等复杂图像和极其复杂图像,如表 6 - 7 所列。然后,使用此 3 类图像对本节所提出的海面船舶红外目标检测识别方法进行验证,得出该算法正确识别率达到 90% 以上,以下将给出其中一部分试验结果。

表 6 - 7　实拍红外海面船舶目标图像序列样本库

编号	图像序列	图像类型	总帧数
1		简单	1000
2		中等复杂	1000
3		极其复杂	1000

图 6 - 50 所示为采用天水区检测模块 I 对中波制冷型红外成像仪拍摄多目标远距离红外船舰目标图像的检测过程图。

图 6 - 51 所示为采用天水区检测模块 II 对中波非制冷型红外成像仪拍摄的低信噪比的单目标远距离红外船舶目标图像的检测示意图。

图 6 - 52 所示为采用天水区检测模块 III 对中波制冷型红外成像仪拍摄的云层多、光照不均匀的单目标远距离船舶图像的检测示意图。

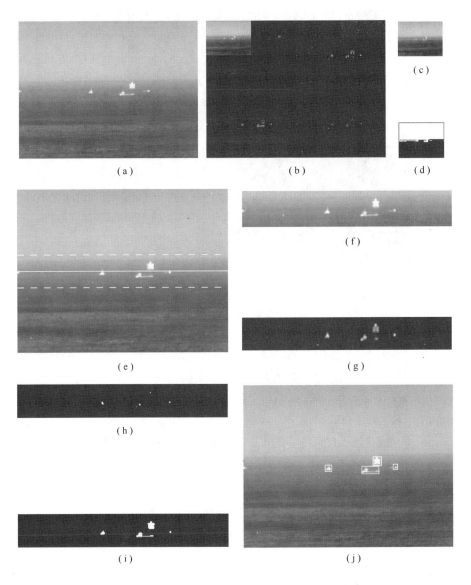

图6-50　采用天水区检测模块Ⅰ对中波制冷型红外成像仪拍摄
多目标远距离红外船舶目标图像的检测过程图

(a)原始图像;(b)二级小波分解;(c)二级小波分解后的低频分量;(d)(c)的分割结果标记;
(e)天水区检测结果;(f)天水区图像;(g)天水区中多级滤波结果;(h)第一次分割结果;
(i)第二次分割结果;(j)目标检测识别结果。

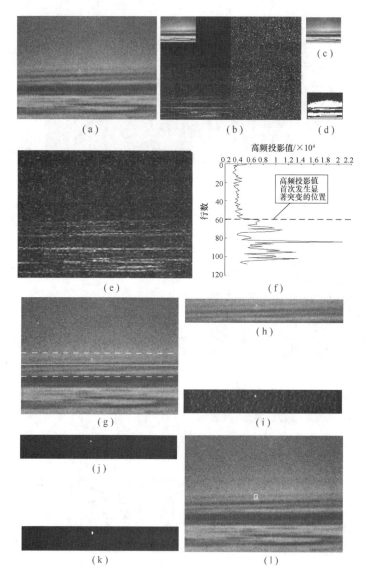

图 6-51　采用天水区检测模块 Ⅱ 对中波非制冷型红外成像仪拍摄的

低信噪比的单目标远距离红外船舶目标图像的检测示意图

（a）原始图像；（b）二级小波分解；（c）二级小波分解后的低频分量；（d）（c）的分割结果标记；

（e）一级小波分解后在垂直方向上的高频分量；（f）（e）在垂直方向上的灰度投影；

（g）天水区检测结果；（h）天水区图像；（i）天水区中多级滤波结果；（j）第一次分割结果；

（k）第二次分割结果；（l）目标检测识别结果。

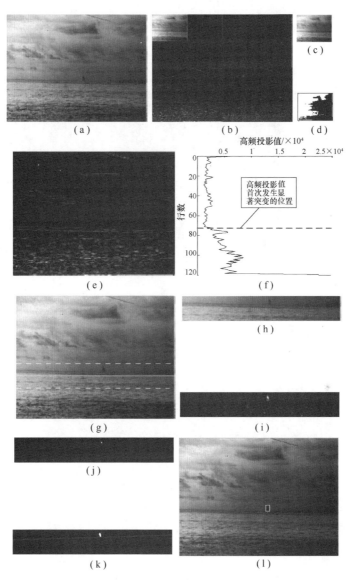

图6-52　采用天水区检测模块Ⅲ对中波制冷型红外成像仪拍摄的云层多、

光照不均匀的单目标远距离红外船舶图像的检测示意图

（a）原始图像；（b）二级小波分解；（c）二级小波分解后的低频分量；（d）（c）的分割结果标记；

（e）一级小波分解后在垂直方向上的高频分量；（f）（e）在垂直方向上的灰度投影；

（g）天水区检测结果；（h）天水区图像；（i）天水区中多级滤波结果；（j）第一次分割结果；

（k）第二次分割结果；（l）目标检测识别结果。

图6-53所示为利用飞行参数与多帧仿真图像排除虚警示意图。

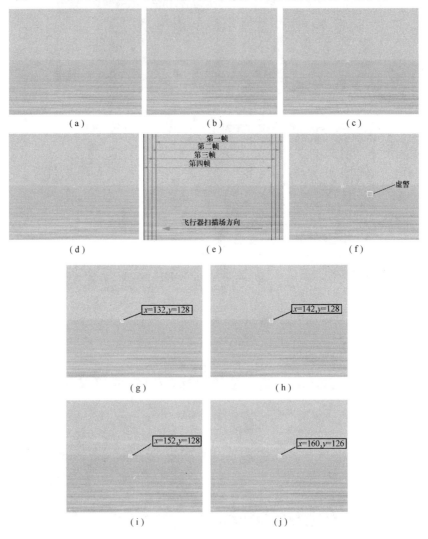

图6-53　利用飞行参数与多帧仿真图像排除虚警示意图

(a) 第一帧实时图像；(b) 第二帧实时图像；(c) 第三帧实时图像；(d) 第四帧实时图像；

(e) 四帧实时图像的关系；(f) 未利用惯导信息对图(a)排除虚警,直接单帧检测结果；

(g) 利用惯导信息对图(a)排除虚警,单帧检测结果；(h) 利用惯导信息对图(b)排除

虚警,单帧检测结果；(i) 利用惯导信息对图(c)排除虚警,单帧检测结果；

(j) 利用惯导信息对图(d)排除虚警,单帧检测结果。

在图 6 - 53 中给出了成像传感器扫描视场时所成序列图像中截取其中的 4 幅图像,如图 6 - 53 中(a)~(d)所示。此序列图示例的模拟成像器成像帧频 $f = 100$(帧/s),探测器扫描角速度 $\alpha' = 12°/s$,成像器水平视场角 $\theta = 4°$,图像的列数 IMG_W = 320。四幅图像的关系如图(e)所示,其中图(a)未利用惯导信息排除虚警,直接单帧检测,结果如图(f)所示,可以看到出现虚警。

经公式 offset $= \dfrac{\tan(\alpha'/f)}{2 \times \tan(\theta/2)} \times$ IMG_W 计算连续两帧图像像素偏移数为 10 个像素。计算结果与目标在图像中出现位置像素差吻合,识别结果如图 6 - 53 中(g)~(j)所示。由于海杂波或者噪声不大可能稳定持续的连续出现在空间上同一个位置,所以在搜索视场序列图像中不满足连续两帧出现位置偏差 offset = 10 个像素,被排除,由此可见惯导信息指导可降低虚警率。

6.5　地面动目标变尺度探测定位

与静止目标和背景相比,运动目标是 $x - y - z - t$ 四维空间的独特模式。当我们利用成像传感器从某个特定的观察位置(视点)获取该运动目标的动态图像,则运动目标的像可视为 $x - y - t$ 三维空间的独特模式。由于新增加了时间维 t,除了常规的形状、尺度、灰度特征以外,目标的运动特征成为检测识别的重要信息来源。

Watson 等人认为人类运动感知过程的前端存在一种运动传感器机制。人类看见物体在移动并且还能以某种精度判断物体移动得多快及其移动方向。同时,我们还能够看到在图像的不同部分显现的不同运动,例如两个不同物体相对的运动。有证据显示,人类的视觉含有两种分离的子系统分别处理和表示移动的和静止的对象。这些子系统被认为在空间 - 时间敏感性上是不同的。运动子系统更易于响应快速的移动模式(低的空间频率即大的空间尺度和高的时间频率),静止子系统更易于响应缓慢移动的模式(高的空间频率和小的时间频率,即空间尺度小,时间尺度大)。这表明,人类的运动感知在时间 - 空间维都存在变尺度感知的特点。

有两种处理运动对象检测和分析的途径:①直接在空间 - 时间维处理;②将空间 - 时间维信息变换为空间 - 时间的频域处理。前者经典的方法有光流法、时间差分法等。后者运算复杂,而且需要进行改造以适应空间上局部化的运动检测,本节主要讨论前者。

使用多种恒常性假设的光流场方法,建立在微分计算的基础上。除了易受噪声影响外,微分的正确性也是以 $\Delta x,\Delta y,\Delta t$ 等趋于无穷小为前提。因此,在离散条件下,$(\Delta x,\Delta y,\Delta t)$ 越小越好,以免产生大的计算误差。显然,光流方法没有时间和空间尺度的概念,同时,基于恒常性方程的计算量是相当可观的。

另一种常用的光流场计算方法是曾广泛用于视频编码的块匹配法,不受上述条件限制。该法将光流(u,v)定义为不同时刻图像中某小区域图像子块的位移量 $\Delta d = (\Delta x,\Delta y)$。利用平均绝对差或互相关度量对下一帧图像进行该图像子块的匹配计算,获取 Δd 的估计量。显然,"下一帧"没有时间尺度的含义,子块大小的空间尺度含义不明确。另外,实际场景中的运动目标通常是少数,直接计算不仅计算量很大,而且也是不明智的。

对于点源运动目标的检测,则有"先检测后跟踪"和"先跟踪后检测"等两类方法研究的广泛报道,本节不涉及该问题。

在现实的场景中,特别是复杂背景条件下,存在各种大小尺寸的运动对象及各种运动速度的对象需要我们一并检测和分析。然而,现有的大多数方法和算法是单一时间尺度的,即依据相邻帧的逐帧检测。例如相邻帧的差分,仅能检测快速移动的目标,不具备检测各种运动快慢目标的适应能力。对于不同空间分布和大小的目标,也仅能应对尺度范围固定或较窄的情形。更重要的是,现存的方法缺乏一个处理时间 – 空间尺度的统一的架构性的解决途径,多为就事论事(ad – hoc),不具备同时检测分析各种空间尺度和时间尺度运动对象的适应性和有效性。

采用具有自适应背景更新的背景减法的运动检测方法,是目前智能监控系统研究的热点。它通过寻找具有自适应性的背景模型,让背景参考图像能适应场景的变化,以改善传统背景减法的检测效果。Stauffer 与 Grimson 利用自适应的高斯混合模型对每个像素用高斯混合分布建模,并且利用在线估计来更新模型,从而可靠地处理了背景混乱运动的干扰等影响。这种像素级的高斯混合模型能有效的描述多峰背景,在一定条件下能随动态背景自适应变化,在运动目标检测中取得了较好的效果,因此受到广泛的关注。但是该方法没有时间变尺度的概念,其背景模型对运动物体的速度变化很敏感,对于长时间停滞物体由背景变成前景运动物体时,存在背景模型更新速度较慢的问题,同时算法也减弱了慢速运动物体对背景模型的影响。事实上,场景中各种运动速度的物体都可能出现,因此背景更新速率与所有运动物体的速度相匹配是不可能的。另一方面,自适应背景更新的背景差分法不能有效应对动平台条件下运动目标的检测分析问题。事实上,动平台条件下,很难做自适应背景更新。

为了解决上述难题,我们定义了运动目标的时－空变尺度运动显著性子空间概念,构造了多尺度检测的数学模型,提出了可变时－空窗的递推检测运动目标算法,进行了大量包括红外图像的序列检测分析试验。本方法的另一特点是无需背景建模,适应动平台条件,且算法相对简单。

✍ 6.5.1　概念与模型

令第 i 个可移动目标 o_i 为互相连通的像素集合 $\{f_{o_i}(x,y,t),(x,y)\in\Omega_i\}$, $i=1,2,\cdots,I,\Omega_i$ 为该移动目标所占据的图像区域,其形心为 (x_{o_i},y_{o_i}),$\{o_i,i=1,2,\cdots,I\}$ 为 I 个可移动目标的集合。

可移动刚体目标 o_i 具有七维特征向量 $\boldsymbol{F}_i=[s_{x_i},s_{y_i},u_{o_i},v_{o_i},c_i,x_i,y_{o_i}]$,其中 (s_{x_i},s_{y_i}) 为包围目标 o_i 的最小外接矩形的长和宽;(u_{o_i},v_{o_i}) 为 o_i 运动的表观速度;c_i 为 o_i 相对于其局部背景的反差;(x_{o_i},y_{o_i}) 为 o_i 所占区域 Ω_i 的形心位置坐标,是可变量。特征向量 $\boldsymbol{F}_i$ 的分量 $[s_{x_i},s_{y_i},u_{o_i},v_{o_i}]$ 具有多尺度特点。运动目标 o_i 在场景图像中可以处于大尺度、中尺度和小尺度等各种状态,即 (s_{x_i},s_{y_i}) 可大可小;o_i 的表观速度分量 (u_{o_i},v_{o_i}) 可以或快或慢,即在时间维可以处于小时间尺度、中时间尺度或大时间尺度等各种状态。

定义6.4　运动目标的本征显著性(inherent distinctness):

$$d_i=[s_{x_i}\cdot s_{y_i}\cdot c_i\cdot(u_{o_i}+1)\cdot(v_{o_i}+1)]^{1/5} \qquad (6-37)$$

式中:(u_{o_i},v_{o_i}) 的大小代表了运动显著性的强弱程度。

定义6.5　运动目标的时间累积显著性(accumulate distinctness):

$$d_{it}=[s_{x_i}\cdot s_{y_i}\cdot c_i\cdot(u_{o_i}\cdot t+1)\cdot(v_{o_i}\cdot t+1)]^{1/5} \qquad (6-38)$$

与本征显著性不同,时间累积显著性表达了可通过时间维的运动信息累积,达到提升弱运动目标(运动本征显著性弱)检测率的可能。

定义6.6　运动显著性子空间。

$\Delta\Omega_{xyt_i}$ 定义为目标的运动显著性达到一定程度时,在 $x-y-t$ 三维特征空间中所占据的子区域。该子区域有其起始位置 $(x_{o_i}, y_{o_i}, t_{o_i})$ 和终止位置 $(x_{e_i}, y_{e_i}, t_{e_i})$。示意图如图 6 – 54 所示,$\Delta\Omega_{xyt_i}$ 为一倾斜的立方体。

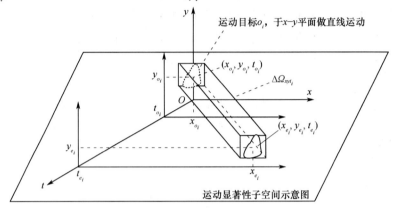

图 6 – 54　运动显著性子空间 $\Delta\Omega_{xyt_i}$ 示意图

定义 6.7　运动显著性度量。

m 是特征向量 $\boldsymbol{F}_i$ 的移动模式的一个映射:

$$m \leftarrow \boldsymbol{F}_i(\Omega_{xyt}) \tag{6 – 39}$$

式中:$\boldsymbol{F}_i$ 是定义在 3D 空间 Ω_{xyt} 上的。

1. **运动检测的数学模型**

运动模式检测和定位可以由对定义在 $x-y-t$ 三维动态特征空间 Ω_{xyt} 上的某种度量来表征,例如运动显著性度量 m,搜索某个子空间 $\Delta\widetilde{\Omega}_{xyt_i}$,使得 $\widetilde{m}$ 取极大值

$$\widetilde{m}(\widetilde{F}_i, \Delta\widetilde{\Omega}_{xyt_i}) = \max\{m(F_i, \Delta\Omega_{xyt})\} \quad \Delta\Omega_{xyt} \in \Omega_{xyt} \tag{6 – 40}$$

式中:$\widetilde{F}_i$ 为搜索得到最优运动显著性特征向量;$\Delta\widetilde{\Omega}_{xyt_i}$ 为搜索获得的最优运动特征子空间。

由于对每一个运动物体 o_i,$\Delta\widetilde{\Omega}_{xyt_i}$ 都是不同的,取决于 o_i 的特性,它们在时–空三维空间中尺度变化范围很大,而且未知。因此,这是一个时–空变尺度寻优问题。最优子空间 $\Delta\widetilde{\Omega}_{xyt_i}$ 的三维起始坐标 $(x_{o_i}, y_{o_i}, t_{o_i})$,终止坐标 $(x_{e_i}, y_{e_i}, t_{e_i})$,以及三维尺寸 (r_x, r_y, r_t),规定了其三维范围。属于运动目标 o_i 的像素

坐标(x,y,t)满足：

$$x_{o_i} - r_x \leq x \leq x_{o_i} + r_x, y_{o_i} - r_y \leq y \leq y_{o_i} + r_y, t_{o_i} - r_t \leq t \leq t_{o_i} + r_t, r_t = \frac{(t_{e_i} - t_{o_i})}{2}$$

$$(6-41)$$

或

$$x_{e_i} - r_x \leq x \leq x_{e_i} + r_x, y_{e_i} - r_y \leq y \leq y_{e_i} + r_y, t_{e_i} - r_t \leq t \leq t_{e_i} + r_t \qquad (6-42)$$

上式表示了运动模式 o_i 所处的时－空范围,范围的大小蕴含了尺度特性。目标运动慢表明时间维尺度大,目标图像的二维尺度小表明空间维尺度小。

2. 运动显著性准则

设目标从三维空间中的位置(x_s, y_s, t_s)平移到(x_j, y_j, t_j),平移量为 $\Delta x = x_j - x_s, \Delta y = y_j - y_s, \Delta t = t_j - t_s$,位移向量 $\Delta \overline{\boldsymbol{d}} = [\Delta x, \Delta y, \Delta t]$,扩展的平均运动向量 $\overline{\boldsymbol{V}}$ 为

$$\overline{\boldsymbol{V}} = [\Delta x / \Delta t, \Delta y / \Delta t, 1] = [u, v, 1] \qquad (6-43)$$

在时刻 t_s 和 t_j,物体从 $x-y-t$ 域到 $x-y$ 域的投影可能会互相重叠。设目标的像素数为 A,移动中形状不变。如图6-55所示,背景被遮挡的像素数量或面积为 A,令 obj_s 代表 t_s 时刻物体的投影,从 t_s 到 t_j,ΔA_{sj}^+ 为背景被 obj_j 遮挡但是没有被 obj_s 遮挡的像素数量,ΔA_{sj}^- 为背景被 obj_s 遮挡但是没有被 obj_j 遮挡的像素数量,令它们重叠的部分为 Ω_2,则 $\Delta A_{sj}^+ + \Omega_2 = \Delta A_{sj}^- + \Omega_2 = A$,从而得

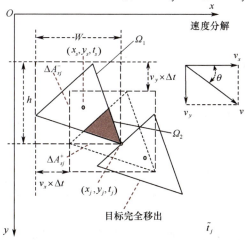

图6-55 动中被目标遮挡的背景子区域面积大小变化示意图

到 $\Delta A_{sj}^{+} = \Delta A_{sj}^{-}$。

定义 6.8 当 Ω_2 是空集时,达到最大运动显著性。

显然,运动显著性强弱的度量可以合理地与 ΔA_{sj}^{+} 或 ΔA_{sj}^{-} 建立联系。随着时间间隔 $\Delta t = t_j - t_s$ 的增加,很显然 ΔA_{sj}^{+} 和 ΔA_{sj}^{-} 会先增加然后在 $\tilde{t_j}$ 时刻达到最大值 A。

但是,并非所有的运动现象或运动证据在某个时刻 $\tilde{t_j}$ 都实际上达到了最强的运动显著性值,也可能在某个时段 Δt 只达到了显著性的中间状态。为此,对于中间状态,我们需要规定某个运动显著性度量门限。

定义 6.9 运动现象的最优空间窗口。

运动现象的最优空间窗口是观测子空间 $x - y$ 平面上的一个子区域 A_i,它包围目标 o_i,该子区域的坐标为 o_i 的形心坐标 (x_i, y_i),A_i 的形状可以是 o_i 的最小外接矩形,(S_{ix}, S_{iy}) 为该窗口的宽和长。令最优空间窗口的尺度为 $S_i = \sqrt{S_{ix} \times S_{iy}}$,当 $S_l \leqslant S_i < S_m$ 称为空间小尺度;当 $S_m \leqslant S_i < S_L$ 称为空间中尺度;当 $S_L \leqslant S_i$ 称为空间大尺度。

定义 6.10 运动现象的最优时间窗口。

运动现象的最优时间窗口是时间轴上的一个时间片段,该时段的起始时刻为 t_s,$t_e = \tilde{t_j}$ 为终止时刻,时间窗的宽度为 $\Delta t = t_e - t_s$。在该时间窗内,目标 $o_i, i = 1, 2, \cdots, I$,表现了足够的时间累积显著性。令最优时间窗口为 Δt 的延伸范围,当 $\Delta t_l \leqslant \Delta t < \Delta t_m$ 称为时间小尺度;当 $\Delta t_m \leqslant \Delta t < \Delta t_L$ 称为时间中尺度;当 $\Delta t_L \leqslant \Delta t$ 为时间大尺度。

由上述分析可见,在最优运动显著性度量和最优时间—空间窗口及其尺度之间存在对应性。

6.5.2 多尺度检测与分析方法

由上述概念和模型可见,运动目标的检测本质上是在时-空多维空间中搜索定位未知起始位置 (x_s, y_s, t_s)、未知终止位置 (x_e, y_e, t_e)、未知时-空尺寸范围 (r_x, r_y, r_t) 的动态模式检测、定位与识别问题。而该运动模式是处于复杂背景之中,如地物背景,面对成像传感器噪声,光照环境变化及其他干扰。这一挑战性的难题,促使我们试图发展具有统一架构的时-空变尺度检测与分析方法,达到智能性、适应性、鲁棒性和高效性的目的。

此方法处理流程图如图 6 – 56 所示,方法具有多层次(Hierachical)、多尺度(Multi – Scale)特点。时间 – 空间的离散化导致数字化的图像序列,进一步将时 –空连续的尺度空间离散化,可得离散的时 –空多尺度特征空间和决策空间。

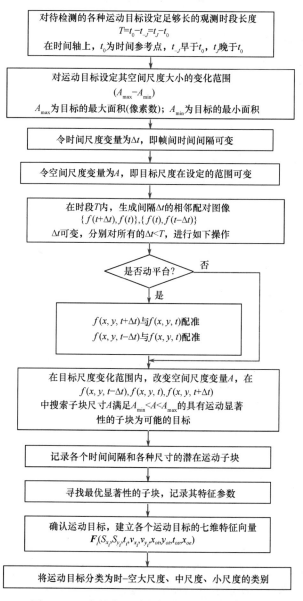

图 6 – 56　多尺度运动目标检测和分析流程图

该时－空多尺度处理流程是穷举搜索,十分耗时,必须在此基础上发展递推快速算法。

6.5.3 时－空三维八叉树递推检测算法

1. 运动显著性检验及其最优时间窗估计

运动显著性检验是一种运动目标预检测方法,该方法通过对 $X—Y$ 平面的覆盖性空间开窗产生的各个子块进行运动显著性检验,来限制待分析的潜在运动区域的数量,同时也对含运动目标的区域进行了预检测,为后续确认运动目标作必要准备。目前相关文献中没有时间多尺度的概念,仅在紧挨的前后帧上讨论该问题,本节将其扩展到时间轴多尺度处理。运动显著性检验指欲求一个子块的位移矢量之前,应先计算该块和下一帧(或上一帧,帧间间隔可变)图像中相同位置子块之间的差异是否显著,若差异小于某个恰当的门限,则判定该子块移动可能性小,否则判定该子块移动可能性大。其哲学合理性在于,若有明显移动,则下一帧相同位置之子块必定与之不同,在性质上应有较大差异;若无移动,则下一帧相同位置之子块必与之相似,仅存在噪声干扰误差项。"明显移动"并不一定在序列图像中紧挨的后一帧(或前一帧)与当前帧之间就能出现,"下一帧"(或"上一帧")并不一定是序列图像中紧挨的后一帧(或前一帧),可以是变时间间隔的"后一帧"(或"前一帧"),这就引出了具有时间尺度的"下一帧"(或"上一帧")和具有时间尺度特点的"明显移动"和"运动显著性检验"问题。

运动显著性检验是针对图像序列前后两帧之间的运动区域做出预检测,参与检验的两幅图像可以是相邻的也可以是相隔一定时间的两帧。当目标运动较慢且帧间间隔过小时,运动物体在小时间间隔的两帧之间存在很多重叠区域,导致该运动物体所在子块和下一帧图像中相同位置子块之间的差异不显著,运动显著性强度在门限以下,造成运动区域漏检的情况。当帧间间隔过大时,虽然运动物体在两帧之间完全分离,不存在重叠区域,但是在动态环境中,光照、背景都会发生很大的改变,非运动区域在两帧图像中相同位置子块之间的差异也可能很显著,造成运动区域虚警的情况。因此,确定合适的帧间间隔是进行可靠的运动显著性检验的前提条件。

下面对匀速运动物体进行简化建模分析,如图 6－55 所示。图中以运动物体的最小外接矩形代表目标。

令 Ω_1 为目标在时刻 t_s 或者时刻 t_j 非重叠阴影区域,而 Ω_2 为重叠阴影区域。$f_s(f_j)$ 是在时刻 $t_s(t_j)$ 处从 $X-Y-T$ 到 $X-Y$ 域的投影,因此从 f_s 到 f_j 的差异显著性可以定义为

$$
\begin{aligned}
D(t_s, t_j) &= \sum_{(x,y) \in \Omega_1 \cup \Omega_2} | f_s(x,y) - f_j(x,y) | \\
&= \sum_{(x,y) \in \Omega_1} | f_s^o(x,y) - f_j^b(x,y) | + \\
&\qquad \sum_{(x,y) \in \Omega_2} | f_s^o(x,y) - f_j^o(x,y) | \\
&= \sum_{(x,y) \in \Omega_1} | f_s^o(x,y) - f_j^b(x,y) | + \\
&\qquad \sum_{(x,y) \in \Omega_2} | f_s^o(x,y) - f_s^o(x + \Delta x_0, y + \Delta y_0) | \quad (6-44)
\end{aligned}
$$

在同样的条件下,面积越大、速度越快的目标,将导致更大的差异。因此,对于七维向量 $\boldsymbol{F}_i = [s_{x_i}, s_{y_i}, v_{o_i}, u_{o_i}, c_i, x_{o_i}, y_{o_i}]$,如果 $s_{x_i}, s_{y_i}, v_{o_i}, u_{o_i}$ 越大,$D_t(n)$ 也将越大。

定理6.1　假定目标与背景像素灰度值服从高斯分布,则 $D(t_s, t_j)$ 的期望将在 Ω_2 为空的时候达到最大值,这表明从时刻 t_s 到时刻 t_j,对应从 $X-Y-T$ 到 $X-Y$ 域将不存在重叠部分。

假设目标的灰度遵循高斯分布,均值为 μ_o、方差为 σ_o,同时背景的灰度也遵循高斯分布,均值为 μ_b,方差为 σ_b,$(\Delta x_0, \Delta y_0)$ 表示从 f_s 到 f_j 过程中的坐标增量,则两幅图像的差异程度为 $y = |f_s - f_j|$。我们有

$$
p'(y) = \begin{cases} \dfrac{1}{\sqrt{2\pi}\sigma} \big[e^{-\frac{(y-\mu)^2}{2\sigma^2}} + e^{-\frac{(y+\mu)^2}{2\sigma^2}} \big] & y > 0 \\[3mm] \dfrac{1}{\sqrt{2\pi}\sigma} e^{-\frac{\mu^2}{2\sigma^2}} & y = 0 \end{cases} \quad (6-45)
$$

$$
\begin{aligned}
E(y) &= \int_0^{+\infty} y p'(y) \, dy \\
&= \frac{1}{\sqrt{2\pi}\sigma} \int_0^{+\infty} y \big[e^{-\frac{(y-\mu)^2}{2\sigma^2}} + e^{-\frac{(y+\mu)^2}{2\sigma^2}} \big] dy
\end{aligned}
$$

$$= \frac{1}{\sqrt{2\pi}\sigma}\left[2\sigma^2 e^{-\frac{\mu^2}{2\sigma^2}} + \mu\int_0^{2\mu} e^{-\frac{(y-\mu)^2}{2\sigma^2}}\,\mathrm{d}y\right] \qquad (6-46)$$

令 $p = f_s^o(x,y) - f_j^b(x,y)$，$q = f_s^o(x+\Delta x_0, y+\Delta y_0) - f_s^o(x,y)$，则

$$p \sim N(\mu_0 - \mu_b, \sqrt{\sigma_0^2 + \sigma_b^2})，q \sim N(0, \sqrt{2}\sigma_0)$$

式中：$f_s^o(x,y)$ 是 f_s 中目标部分在坐标 (x,y) 处的灰度；$f_j^b(x,y)$ 是 f_j 中背景部分在坐标 (x,y) 处的灰度。

如上面提到的，$|p|$ 和 $|q|$ 的期望值为

$$E(|p|) = \frac{1}{\sqrt{2\pi}\sigma}\left[2\sigma^2 e^{-\frac{\mu^2}{2\sigma^2}} + \mu\int_0^{2\mu} e^{-\frac{(x-\mu)^2}{2\sigma^2}}\,\mathrm{d}x\right]$$

$$E(|q|) = \frac{2\sqrt{2}\sigma_0}{\sqrt{2\pi}} \qquad (6-47)$$

此处 $\mu = |\mu_0 - \mu_b| \geqslant 0$，$\sigma = \sqrt{\sigma_0^2 + \sigma_b^2}$，同时

$$\frac{\partial E(|p|)}{\partial \mu} = \frac{1}{\sqrt{2\pi}\sigma}\frac{\partial\left[2\sigma^2 e^{-\frac{\mu^2}{2\sigma^2}} + \mu\int_0^{2\mu} e^{-\frac{(x-\mu)^2}{2\sigma^2}}\,\mathrm{d}x\right]}{\partial \mu}$$

$$= \frac{1}{\sqrt{2\pi}\sigma}\left[2\sigma^2 e^{-\frac{\mu^2}{2\sigma^2}}\left(-\frac{2\mu}{2\sigma^2}\right) + \int_0^{2\mu} e^{-\frac{(x-\mu)^2}{2\sigma^2}}\,\mathrm{d}x +\right.$$

$$\left.\mu\left(-\int_0^{2\mu} e^{-\frac{(x-\mu)^2}{2\sigma^2}}\frac{x-\mu}{\sigma^2}\mathrm{d}x + 2e^{-\frac{\mu^2}{2\sigma^2}}\right)\right]$$

$$= \frac{1}{\sqrt{2\pi}\sigma}\int_0^{2\mu} e^{-\frac{(x-\mu)^2}{2\sigma^2}}\,\mathrm{d}x \geqslant 0 \qquad (6-48)$$

因此，$E(|p|)$ 将在 $\mu = 0$，$\sigma = 0$ 取得最小值。对某个特定 $\sigma \neq 0$，$E(|p|)$ 最小值

$$\min(E(|p|)) = E(|p|)|_{\mu=0} = \frac{2\sigma}{\sqrt{2\pi}} \qquad (6-49)$$

$$\sigma = \sqrt{\sigma_0^2 + \sigma_b^2} > \sigma_0 \qquad (6-50)$$

$$E(|p|) > \min(E(|p|)) = \frac{2\sigma}{\sqrt{2\pi}} > \frac{2\sigma_0}{\sqrt{2\pi}} > \frac{\sqrt{2}}{2}\frac{2\sigma_0}{\sqrt{2\pi}} = \frac{E(|q|)}{2} \qquad (6-51)$$

为了测试差异的显著性是否达到统计的最大值，应该估计一个 $D_t(n)$ 的

期望,设 N^o 为目标的像素数,M 代表重叠区域的像素数。$M=0$ 代表 Ω_2 为空,则

$$
\begin{aligned}
E(D(t_s,t_j)) &= \sum\sum_{(x,y)\in\Omega_1}E(|p|) + \sum\sum_{(x,y)\in\Omega_2}E(|q|)\\
&= 2(N^o-M)E(|p|)+ME(|q|)\\
&= 2N^oE(|p|)+[E(|q|)-2E(|p|)]M \qquad (6-52)
\end{aligned}
$$

明显有,$E(|q|)-2E(|p|)\leqslant 0$,$D(t_s,t_j)$ 的期望将在 $M=0$ 时取到最大值。因此这个最优的时间窗为

$$
\begin{cases}
\Delta\tilde{t}=\tilde{t}_j-t_s=\arg\max\{E[D(t_s,t_j)]\}\\
\Delta\tilde{t}=\min(\tilde{t}_j-t_s)
\end{cases} \qquad (6-53)
$$

根据式(6-52)和式(6-53),在时刻 t_s,最优时间窗是一个时间段 $\Delta\tilde{t}$,使目标在时刻 t_s 到时刻 $t_s+\Delta\tilde{t}$ 处,从 $x-y-t$ 投影到 $x-y$ 域,刚好使得目标投影面积不再互相重叠。

特别地,对于二值图像,$\mu_o=1$,$\mu_b=0$,$\sigma_0=\sigma_b=0$,则

$$
D(t_i,t_j)=2N-M \qquad (6-54)
$$

因此,$D(t_i,t_j)$ 达到最大值时 $M=0$。

证毕

2. 运动显著性检验的时-空联合八叉树分解

在上一节基础上,令 $\Delta t=r_t$,则在 $r_t-\Delta t_0$ 时间段上,对各感兴趣子区域进行如下时间维前向二叉树分析,以确定各运动显著性子区域所可能达到的最优显著性时间窗,以便于高可靠、高灵敏度地检测各种时间尺度的运动目标。

本节提出的运动显著性检验与运动目标分析流程如图6-57所示,方法具有时—空多尺度、实时性强的特点,适用于静止或者运动平台情况下的多个运动目标的检测。时-空三维域的八叉树分解算法,是指图像平面空间对称四叉分解,搜索包含运动目标的最优空间窗口,辅以时间维的非对称二叉分解,搜索出现运动现象的最优时间窗口。时-空域的联合剖分构成了收集运动显著性证据或预检测感兴趣运动目标区的基本步骤。

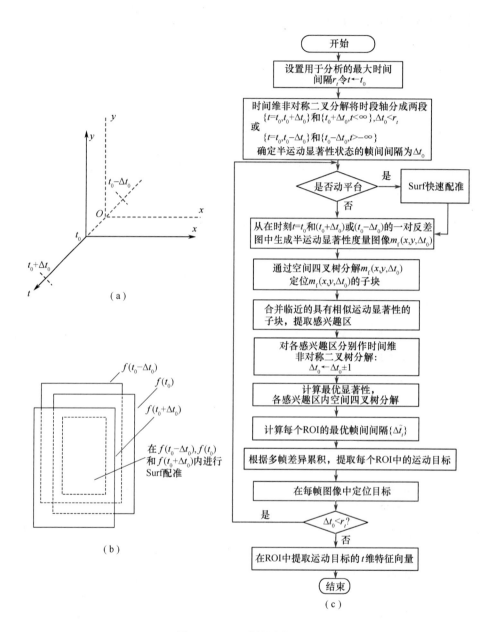

图 6-57　运动检测流程图

（a）时间维非对称二叉树分解；（b）在 $f(t_0 - \Delta t_0)$，$f(t_0)$ 和 $f(t_0 + \Delta t_0)$ 之间进行快速配准；

（c）时-空八叉树分解运动显著性检验与运动目标分析流程图。

常规的运动显著性检验方法是把原始图像空间分解和运动显著性计算分开进行,首先将图像按照行和列顺序分解为固定尺寸大小的图像子块,然后分别在各个子块上计算其运动显著性强度。这种方法的缺点十分明显:当子块的尺寸过小时,完整的运动物体会被分解成破碎子块,导致后续运动检测提取的目标破碎。当子块的尺寸过大时,运动物体在子块内所占的像素比例很小,其运动显著性会被子块内的背景和噪声干扰。而变子块尺寸又导致计算量过大,所以必须以递推方式进行运动显著性检验。另一方面,原始图像易受光照环境影响,运动显著性计算不稳定。我们将原始图像变换为反差图像,对反差图像序列进行多尺度运动显著性分析。运动显著性特征图像的八叉树分解方法可递推计算各子块的运动显著性值。反差图像的计算方法如下所示:

$$c_{\mathrm{f}}(x,y) = \frac{|f(x,y) - \mu(x,y)|}{\mu(x,y)} \tag{6-55}$$

式中:$f(x,y)$ 为原始图像,$\mu(x,y)$ 为像素点 (x,y) 邻域内的灰度均值。经过量化后的 $c_{\mathrm{f}}(x,y)$ 即为变换后的反差图像。

定义 6.11　运动显著性图像是时间 – 空间域上的三维向量图像。

$$\bar{f}_{\mathrm{d}}(x,y,\Delta t) = (m_{\mathrm{f}}, c_{\mathrm{f}})(x,y,\Delta t) \tag{6-56}$$

式中:Δt 为运动显著性度量的估计时段;m_{f} 为运动显著性度量值;c_{f} 为反差图像(c_{f_s} 和 c_{f_e} 是一对反差图像,分别在时段 Δt 的起点 t_s 和终点 t_e);(x,y) 为图像坐标。

在运动显著性特征图像产生和分解的过程中,由于子块的运动显著性计算是基于前后两帧图像的灰度相关性,所以四叉树分解算法需要确定恰当的帧间间隔,使得运动区域达到次优或最优的运动显著性状态。利用差分强度与帧间间隔的单调递增且收敛关系,首先得到一个次优的帧间间隔,使得各个运动物体达到半运动显著性状态。

时空多尺度的八叉树分解的实际操作描述如下:第一步,时间轴被划分为两个部分:Δt_0 和 $\Delta t - \Delta t_0$;第二步,从一系列反差图像序列中取时段 Δt_0 计算一对反差图像$(c_{\mathrm{f}_s}, c_{\mathrm{f}_e})$的半运动显著性,然后建立一张半运动显著性特征图像 m_{f};第三步,使用四叉树分解方法将特征图像分解成不相交的对称子块,若各个相邻分块具有特性的一致性,最终将合并成一个较大的块;第四步,获得几个运动显著性突出的区域,这些区域可能包含一个或多个移动物体。因此,在

时段 Δt_0 的运动显著性的图像定义为：$f_d(x,y,\Delta t_0)=(m_f,c_{f_s},c_{f_e})(x,y,\Delta t_0)$，此处，$m_f$ 为运动显著性；c_{f_s} 和 c_{f_e} 为一对反差图像；(x,y) 为各分块的坐标；Δt_0 为时间间隔。特性一致性意味着运动显著性相似的分块。设 m_f^i 是具有运动显著性的第 i 块区域的度量值，N 是区域的数目，则能够得到 $m_f^i(i=1,2,\cdots,N)$ 的均值和方差，以及其概率分布函数 $p_0(m_f)$。

图 6-58 所示为运动对象和背景的运动显著性值概率分布。显然背景的运动显著性值比动目标的运动显著性值少得多。

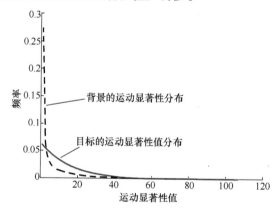

图 6-58　目标和背景的运动显著性值分布

$p_0(m_f)$ 是背景和目标对应分布的混合，有

$$p_0(m_f)=\omega_1 p_1(m_f^b)+\omega_2 p_2(m_f^o),\quad \omega_1+\omega_2=1 \qquad (6-57)$$

式中：$p_1(m_f^o)$，$p_2(m_f^b)$ 分别为目标和背景的运动显著性值分布。

通常，目标尺寸要比背景尺寸小，这表明 $\omega_1\gg\omega_2$，因此阈值 φ 能够分离出目标和背景。若某分块的运动显著性要比阈值 φ 小，则被认为是背景。阈值是通过 $\int_{-\infty}^{\varphi}p_0(m_f)\mathrm{d}m_f=\gamma$ 得到。式中，γ 为一个正常数，用来改变检测率和漏检率。通常，γ 越小，意味着高检测率但可能有虚警升高。

运动显著性检测的时-空八叉树分解就是：首先进行时间轴上的非对称二叉分解，即将 Δt 分解为 Δt_0 和 $\Delta t-\Delta t_0$ 两段，先从 Δt_0 段上图像序列的首尾两帧图像计算半运动显著性特征，并定义一幅半运动显著性特征图像，将该特征图像作对称四叉分裂得到各个不相交的子区域，最终将相邻的具有一致性的子区域合并到同一个区域中，得到一组感兴趣的运动显著区域，这些区域可能含有一个或多个运动目标。此时运动显著性图像为：$\bar{f}_d(x,y,\Delta t_0) = (m_f,c_f)$ $(x,y,\Delta t_0)$，式中，m_f 为运动显著性度量值，c_f 为反差，(x,y) 为子块坐标，Δt_0 为时间段。这里的一致性是指各个子区域运动显著性的接近程度满足一定要求，即四叉分解区域中运动显著性最大值与最小值之差小于给定的阈值 φ，即

$$\varphi = \gamma \times \frac{\sum\limits_{i=1}^{N} m_f^i}{N} \qquad (6-58)$$

式中：m_f^i 为第 i 个区域的运动显著性值；N 为区域数目；γ 为正常数（本节中取 0.01）。

以空间二维四叉树算法，分解半运动显著性特征图像：先将图像分成 4 个大小相同的子块，然后判断每个子块是否满足所给定的一致性标准，如果满足则该子块不再被分解；否则再进行细分，按照同样的方法继续将其均分成 4 块，并对每一块应用一致性准则进行检查。该过程迭代下去，直到所有子块都满足一致性要求。最终得到的集合即分解后的结果，其中可能包含多种不同尺寸的方块，剖分步骤如图 6-59 所示。常规四叉树分解算法是针对灰度图像的，并非处理运动显著性特征图像。

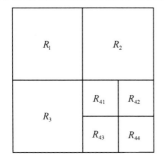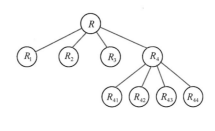

图 6-59　使用四叉树算法分解运动显著性图像

在上述算法中，如果子块不符合相应的一致性，将被分解，否则将不能分解。因此，该算法的计算量减少，实时性能得到改善。由于运动显著性特征图像从大尺寸分解为小尺寸，这里就不需要指定分块的初始大小。然而，当分块的尺寸是大的，同时内部的运动目标尺寸是小的，则运动目标对分块的运动显著性的的影响则是比较小的，则分块可能停止进一步划分。为了防止这种情况发生，本节修改算法，对于大尺寸的分块，或者运动显著性不太明显，就需要

等到它们达到一个特定的小尺寸阈值才停止分解。

3. 运动目标提取与特征向量的多尺度计算

在检测到运动显著性感兴趣区之后,还要进一步通过多帧累积差分提取时-空感兴趣区内运动目标。在实际的运动目标检测场景中,目标的运动速度有快有慢,尺寸有大有小,采用单一的帧间间隔下的差分方法难以精确定位和提取各个运动目标的位置和轮廓,应该将不同帧间间隔条件下的多帧差分结果进行累积,才能有效提取出各种运动速度不同的目标。本节提出的多帧累积差分定义如下:

$$d_{t-N,t}^{i}(x,y) = \sum_{n=1}^{N} \mid c_{f_t}(x,y) - c_{f_{t-n}}(x,y) \mid /N \qquad (6-59)$$

式中:(x,y) 为感兴趣区 ROI_i 中的像素坐标,$(x,y) \in ROI_i$,$i=1,2,\cdots$,为了消除多帧差分产生的重影部分,采用对称差分的思想,分别求第 $t-N$ 帧到第 t 帧的累积差分图像 $d_{t-N,t}^{i}(x,y)$,以及第 t 帧到第 $t+N$ 帧的累积差分图像 $d_{t,t+N}^{i}(x,y)$,然后进行图像融合,增强两幅图像中差分强度相似的区域,同时抑制两幅图像中差分强度差异较大的区域:

$$d_{t}^{i}(x,y) = \sqrt{d_{t-N,t}^{i}(x,y) \times d_{t,t+N}^{i}(x,y)} \qquad (6-60)$$

如图 6-60 所示,$\Delta \tilde{t}$ 是最优时间窗口。图 6-60(a) 是观察空间,图像是从 $x-y-t$ 到 $x-y$ 域的投影,图 6-60(b) 是特征空间,显示了由观测空间中累计的差分的图像,从时刻 t_i 到时刻 t_j 的累计差分定义为 $d_{i,j}$,而 (x_{t_i},y_{t_i}) 表示目标在时刻 t_i 的位置。在计算 $d_{t_0-\Delta\tilde{t},t_0}$ 和 $d_{t_0,t_0+\Delta\tilde{t}}$ 后,我们要融合 $d_{t_0-\Delta\tilde{t},t_0}$ 和 $d_{t_0,t_0+\Delta\tilde{t}}$。显然,$d_{t_0-\Delta\tilde{t},t_0}$ 在 $(x_{t_0-\Delta\tilde{t}},y_{t_0-\Delta\tilde{t}})$ 和 (x_{t_0},y_{t_0}) 处将取得最大值,同样 $d_{t_0,t_0+\Delta\tilde{t}}$ 在 $(x_{t_0+\Delta\tilde{t}},y_{t_0+\Delta\tilde{t}})$ 和 (x_{t_0},y_{t_0}) 将取得最大值。(x_{t_0},y_{t_0}) 能够在融合差分图像中计算出来,同时也能计算出 $(x_{t_0-\Delta\tilde{t}},y_{t_0-\Delta\tilde{t}})$ 和 $(x_{t_0+\Delta t},y_{t_0+\Delta\tilde{t}})$,这相当于检测与跟踪同时完成。因此,如图 6-60(c) 所示的决策空间,表示了目标在时刻 $t_0-\Delta\tilde{t}$,t_0 和 $t_0+\Delta\tilde{t}$ 的目标位置。然后可以得到目标的运动方向和速度。

光流场是图像灰度运动模式的速度场分布,是一种瞬时速度场,每一个向量表示图像中一个像素的瞬时变化。光流不仅包含了被观察物体的运动信息,而且携带了有关物体运动和景物三维结构信息。然而,在实际应用中,由于遮挡、多光源、透明性、噪声以及多个运动目标的速度不同等原因,

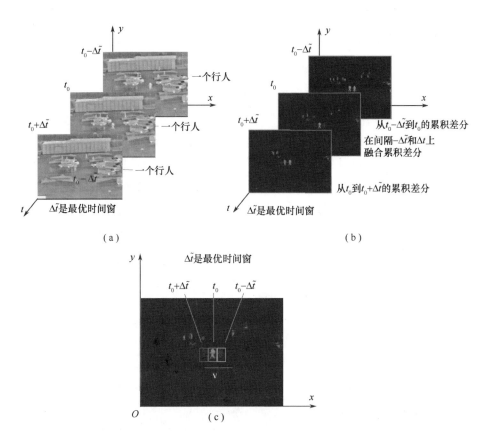

图 6-60　在时空八叉树分解中检测移动目标
(a)观察空间;(b)特征空间;(c)决策空间。

使得通常单一尺度光流场计算面临困难,同时光流计算方法复杂,不能满足实时要求。

　　这里介绍的算法有效解决了这一难题,首先通过半运动显著性检验提取潜在的运动区域,这样不仅排除了大量背景和噪声的干扰,而且降低了光流场的计算量。然后,对各个运动区域确定最优的帧间间隔,使得不同尺寸大小和运动速度的物体尽可能达到最优的运动显著性状态。最后,采用多帧累积差分法精确提取时-空感兴趣区内各运动目标,最后通过光流法计算前后两帧间(这里的前后帧具有时间尺度,不一定是紧挨的前后帧)运动区域内的光流场,提取运动目标的速度和方向等信息。

⊿ 6.5.4 试验结果

以下给出了本书算法与著名的自适应更新算法性能比较的试验结果。

1. 静平台条件下自适应背景更新算法检测运动目标

图 6-61 所示为对一组红外图像序列进行自适应背景更新运动目标检测所得到的试验结果例子。图 6-61(a) 为原始图像,图像前景中包含车辆和行人,背景为停车场,运动物体的速度和方向各不相同,尺寸各异,其中 O_1、O_2、O_3、O_5 为行人,O_4 为运动车辆。图 6-61(b) 为自适应更新的背景图,采用自适应的高斯混合模型更新背景,使得背景参考图像能适应场景的变化。图 6-61(c) 为背景图与原始图的差分结果,通过差分来凸显运动物体。图 6-61(d) 为最终的运动目标检测图。

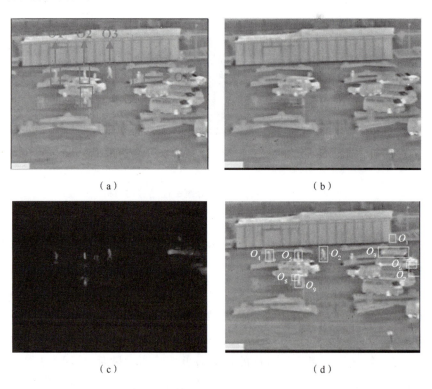

(a)   (b)

(c)   (d)

图 6-61 静平台条件下自适应背景更新运动目标检测试验结果

(a)原始图;(b)背景图;(c)背景差分图;(d)运动目标检测图。

　　自适应背景更新运动目标检测所采用的背景模型对运动物体的速度变化很敏感,对于较长时间停滞物体由背景变成前景运动物体时,存在背景模型更新速度较慢的问题;同时算法也减弱了慢速运动物体对背景模型的影响。从图6-61的试验结果可以看出,基于背景模型更新的高斯混合模型背景减法的背景更新速率与运动物体的运动速度有关,当背景中物体的运动速度与背景的更新速率匹配的时候,可以取得比较好的效果;当背景中的物体的运动速度与背景的更新速率不匹配时,会产生虚警或漏检。然而,事实上场景中各种运动速度的物体都可能出现。因此,背景更新速率与所有运动物体速度相匹配是不可能的。图6-61(d)中O_1、O_6、O_7、O_8均为虚假目标。而且基于高斯混合模型的背景减法对光照变化和噪声很敏感。

2. **动平台条件下自适应背景更新算法检测运动目标**

　　图6-62所示为对一组动平台成像序列用文献中的自适应背景更新算法

图6-62　动平台条件下自适应背景更新运动目标检测试验结果

(a)原始图;(b)背景图;(c)背景差分图;(d)运动目标检测图。

做运动目标检测所得到的试验结果例子。图6-62(a)为原始图像,序列图中的背景是一座跨海大桥,前景中包含若干车辆,车辆的速度和方向各不相同,尺寸各异,其中O_1、O_2、O_3、O_4为运动车辆。图6-62(b)为自适应更新的背景图,采用自适应的高斯混合模型更新背景,使得背景参考图像能适应场景的变化。图6-62(c)为背景图与原始图的差分结果,通过差分来凸显运动物体。图6-62(d)为最终的运动目标检测图。

从图6-62试验结果可以看出,自适应背景更新运动目标检测算法所采用的背景模型不能正确区分背景和目标各自的运动,无法补偿由于平台运动造成的背景的表观运动,导致背景模型的不正确,对运动目标的检测效果不佳,产生了大量的虚警,图6-62(d)中O_2、O_4、O_7均为虚假目标。

3. 静平台条件下时空变尺度算法检测运动目标

图6-63所示为本书算法对图6-61的同一组红外图像序列进行运动显著性检验所得到试验结果,序列图中的背景是一个停车场,前景中包含车辆和行人,运动物体的速度和方向各不相同,尺寸各异。为方便读者理解,对图6-63(a)原始图像运动物体加了指示框。图6-63(b)为反差变换图$c_f(x,y,\Delta t_0)$,其中$\Delta t_0 = 6$。图6-63(c)为$c_f(x,y,\Delta t_0)$的四叉树分解图,图中运动显著的区域被分为精细的小块,而非运动显著的区域则被分解为较大的块。图6-63(d)为$\Delta t_0 = 6$时的运动显著性度量图$m_f(x,y,\Delta t_0)$的四叉树分解,子块灰度越高代表其运动显著性强度越大,反之则代表其运动显著性强度越小。图6-63(e)为提取的感兴趣,即潜在运动区域结果,是由各个相邻子块按照运动显著性强度聚类合并得到,本例中共提取了5个潜在运动区域,分别为R_1、R_2、R_3、R_4、R_5。图6-63(f)为各个运动区域内差分强度与时间窗宽度变化即帧间间隔变化的关系曲线,确定R_1、R_2、R_3、R_4、R_5的最佳时间窗宽度或最佳帧间间隔分别为$N_1 = 3$、$N_2 = 9$、$N_3 = 3$、$N_4 = 6$、$N_5 = 9$。图6-63(g)为各个运动区域内的预检测图,数字代表其时间窗宽度为多少帧。图6-63(h)为最终提取的运动物体,其中O_1、O_2、O_3、O_4为行人,O_5为运动车辆,箭头表示其运动方向。

提取的不同大小尺寸和不同表观运动速度的5个运动物体的七维特征向量$\boldsymbol{F}_i = [s_{x_i}, s_{y_i}, v_{o_i}, u_{o_i}, c_i, x_{o_i}, y_{o_i}]$如表6-8所列。

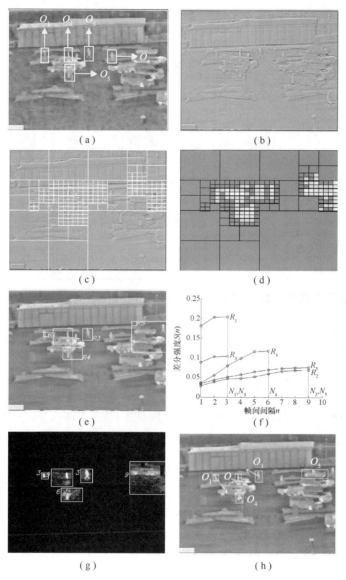

图6-63　静平台条件下时空多尺度运动目标检测试验结果($\Delta t_0 = 6$)

(a)运动物体加框图；(b)反差图$c_f(x, y, \Delta t_0)$；(c)$c_f(x, y, \Delta t_0)$的四叉树分解图；

(d)$m_f(x, y, \Delta t_0)$的四叉树分解图；(e)潜在运动区域提取图；

(f)差分强度与时间窗宽度关系图；(g)多帧累积差分的运动区域预检测图；

(h)时-空多尺度运动目标检测图。

表6-8 静平台运动物体的特征向量

特征向量 O_i	s_x	s_y	v_o	u_o	c_o	x_o	y_o
1	4	4	3.0675	3.9029	0.1231	73	86
2	6	8	2.9511	0.9897	0.1606	119	86
3	7	15	-3.0450	-1.5790	0.1210	161	83
4	8	13	0.8370	0.2341	0.1377	121	126
5	47	11	-0.5353	-0.9048	0.1505	277	79

4. 动平台条件下时空变尺度算法检测运动目标

下面是对一组动平台的可见光图像序列进行运动显著性检验所得到的试验结果,序列图中的背景是一座跨海大桥,前景中包含若干车辆,车辆的速度和方向各不相同,尺寸各异。图6-64所示为对该图像序列进行快速配准的试验结果。

图6-65所示为动平台条件下运动目标检测试验结果。图6-65(a)为原始图像运动物体加框图。图6-65(b)为反差图$c_f(x,y,\Delta t_0)$,其中$\Delta t_0 = 8$。图6-65(c)为$c_f(x,y,\Delta t_0)$的四叉树分解图,图中运动显著的区域被分为精细的小块,而非运动显著的区域则被分解为较大的块。图6-65(d)为$m_f(x,y,\Delta t_0)$的四叉树分解图。图6-65(e)为潜在运动区域提取结果,本例中共提取了4个潜在运动区域,分别为R_1、R_2、R_3、R_4。图6-65(f)为各个运动区域内差分强度与时间窗宽度的关系图,确定R_1、R_2、R_3、R_4的时间窗宽度分别为$N_1 = 9$、$N_2 = 8$、$N_3 = 7$、$N_4 = 7$。图6-65(g)为各个运动区域内的速度大小标定图,数字代表其时间窗宽度大小。图6-65(h)为最终提取的运动物体,其中O_1、O_2、O_3、O_4为运动车辆,箭头表示其运动方向。

提取的不同大小尺寸和不同表观运动速度的运动物体的七维特征向量$F_i = [s_{x_i}, s_{y_i}, v_{o_i}, u_{o_i}, c_i, x_{o_i}, y_{o_i}]$如表6-9所列。

（a）　　　　　　　　　　　　　（b）

（c）　　　　　　　　　　　　　（d）

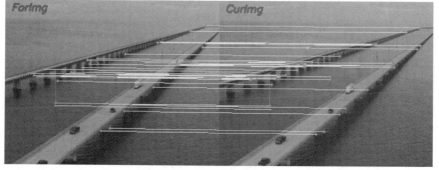

（e）

图6-64　动平台条件下图像配准试验结果

（a）前帧原始图像；（b）后帧原始图像；（c）前帧图像Surf特征描述图；

（d）后帧图像Surf特征描述图；（e）Surf关键点匹配图像。

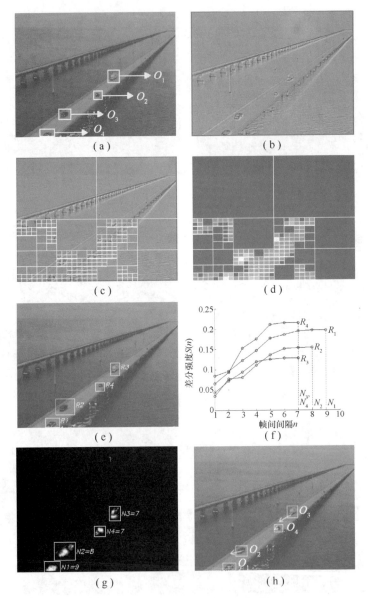

图 6-65　动平台条件下运动目标检测试验结果（$\Delta t_0 = 8$）

（a）运动物体加框图；（b）反差图 $c_f(x, y, \Delta t_0)$；（c）$c_f(x, y, \Delta t_0)$ 的四叉树分解图；

（d）$m_f(x, y, \Delta t_0)$ 的四叉树分解图；（e）潜在运动区域提取图；（f）差分强度与时间窗宽度关系图；

（g）多帧累积差分的运动区域预检测图；（h）时-空多尺度运动目标检测图。

表 6 - 9 动平台运动物体的特征向量

O_i 特征向量	s_x	s_y	v_o	u_o	c_o	x_o	y_o
1	19	10	0.1842	0.4299	0.1681	68	232
2	15	11	-1.2591	0.3521	0.1293	92	203
3	8	6	-2.1336	1.6445	0.1414	192	133
4	6	8	0.8973	-2.1364	0.1449	167	160

本书所提出的方法总体上优于文献中的常规差分法和自适应背景更新法。其思想也可推广到其他运动检测算法上,能够显著地提升算法性能。

本书指出运动目标的特征本质上具有时空多尺度的特性。因此,其检测分析方法必须适应这种多尺度特性,才能有效地检测不同大小、不同运动速度、不同位置的多个目标。时 - 空三维空间中的八叉树分解的递推算法,能够有效地检测运动目标区域,在此基础上提取时 - 空感兴趣区内的目标,估计各运动目标的七维特征信息,方法具有合理性、准确性、快速性。

与其他文献不同,我们采用了反差图像来检测运动目标,有效地降低了光照变化对检测造成的干扰,方法具有鲁棒性。

目前在一维时间、二维空间上仅考虑了匀速直线运动的目标检测与分析问题,关于变速运动的目标检测与分析可以简化为多个局部直线运动加以计算。本书尚未考虑运动目标发生遮挡的情形,在这方面可进一步展开工作。

如果进一步考虑到场景的三维立体性影响因素,则多个运动目标的检测与分析是非常复杂的,在当前工作的基础上,在该方向上还有许多工作有待于研究者进一步深入开展相关的研究工作。

参考文献

[1] 王岳环,周晓玮,张天序. 一种亮暗小目标自适应检测方法[J]. 计算机应用研究,2007,24(11):289 - 291.

[2] 张天序,翁文杰,冯军. 三维运动目标的多尺度智能递推识别新方法[J]. 自动化学报,2006,32(5):641 - 658.

[3] 张天序,杨卫东,颜露新. 等. 基于地标捕获跟踪的飞行器导航定位方法[P]. 中国专利,ZL200810246317.8.

[4] 张天序,万美军,杨效余,等. 一种飞行器前视末制导导航定位方法[P]. 中国专

利,ZL200910063620.9.

［5］张天序,李密,杨卫东,等.一种小型地标捕获定位方法［P］.中国专利,ZL200910061093.8.

［6］张天序,王岳环,李成,等.一种用于前视导航制导的立体地标选择和参考图制备方法［P］.中国专利,ZL200910273309.7.

［7］杨卫东,龙睿,张天序.一种红外图像海面目标检测识别定位方法［P］.中国专利,Zl 200910063265.5.

［8］张天序,敖国庆,汪小平,等.一种海面目标检测定位方法［P］.中国专利,ZL200910121704.3.

［9］张天序,孙协昌,史霏霏.基于事件分析的抗压制干扰的空中目标跟踪方法［P］.中国专利,ZL200810079111.0.

［10］钟胜,黎云,张天序,等.一种地面目标实时识别跟踪方法［P］.中国专利,ZL201010158786.1.

［11］张天序,杨卫东,李成,等.一种用于前视导航制导的平面地标选择和参考图制备方法［P］.中国专利,ZL200910273308.2.

［12］Adiv G. Determining three – dimensional motion and structure from optical flow generated by several moving objects. IEEE Trans［J］. on Pattern Analysis and Machine Intelligence,1985,7(4):384 – 401.

［13］Bergen J R, Adelson E H. Hierarchical, computationally efficient motion estimation algorithm［J］. J. Opt. Soc. Am. A. ,1987(4):35.

［14］Elgammal A, Harwood D, Davis LS. Non – parametric background model for background subtraction［C］. Proc. of the European Conf. of Computer Vision. 2000,1843:751 – 767.

［15］Fuhrmann D R. Quadtree traversal algorithms for pointer – based and depth – first representations［J］. IEEE Transactions on pattern Analysis and Machine Intelligence, 1988,10(6):955 – 960.

［16］Monnet A, Mittal A, Paragios N, et al. Background modeling and subtraction of dynamic scenes［C］. Proc. of the Internat. Conf. on Computer Vision. 2003:1305 – 1312.

［17］Mittal A, Paragios N. Motion – based background subtractionusing adaptive kernel density estimation［C］. Proc. of the Conf. on Computer Vision and Pattern Recognition,2004(2):1063 – 6919/04.

［18］Wang Yuehuan,Zhang Tianxu,Wang Guoyou. Small – target predetection with an attention mechanism［J］,Optical Engineering, 2002,41(4):872 – 885.

［19］王岳环,曾南志,张天序.基于注意机制的实时红外船舶检测［J］,中国图像图形学报,2003,8(A)(3):241 – 245.

［20］Sun Xiechang, Zhang Tianxu, et al. Clutter Suppression Method Based on Spatiotemporal Anisotropic Diffusion for Moving Point Target Detection in IR Image Sequence［J］. Journal of Infrared, Millimeter, and Terahertz Waves,2009,30(5):496 – 512.

[21] Sun Xiechang,Zhang Tianxu. Airborne Target Tracking Algorithm against Oppressive Decoys in Infrared Imagery[C]. Proc. SPIE 7495,74953I – 1 – 74953I – 7,2009.

[22] Hu Jing,Zhang Tianxu. Hough transform relative to a four – dimensional parameter space for the detection of constant velocity target [J]. Optical Engineering, 2010, 49 (12):127006.

[23] Wang Dengwei. Zhang Tianxu. Moving objects segmentation based on piecewise constant Mumford – Shah model solving by additive operator splitting[J]. Optical Engineering, 2010,49(3),037004:1 – 7.

[24] Wang Dengwei,Zhang Tianxu,et al. The infrared target recognition at sea background based on visual attention computational model and level set methodology[C]. Proc. SPIE 2009, 7383,73830B:1 – 15.

[25] Wang Dengwei,Zhang Tianxu,et al. The study of infrared target recognition at sea background based on visual attention computational model [C]. Proc. SPIE, 2009, 7383, 73830B:1 – 15.

[26] Shi Weijun,Wang Denwei,et al. Tracking and detection of small moving infrared target based on wavelet transform and fuzzy inference in complex dynamic background[C]. Proc. SPIE,2009,7383,738308:1 – 10.

[27] Wang Xiaoping,Zhang Tianxu. Clutter – adaptive infrared small target detection in infrared maritime scenarios[J]. Optical Engineering, 2011,50(6):067001(1 – 12).

[28] Wang Xiaoping, Zhang Tianxu, Yang Xiaoyu. Indirect building localization based on a prominent solid landmark from a forward – looking infrared imagery[J]. Chinese Optics Letters, 2011, 9(3),041003:1 – 4.

[29] Wang Dengwei,Zhang Tianxu. Building Recognition Based on Indirect Location of Planar Landmark in FLIR Image Sequences[J]. International Journal of Pattern Recognition and Artificial Intelligence,2011,25(3):431 – 448.

[30] Wei Longsheng,Sang Nong,Wang Yuehuan. A biologically inspired object – based visual attention[J]. Artificial Intelligence Review,2010,34(2):109 – 119.

[31] Sang Nong,Wei Longsheng,Wang Yuehuan. A biologically – inspired top – down learning model based on visual attention[C]. Proceeding of the 20th International Conference on Pattern Recognition(ICPR), 2010, August23 – 26:3736 – 3739.

[32] Guan Jing,Chen Jiancheng,et al. An improved blind restoration algorithm for multiframe turbulence – degraded images[C]. Proc. of SPIE on Multispectral Image Processing and Pattern Recognition, 2011,8002,80020W:1 – 8.

[33] Guenther R,Michael A,IR focal plane array seekers for ground – to – ground and air – to – ground missiles[C] Proc. of SPIE,2001,4369:201 – 209.

[34] Stephane C. Terminal air – to – ground missile guidance by infrared seeker[C]. Proc. of SPIE,2009,3086:233 – 243.

[35] Yang Xiaoyu,Zhang Tianxu,Yan Luxing,et al. Acquisition and tracking landmarks for navigation of aircraft[C]. Proc. SPIE vol. 7495,2009,749531:1 – 8.

第 7 章
实时信息处理系统设计与实现

本章是前 6 章研究成果的物化和集成,是飞行器光学寻的制导信息处理能否实现应用的关键阶段。

▶7.1 模块化、异构、规模可伸缩的处理结构

与人在回路中的制导模式完全不同,自动准确地检测、识别各类目标,其运算的复杂性、不规则性和运算量成数量级的增加。实际使用的实时信息处理系统还需要和飞行器上其他控制系统(统称上位机)交互,获取飞行器姿态、工作模式等信息,并将处理结果及自身状态返回用于生成控制指令。据国外有关文献分析,要实现中等复杂程度的自动寻的识别,其运算量处于 100~10000 亿次范围,导致飞行器环境下高性能算法的复杂性与实时实现的矛盾。由于当前飞行器计算资源少,结构不灵活,导致高性能自动寻的识别算法无法实时实现,因此需要研制高性能机/弹载图像识别器,实时完成复杂条件下弱小目标的检测识别定位。

我们分析了寻的制导全过程的组合算法,将运算操作分为调度控制型、不规则运算型、数据密集型 3 类,其中数据密集型的计算用专用芯片(ASIC)和系统芯片(SoC)实现。设计了新型 DSP + FPGA + ASICs 计算结构,采用可重构结

构以适应不同算法的并行化;在任务级(数据流、控制流)及指令级等多层次算法优化的基础上合理分配计算负载;设计了带宽可分的专用高速数据通路以满足不同的并发数据传输需要;研发嵌入式操作系统以提高系统的稳定性、灵活性、可靠性。突破了自动寻的识别定位算法在飞行器上实时实现的瓶颈,支撑我国飞行器光学成像寻的制导技术的发展。图 7 - 1 所示为本书提出并实现的处理系统结构与常规处理结构的对比。

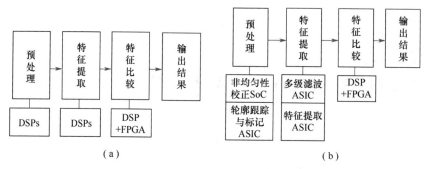

图 7 - 1　寻的信息处理系统结构比较

(a)常规系统结构;(b)本书的高性能系统结构。

☑7.1.1　模块化、可在线重构、规模可伸缩的实时识别处理机结构

本书提出了如图 7 - 2 所示的飞行器多通道实时识别处理机结构,在满足成像制导数据流需求的基础上实现了模块化,可根据算法和软件对资源的需要增加或减少计算模块,还可以通过接口模块的裁剪、扩展,实现多图像通路的处理,以实现图像融合、多模处理的功能。以 DSP 为核心控制计算部件,以FPGA 和 SoC、ASIC 作为协处理计算部件,通过专用高速数据通路的在线带宽分配实现计算结构的重构和满足不同模块间的数据通信带宽需求。通过在线重构,实现流水线、并行流水线、空间并行及各种混合并行结构的重组。

☑7.1.2　实现模块化、通用化的关键技术

采用多 DSP 进行计算时,芯片/模块间的通信能力是限制系统性能的重要因素。传统的制导信息处理系统中通信能力主要依赖于特定 DSP 芯片本身提供的数据通信能力,如 ADSP 系列芯片的 Link 口或 TI 系列芯片如 C6455 的RapidIO。因接口数量限制,当 DSP 数量增加时数据流重构能力受限。本书

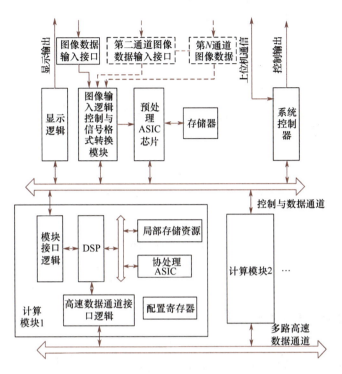

图 7 - 2　一种飞行器多通道实时处理系统结构

设计用 FPGA 实现了模块间的标准化数据通路,可用于各种 DSP 的互连及连接方式的重构,还采用 FPGA 实现可适应多种成像传感器的标准化接口,以进一步提高系统的模块化能力。

1.　高速 Link 口通信模块的 FPGA 实现

　　由于图像处理涉及大的运算量,要求很高的实时性,所以一种方案是尽量采用运算速度快的 DSP,采用优化的算法;或把任务分割,采用多个 DSP 同时处理来达到目的。高速处理往往带来高速传输,此时要求 DSP 之间的快速通信,因此板内或板间 DSP 高速高质量的传输就是 DSPs 能协同工作的关键。本书用 FPGA 实现了可重构 Link 口通信接口。

　　如图 7 - 3 所示使用 FPGA 的 LVDS 建立板间链路,实现了数据流的动态重构,在保持了高数据带宽和灵活的数据流前提下,具有体积、功耗小,更适合飞行器应用的特点,不仅解决了无 Link 口的 DSP 芯片互连(如 TI 的 C6000 系列),还解决了如 ADSP 的 Link 口或 TI 的 C6455 的 RapidIO 无重构能力的问题,将板内计算模块与板间计算模块并行结构的重构统一起来。

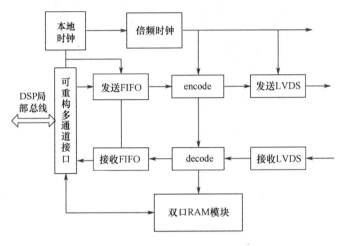

图 7-3　Link 口模块 FPGA 内部逻辑框图

2. **适应不同成像传感器的通用接口模块**

不同导引头往往使用不同制式的成像器,我们研制的以 FPGA 为核心的通用接口模块,分解接口中不同层次的需求并提出对应的解决方法,能适应多种成像器输出的电平、时序,配合算法对帧缓存的要求。其结构如图 7-4 所示。

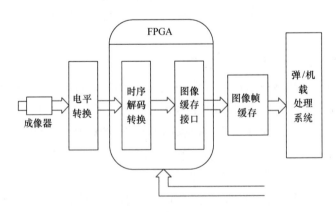

图 7-4　标准化接口模块示意图

7.1.3　寻的制导信息处理系统的模块化、标准化、系列化设计

1. 模块化设计的内容

结合到应用系统,模块化设计应当包括如下内容:

(1) 体系结构框架搭建。

进行体系结构框架的研究是宏观体系结构的设计和研究的抽象。首先要开展对某一领域内系统共性功能的分析,并在充分理解这些共性任务与约束的基础上,提出系统体系结构框架。系统体系结构框架只是进一步研究的依据,是一种原型系统。系统体系结构框架不涉及具体实现,是该领域处理系统的基本描述,对具体系统设计起指导作用。也只有确立框架之后,才能开展具体的模块设计。我们必须在设计具体的模块前,确定该模块的应用范围和基本功能。体系结构框架的研究就是对所有模块进行约束,对在该框架下的模块进行功能分类,确定它们之间的连接关系,例如规定模块之间的数据交换和其他信息交换的方式。

(2) 功能分解与模块划分。

模块化设计的原则之一是力求减少模块种类,且模块结构应尽量简单、规范,模块间的联系尽可能简单。因此,如何科学地划分模块,是具有技巧性的工作。要注意以下几点:

① 模块在系统中的作用及其更换的可能性和必要性。

② 保持模块在功能及结构方面一定的独立性和完整性,加强模块内部耦合。

③ 模块间的接合要素要便于连接与分离,减弱模块间的耦合。

④ 模块的划分不能影响系统的主要功能。

(3) 模块标准接口研究与设计。

模块标准化是模块划分的基础,是指模块结构标准化,尤其是模块接口标准化。模块化设计所依赖的是模块的组合。模块的重要特征是其通用性和可重用性,这两个特征主要体现在接口上,必须提高其标准化、通用化、规格化的程度。模块内部结构可以是异构的,但外部接口必须标准化。在通用计算机行业中,由于采用了标准的总线结构,来自不同国家和地区厂家的模块均能组成计算机系统并协调工作,使这些厂家可以集中精力,大量生产某些特定的模

块,并不断进行改进和研究,使计算机技术达到空前的发展。所以模块的标准接口必须解决不同类型、功能和性能的模块组装构成系统时的接口规范问题。在序列图像处理系统设计中,用户需要结合标准接口的功能和性能要求研究和设计机械、电气规范。

(4) 模块的研究与设计。

在确立了各模块的外部接口和外部特征之后,我们可以设计该模块内的具体实现。这涉及微观体系结构的研究以及该体系结构的具体实现。模块的可扩展性、可编程性、可维护性是模块设计重要指标。模块的设计方法可以采用上述的自顶向下法和关键部件进入法,外部标准接口是设计的重要约束。

(5) 模块库管理和维护。

模块作为系统的构件,其管理和维护一方面包含各个构件的详细刻画的管理,仔细划分不同的构件域,以便于将来的应用和研究,并且将对各个构件进行各种日常性维护,如改正性维护、完善性维护等。另一方面应当对各个构件进行比较和分类,为新的构件设计和研究、系统的体系结构的研究等提供重要的依据。这两方面的工作是互相制约和相互推动的,只有认识了各构件细节,才能进行正确的比较和分类,反之比较和分类又深化了对各构件的理解。这是挖掘各构件的潜力,升级构件性能的必备过程。

(6) 应用系统开发研究。

模块化设计的最终目的是应用系统的开发。同时,在完善各模块的基础上,应用系统的开发将是具体体系结构的设计和应用算法研究和实施。模块化思路的引入,使应用系统的设计变化较高层次上的设计活动,设计者可以更多地关注应用本身的特殊问题,更加有效地解决这些问题。模块化设计方法使得应用系统开发周期明显缩短,由于模块的稳健性,应用系统的稳定性有了保证。在我们的高性能寻的制导序列图像处理系统设计中,面向寻的制导任务的特殊性和各处理模块的通用性达到了统一。

2. 柔性模块化

传统的模块化指的是模块化的电子部件,它们具有标准的物理外形、接口等等。然而在飞行器电子系统中,由于受到电子舱条件约束,这种硬性模块化必然导致电子舱空间利用率下降,减少了单位体积信息处理机的处理性能。

为解决上述问题,我们提出信息处理机的柔性模块化的概念。主要思路是将模块概念引申到信息处理机电路的设计阶段。将设计阶段的模块分为:电原理设计模块、PCB 设计模块和 FPGA 逻辑模块 3 个层次。与传统的模块化相比,这 3 个层次的模块化并不直接体现在电路板产品上,而是体现在构成电路板的基础设计上,我们称为柔性模块化。将成熟设计进行模块化封装,使系统设计能充分借鉴以往的成果,提高了系统设计效率,保证了新设计的正确性。柔性模块化的设计能将大规模设计分解,充分发挥大团队设计的人力及专业优势。

柔性模块化的关键仍然在于模块的划分,主要原则也是隐蔽性和独立性。隐蔽性指尽量保持模块对外的独立性,只对外提供接口,封装隐蔽模块内的数据和信息。独立性指模块的功能尽量由内部完成,系统各模块之间保持松耦合状态,内部高内聚和外部低耦合。

3.　模块接口标准协议研究

原型机框架下,模块间通过总线产生连接关系,各个模块通过接口接入总线,还必须研究模块的接口标准,方便各种类型、功能和性能的模块互连。若总线采用工业标准总线,如 cPCI、VME 和 PMC 等总线,接口的设计只需要遵从总线标准(包含机械、电气和软件协议的多层规范)。从功能层次上,接口是总线标准的一个子集,接口设计时更多地注重总线接入能力,而不关心模块接入后的系统上层功能——模块使用者如何编程操作模块的问题,对于系统使用者,接口是透明的。

模块化系统中主从总线普遍采用工业标准总线,而数据互连总线及其接口则一般由用户自定义。此时,接口设计需要考虑面向模块互连的底层问题,也需要考虑模块间高数据率的数据传输问题以及使用者操纵接口的界面问题。显然,接口的功能需求具有明显的层次性,我们可以按照图 7 - 5 所示的分层结构设计接口,各层功能描述如下:

(1) 逻辑接口层:提供用户操作接口的界面、规范和数据(包)格式,用户直接操作该接口实现所需的操

图 7 - 5　标准接口的
分层结构模型

逻辑接口层

通用传输层

物理层

作。该层为不同的编程模型提供支持,设计人员可以根据具体应用选择其中的一种传输机制和相应的编程模型。

(2) 通用传输层:为实现数据(包)在用户间传输提供连接(路由)信息。

(3) 物理层:定义了一些设备级的接口信息,如接口的电气规范、时序特征低级差错管理等,甚至包括对传输媒体和其拓扑结构的规格说明等信息。

在多层次的模块化系统中,不同层次的模块之间的接口功能需求不同,其差异体现为需求处于分层结构中的不同层级。逻辑接口层向接口使用者屏蔽了底层实现,接口的具体实现对使用者是透明的,使用者最关心的是逻辑接口的使用规范。在序列图像处理系统中,接口的使用者一般就是处理器,接口的设计需要考虑处理器操作接口的方便,即要求处理器能以较小的软件开销操作接口。一般地,我们可以在处理器集成的数据通信端口(外部存储器总线、专用数据链路口)基础上实现模块互连接口,这样可以只设计和实现物理层规范,而上层规范则由集成数据通信端口直接提供。

图 7-5 所示的分层结构为接口设计提供了灵活性,有利于实现接口的标准化。在处理器提供的接口资源基础上设计模块标准接口可以简化设计,提高接口使用效率,但是必须注意接口的通用性和兼容性问题。

以下是几个典型的接口模块设计例子:

(1) 图像接收模块。

图像接收模块实时接收来自成像器的输入图像序列,通过 PSI 接入处理模块。对实时处理机而言,成像探测器为一个主动输入设备,其输出不受处理机控制,处理器(如 DSP)要使用这些数据,必须进行缓存,以解决探测器数据供给率低而处理器数据传输快的矛盾。我们一般选用 FIFO 方式缓存输入数据。操作 FIFO 不需要地址线,控制比较简单,系统实现容易。更重要地是,图像输入缓存处于数据流前端,FIFO 方式下的数据顺序读写符合数据流序贯输入的特点。图像输入接收单元的内部结构框图和工作状态图如图 7-6 所示。

(2) 视频显示单元。

视频显示单元负责以 PAL 制式直观显示原始序列图像、中间结果或叠加目标位置信息的结果序列图像。显示单元是实时序列图像信息处理流程中较特殊的环节,从数据流角度,显示单元涉及各个阶段的数据流。因而,我们并

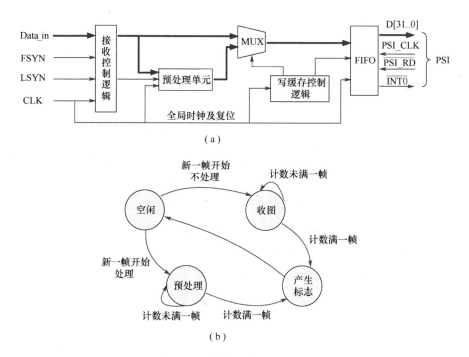

（a）

（b）

图 7-6　图像接收模块的实例

（a）接收模块内部功能框图；（b）接收模块工作状态图。

不将显示单元视为实时处理机的输出单元，而是作为一个中间环节。视频显示单元采用双口 RAM 缓存主处理模块写入的待显示数据。

（3）上位机接口单元。

实时处理机通过上位机接口接收上位机信息，并向其输出处理结果。与序列图像数据相比，接口数据率很小，其接收者一般为慢速设备，采用较低速的串口方式交换数据。

图 7-7 所示为上述单元的接口模块框图。图像输入接收单元可能随不同的输入视频格式而不同，由于我们使用 FPGA 编程实现接收逻辑，该单元可以抽象为逻辑设计层的模块。考虑到输入接收逻辑和显示控制逻辑耗用资源较少，可在同一个 FPGA 内实现。另外，FPGA 处于数据流最前端，可以实现某些图像处理的低层操作，而将中高层处理分配给后面的处理模块处理。

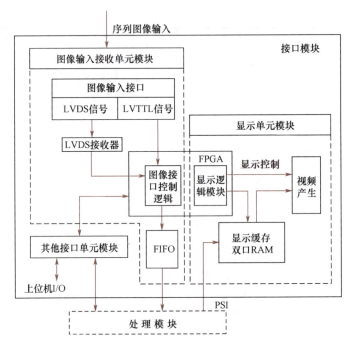

图 7-7　接口模块结构框图

4. 系统实现实例

1）带有多级滤波 ASIC 芯片的 ASIC + FPGA + DSP 图像信息处理模块

图 7-8 所示处理板上的两个 DSP 有两种工作方式：

（1）并行结构。两个 DSP 运行相同的处理算法，每个 DSP 处理图像的 1/2，最终处理结果由主 DSP 返回给上位机并传送图像到显示板显示。

（2）串行结构。两个 DSP 顺序工作，主 DSP 完成图像处理的一部分工作，再通过 FIFO 将图像传给从 DSP，从 DSP 处理完成后将结果通过主 DSP 通道将其送回上位机并同时把图像传给显示板显示。

处理板上两个 DSP 之间的图像通道由两个单向的 FIFO 组成，处理板和显示板之间的图像数据通信由并转串的差分模块完成；该通道输出的图像信号除了供显示板显示，还能方便地供其他器件接收、采集等。

2）ASIC/SoC + FPGA + DSP 双通道图像信息处理机

该处理机功能主要有：支持单波段图像输入或双波段图像同时输入；包

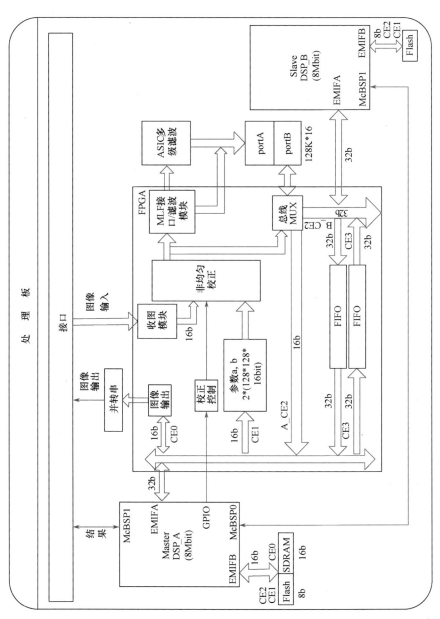

图 7-8 带有多级滤波 AISC 芯片的 ASIC+FPGA+DSP 信息处理机

含加载/测试串口;与上位机接口:DSP 引出的 McBSP 串口;模块化:可与兼容接口的其他信号处理模块对接;图 7 - 9 所示为该处理机外部接口关系示意图。

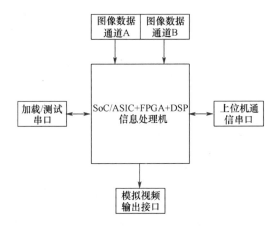

图 7 - 9 信息处理机外部接口

图像数据通道 A/B:外部双波段图像数字视频流输入至信号处理机。

加载/测试串口:通过 PC 上串口向信号处理机收发数据,主要包括 DSP 上运行算法的二次加载和非均匀性校正 SoC 的参数配置,还可用于测试向量的加载。

上位机通信串口:通过信号处理机上 DSP 引出的 McBSP 串口与板外通信。

模拟视频输出接口:信号处理机上通过 D/A 转换芯片向外部监视设备输出模拟视频信号。

处理机总体结构设计如图 7 - 10 所示。

整个系统由两部分组成,一块是预处理板,一块是处理板。

(1) 预处理板。双波段图像由两路同时独立的输入,经过校正 SoC、旋转 ASIC 和多级滤波 ASIC 等完成若干预处理操作后输出给处理板,所有 ASIC 芯片的数据通路由 FPGA 来搭建,同时 FPGA 也能完成一定的预处理功能。其中旋转 ASIC 分时处理两路图像。

(2) 处理板。搭载了 DSP、旋转 ASIC 和标记 ASIC 等芯片,主要完成对双波段图像的算法处理任务,与上位机通信,实时输出结果并显示。各个芯片之

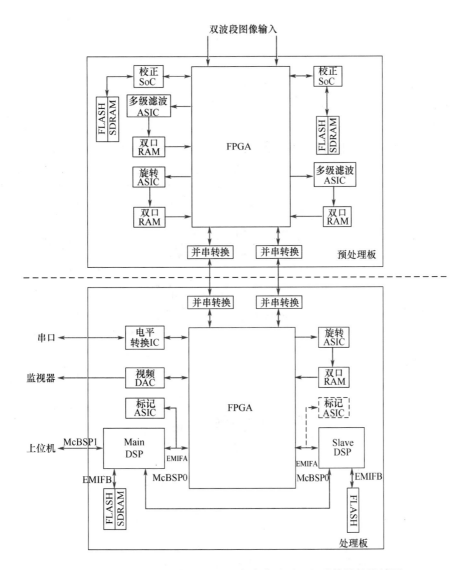

图 7 – 10   SoC/ASIC + FPGA + DSP 复合信号处理机总体结构设计图

间的数据通路也由 FPGA 来完成。图 7 – 10 中虚线的表示也可以使用 1 片标记 ASIC，而且当使用 1 片标记 ASIC 时需要分时来处理两路图像。同时搭载的 1 片旋转 ASIC 也是用来分时处理两路图像。

这个双波段复合信号处理机中用到的专用 ASIC 芯片简要介绍如下：

（1）非均匀校正（NUC）SoC。

该芯片主要用于红外图像的非均匀校正，使用时输入像素时钟：5～30MHz；该校正 SoC 最高适应 15bit 灰度级量化的无符号图像数据，输出为 16bit 的无符号数据，支持图像总像素个数为奇偶的情况。校正 SoC 可处理的图像大小可编程，最大行值 1024，最大列值 640。每片校正 SoC 的配套资源为：SDRAM 1 片、FLASH 1 片。

其典型应用的电路如图 7-11 所示，芯片的操作流程如图 7-12 所示。

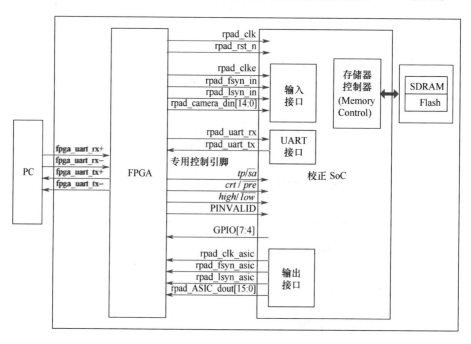

图 7-11　校正 SoC 应用框图

包括步骤如下：

上电复位：如果启动时没有给校正 SoC 工作时钟，但是给出了异步复位，这时只要等到校正 SoC 芯片时钟被 FPGA 给出后，仍然可以工作。异步复位由外部给出，脉冲宽度应至少为 2 个输入的像素时钟周期。

初始化：校正 SoC 在上电复位后自动完成初始化。

配置参数载入：校正 SoC 的配置参数有两种加载方式：

a. 通过本身的专用控制引脚，由外部的 FPGA 给出（FPGA 可以通过外接

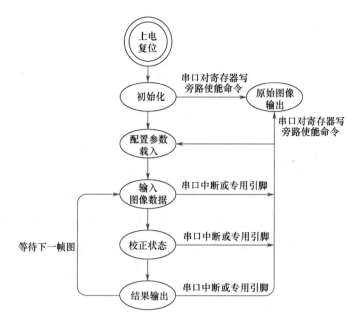

图 7-12　校正 SoC 简易操作流程

拨码开关加按钮来选择状态)。当配置的输入状态有效时,需要最后给出 PIN-VALID 信号有效,以表示此时校正 SoC 芯片可以读取使用该配置。

　　b. 通过 UART 接口,接收传入的配置参数(由板外的 PC 控制)。当串口有数据输入时,校正 SoC 芯片的串口接收模块会产生一个串口中断,供 SoC 响应参数输入。

　　开始输入图像数据后,校正 SoC 对输入的图像数据进行实时校正。完成两点定标校正或者自适应校正。整体校正时间大约比输入图像数据延迟一行图像处理时间。

　　校正 SoC 将校正后的结果再以数字视频流形式输出。同时还有 GPIO 用于指示校正 SoC 的当前工作状态。

　　(2) 旋转 ASIC 芯片(Rotator)。

　　该芯片主要用于图像的实时旋转,可用于对输入图像的数字去旋,也可在处理过程中对某个需要旋转的二维数据进行操作。

　　该芯片处理图像位宽最大 16bit,图像灰度为 65535 级。最大处理图像大小为 690×512(列×行)。

芯片可放置在数据通道和协处理两个位置,分别位于预处理板和处理板。其配套资源为 DPRAM 1 片。

典型应用的硬件电路如图 7 – 13 所示。

有的 DPRAM 无 RapidWrite 模式,就只能采用 NormalWrite 模式。操作流程如图 7 – 14 所示,其中:

a. 旋转状态:可以完成范围 $-45.0° \sim +45.0°$,角度分辨率 $0.1°$ 的旋转操作。假设旋转 ASIC 的工作时钟为 50MHz,对单波段最大 $320 \times 256 \times 16$bit 的图像旋转 $45.0°$,则根据公式 $T_{ini} = 30 + \max\{408, 389\} \times 4 \approx 1662$ns,$T_{rot} = (320 + 5) \times (389 + 7) = 128700$,得旋转总的处理时间为 $(T_{ini} + T_{rot}) \times T_{clk} = (1662 + 128700) \times 20$ns ≈ 2.60724ms。其中 T_{ini} 为输入数据后等待旋转初始化的时间,$T_{ini} = 30 + \max\{M\_n, N\_n\} \times 4$;$T_{rot}$ 为旋转 ASIC 三步平移差值的时间,$T_{rot} = (M + 5) \times (N\_n + 7)$;$M\_n$,$N\_n$ 分别为图像扩展后的行数和列数,$N\_n = N + \tan(s/$

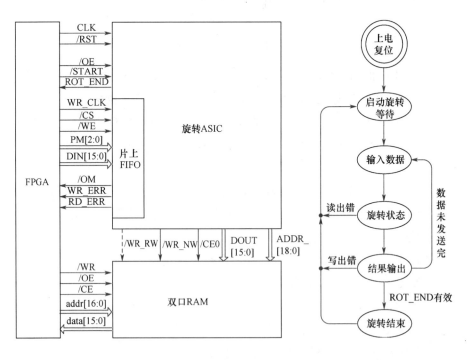

图 7 – 13 旋转 ASIC 应用　　　　　图 7 – 14 旋转 ASIC 简易
　　　电路框图　　　　　　　　　　　　　操作流程

$2) * (M-1) + 1, M\_n = M + \sin(s) * (N - N\_n/2) * 2 + 1; s$ 为旋转角度。在旋转过程中,旋转 ASIC 还将内部状态输出到专用的信号指示引脚。

b. 旋转结束:当旋转 ASIC 将旋转后图像的最后一个像素写入到外部的 DPRAM 后的 0.2ns 内会被拉高,表示此时旋转结束,可以通知下一处理环节读取。

(3) 多级滤波 ASIC 芯片(MLF)。

该芯片的主要功能是在杂波背景下对多个尺度的小目标进行增强滤波,用于小目标检测预处理。可以适应 5～10MHz 频率像素时钟的输入,支持 1024×1024 分辨力,8～16bit 级灰度的输入图像数据。配套芯片为 DPRAM 1 片。

其典型应用的硬件电路框图如图 7－15 所示。

芯片的操作流程如图 7－16 所示。

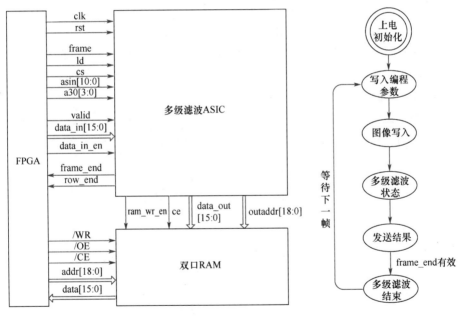

图 7－15　多级滤波 ASIC 应用
硬件电路框图

图 7－16　多级滤波 ASIC
简易操作流程

该芯片通过外部编程写入数据输入的段地址和图像大小。在工作过程中,图像在数据有效信号下写入多级滤波 ASIC 内的异步 FIFO 中。当存放图像的异步 FIFO 达到半满时,多级滤波开始处理图像数据。

发送结果:3 路结果数据和原始图像分时输出到外部的 DPRAM 中,当完成一行给出相应的行处理信号 row_end,当完成整帧的输出后,多级滤波 ASIC 给出 frame_end 信号,指示当前一帧处理完毕。

多级滤波结束:在处理完成、frame_end 有效的情况下,多级滤波 ASIC 被帧间复位信号 frame 重新初始化,并自动填装地址寄存器,准备下一帧图的处理。

(4) 标记芯片(LABEL)。

该芯片的主要功能是对分割后的多值图像进行联通域标记,为目标检测的一个重要数据密集型计算步骤。该芯片处理位宽可以最大支持 3bit,即可支持图像灰度级为 8 级的多值分割图像。可以支持最大分辨力为 511×511 的图像。该芯片无需额外配套资源。

以下是几个典型应用的硬件电路。

图 7-17 给出的方案:使用 1 个标记 ASIC,由 FPGA 来分时对其进行操作,需要在 FPGA 内的 DSP 控制模块中加入分时控制逻辑,同时对标记 ASIC 中异步存储空间和同步存储空间的访问可以用 FPGA 来选择,需要使用 DSP 的一个 CE 空间。

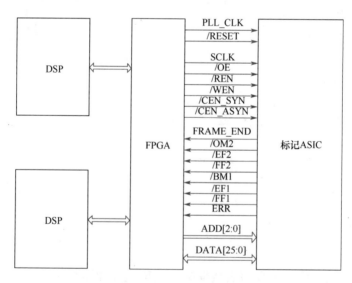

图 7-17　标记 ASIC 应用框图(1)

图 7 - 18 给出的方案:使用 2 个标记 ASIC,分别接到 2 个 DSP 的 EMIF 口上,由各 DSP 直接控制,需要占用 DSP 的两个 CE 空间来分别控制标记 ASIC 中的异步存储空间和同步存储空间。同时将标记 ASIC 的 ERR 信号通过中断信号给 DSP,而 FRAME_END 、OM2 、EF1 和/FF1 可以用 GPIO 连到 DSP,在程序中用查询的方式来判断。

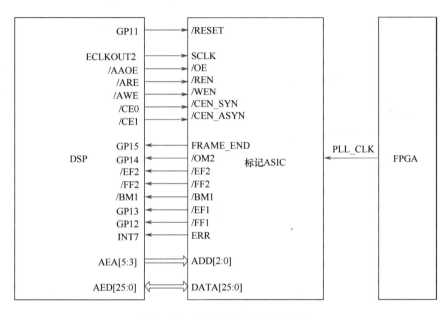

图 7 - 18　标记 ASIC 应用框图(2)

图 7 - 19 给出的方案:使用 2 个标记 ASIC,1 个接到 FPGA 上。

图 7 - 20 所示为相应的操作流程。

a. 上电复位:标记 ASIC 上电后,由 DSP 的 GPIO 引脚或者 FPGA 给出一个低电平脉冲给标记 ASIC 的/RESET 引脚,对整个标记芯片进行复位。

b. 参数写入:向标记 ASIC 的异步存储器写入带标记图像的各个参数,最后写入启动标记指令,并等待($5T_{clk} + 3T_{sclk}$)ns 时间,使标记 ASIC 的同步存储器(FIFO1 和 FIFO2)复位完成。

c. 待标记图像写入:向标记 ASIC 内部的同步存储器 FIFO1 写入需要标记的图像,数据个数为图像像素个数。

d. 标记状态:标记 ASIC 标记图像的过程和待标记图像的输入、标记结果

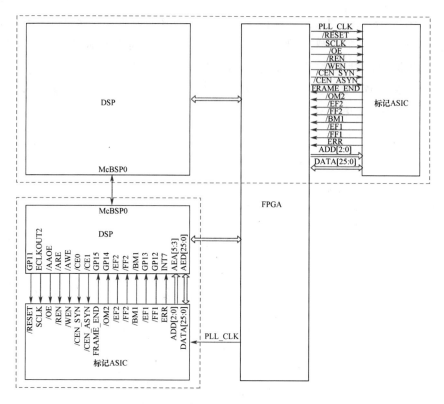

图 7 – 19　标记 ASIC 应用框图(3)

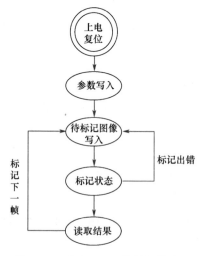

图 7 – 20　标记 ASIC 简易操作流程

的输出是并行处理的,标记处理时间的公式为 $T = M \times N \times T_{sclk}$(写入待标记图像的时间)$+ 0.2ms$(等价表整理时间)$+ M \times N \times T_{sclk}$(读取标记结果的时间)。比如标记一幅单波段 320×256 的图像大约需要 $0.8 + 0.2 + 0.8 = 1.8ms$。

e. 读取结果:当/OM2 信号有效时,向标记 ASIC 中的异步存储器读取相应的联通区域个数,随后向标记 ASIC 中的同步存储器 FIFO2 中可以由选择性的读取标记后的图像和相关特征值,通过配置 Result_type 的值来选择读出的内容。

图 7 – 21 所示为双色红外处理机实物图。

图 7 – 21 双色红外处理机实物图(见书末彩页)

▶ 7.2 面向寻的信息处理系统的共用算法 VLSI 设计

针对实时寻的信息处理的需求,我们团队在国内首次成功研制了 5 种典型的用于成像自动目标识别算法的 ASIC 芯片,提高了飞行器信息处理速度,减少了对国外高性能 DSP 的依赖,在这一核心领域掌握了自主知识产权。以下对此进行简要介绍。

⚐ 7.2.1 多目标多尺度递推滤波检测算法 ASIC 实现

如图 7 – 22 所示,实现多目标多尺度递推滤波检测算法 ASIC 芯片主要由时钟发生器、数据通道、FIFO、控制器四部分组成。时钟产生器(clkgen)是产生 3 个分频时钟的模块;数据通道(datapath)是算法实现部分;fifo 是数据缓冲

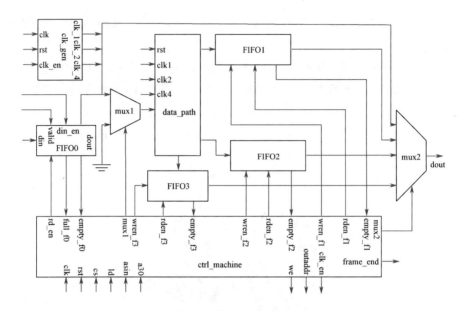

图 7-22　多级滤波 ASIC(MLF)基本结构框架

和存储部分;控制器(ctrl_machine)部分是协调整个结构正常运转的部分。图 7-23所示为芯片封装图。

图 7-23　多目标多尺度递推滤波 ASIC 芯片

多目标多尺度递推滤波检测 ASIC 芯片已经在飞行器光学寻的制导小型化实时信息处理系统中得到成功应用。

表 7-1 所列为多级滤波小目标检测采用ADSP-21060 和我们研制的 ASIC 芯片 MLF 的比较。

表 7 – 1　多级滤波小目标检测采用 ADSP – 21060 和
我们研制的 ASIC 芯片 MLF 的比较

实现方式	处理时间(128 像素 × 128 像素图像)	性能受内存约束情况	电路规模	功耗
ADSP – 21060	大于 30ms	待处理的图像较大时内存不够，使用外存时性能急剧下降	数百万门级	4W
小目标检测多级滤波芯片 MLF	隐藏于数据传输过程中,处理延时 12μs	不依赖内存	约 6 万门	0.5W

7.2.2　多目标轮廓跟踪与标记算法的 ASIC 实现

目标图像标记和轮廓跟踪 ASIC 系统结构框图如图 7'–24 所示。ASIC 对外数据接口分为两组,上面一组为 DSP 访问接口,用于 DSP 访问 ASIC 内部双口存储器;下面一组为片外双口 RAM 访问接口,用于 ASIC 访问设置于片外的完整图像存储器,即存放被处理图像和标记后图像的数据存储器。图 7 – 25 所示为该芯片的封装图。

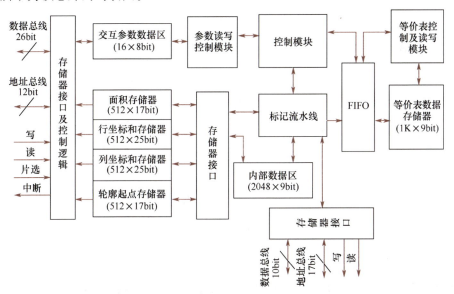

图 7 – 24　目标图像标记和轮廓跟踪 ASIC(LABEL)系统结构框图

图 7-25　目标图像标记和轮廓跟踪 ASIC 芯片

表 7-2 所列为多值图像标记与轮廓跟踪分别采用 ADSP-21060 和我们的 ASIC 芯片的比较。

表 7-2　多值图像标记与轮廓跟踪分别采用

ADSP-21060 和我们的 ASIC 芯片的比较

实现方式	处理时间(128×128像素图像)/ms	性能受内存约束情况	电路规模	功耗/W
ADSP-21060	13	待处理的图像较大时内存不够,使用外存时性能急剧下降	数百万门级	4
图像标记和轮廓跟踪芯片 LABEL	1.3	存储器需求减少 50%	约 23 万门	1

7.2.3　优化流水机制实现快速图像旋转

为了解决模板匹配、电子稳像等实时应用的需求,我们的团队研制了快速图像旋转 ASIC,用于实现灰度图像的实时二维平面旋转。为了便于构成流水线,我们采用了基于图 7-26 所示的 3 次平移的图像旋转算法,并且采用具有较高插值精度的双 3 次卷积插值算法。

3 次平移的图像旋转算法描述如下:

$$\begin{bmatrix} x' \\ y' \end{bmatrix} = \begin{bmatrix} 1 & -\tan\theta/2 \\ 0 & 1 \end{bmatrix} \begin{bmatrix} 1 & 0 \\ \sin\theta & 1 \end{bmatrix} \begin{bmatrix} 1 & -\tan\theta/2 \\ 0 & 1 \end{bmatrix} \begin{bmatrix} x \\ y \end{bmatrix}$$

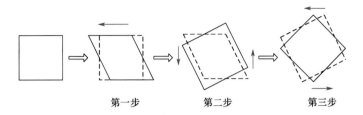

第一步　　　　第二步　　　　第三步

图 7 - 26　3 次平移的图像旋转算法示意图

二维双 3 次插值公式如下：

$$P(s,t)=\begin{bmatrix}C_0(s)&C_1(s)&C_2(s)&C_3(s)\end{bmatrix}\begin{bmatrix}P_{i-1,j-1}&P_{i-1,j}&P_{i-1,j+1}&P_{i-1,j+2}\\P_{i,j-1}&P_{i,j}&P_{i,j+1}&P_{i,j+2}\\P_{i+1,j-1}&P_{i+1,j}&P_{i+1,j+1}&P_{i+1,j+2}\\P_{i+2,j-1}&P_{i+2,j}&P_{i+2,j+1}&P_{i+2,j+2}\end{bmatrix}\begin{bmatrix}C_0(t)\\C_1(t)\\C_2(t)\\C_3(t)\end{bmatrix}$$

其中插值核为
$$\begin{cases}C_0(t)=-\alpha t^3+2\alpha t^2-\alpha t\\C_1(t)=(2-\alpha)t^3+(\alpha-3)t^2+1\\C_2(t)=(a-2)t^3+(3-2\alpha)t^2+\alpha t\\C_3(t)=\alpha t^3-\alpha t^2\end{cases}$$

边界条件为
$$\begin{cases}P_{0,j}=6(1-\alpha)P_{1,j}-3P_{2,j}+(6\alpha-2)P_{3,j}\\P_{m+1,j}=6(1-\alpha)P_{m,j}-3P_{m-1,j}+(6\alpha-2)P_{m-2,j}\\P_{i,j}=6(1-\alpha)P_{i,j}-3P_{i,2}+(6\alpha-2)P_{i,3}\\P_{i,n+1}=6(1-\alpha)P_{i,n}-3P_{i,n-1}+(6\alpha-2)P_{i,n-2}\end{cases}$$

一般 $\alpha=\dfrac{1}{2}$，故

插值核为
$$\begin{cases}C_0(t)=-\dfrac{1}{2}t^3+t^2-\dfrac{1}{2}t\\[2mm]C_1(t)=\dfrac{3}{2}t^3-\dfrac{5}{2}t^2+1\\[2mm]C_2(t)=-\dfrac{3}{2}t^3+2t^2+\dfrac{1}{2}t\\[2mm]C_3(t)=\dfrac{1}{2}t^3-\dfrac{1}{2}t^2\end{cases}$$

边界条件为
$$\begin{cases} P_{0,j} = 3P_{1,j} - 3P_{2,j} + P_{3,j} \\ P_{m+1,j} = 3P_{m,j} - 3P_{m-1,j} + P_{m-2,j} \\ P_{i,0} = 3P_{i,1} - 3P_{i,2} + P_{i,3} \\ P_{i,n+1} = 3P_{i,n} - 3P_{i,n-1} + P_{i,n-2} \end{cases}$$

当上述二维双 3 次插值应用到 3 次平移旋转算法中时,由于每一次平移都是在一维进行的,所以每一次平移时 s 或 t 就有一个为 0。以第一次平移为例,则 t 为 0,那么就简化为

$$P(s,t) = \begin{bmatrix} C_0(s) & C_1(s) & C_2(s) & C_3(s) \end{bmatrix} \begin{bmatrix} P_{i-1,j} \\ P_{i,j} \\ P_{i+1,j} \\ P_{i+2,j} \end{bmatrix}$$

3 次平移过程中,为了保存图像有效信息不致丢失,需要扩展中间结果存储器,以保存完整的平移后图像,这样不仅增加了中间暂存存储器的容量,而且增加了后续平移所处理的数据总量,导致芯片的数据通过率降低。如图 7-27 所示,为了保存完整图像信息需要对中间结果的存储空间进行扩展,但是这样必然引入一定浪费,图中白色方框为旋转后的有效图像数据,灰色方框则为无效数据。

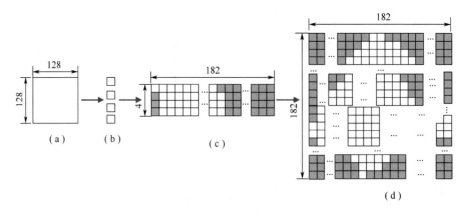

图 7-27　平移中间结果在存储器中的分布示意图

(a)原始图像;(b) M_1 中数据分配;(c) M_2 中数据分配;(d) M_3 中数据分配。

在研究算法的具体实现过程中,用于暂存每次平移结果的存储器容量过大,如果实现于片上,将导致芯片的面积和功耗增加,如果实现于片外,则由于存在 PAD 访问延迟,将限制芯片的实时数据通过率;此外,在第二次平移之后,需要经过多行延迟,才能进行第三次平移,导致结果输出延迟增加。图 7 – 28 是某文献报道的将中间结果存储器设置于片外的一种实现方式,该方式实现的数据通过率较低,并且最终结果输出延迟高。

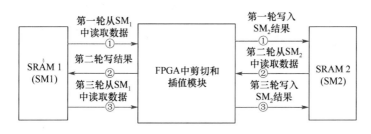

图 7 – 28　一种旋转算法 FPGA 实现

因此,在旋转算法的 VLSI 实时实现中,就需要解决每次平移之后的数据暂存问题,以求能够降低芯片的面积,减少结果输出延迟,提高芯片整体数据通过率。旋转 ASIC 整体体系结构如图 7 – 29 所示。

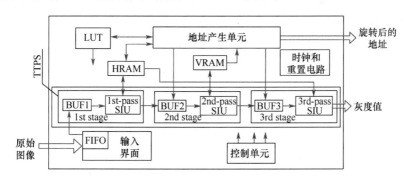

图 7 – 29　旋转 ASIC 整体体系结构框图

本设计中,为了获得较高的数据通过率,3 次平移按照流水线方式组织。其中在第二次平移之后的数据缓存 BUF3 的设计中,我们采用了暂存平移量机制,仅将有效数据依次写入存储器中,而没有按照数据的实际几何位置保存。这样,BUF3 中的暂存的图像与其实际位置是不相对应的,该方案避免大量的无效数据占据存储空间,也减少了第三次平移需要处理的数据总量。为了保证数据的正确地进行第三次平移,还需要将 BUF3 中取出的数据恢复其原始位置关系,以进行正确的插值。因此,需要设计一个选择电路,用于从来自 BUF3 的数据中选取进行第三次平移的插值数据。BUF2 的数据存储和插值数据选择电路如图 7 - 30 所示。

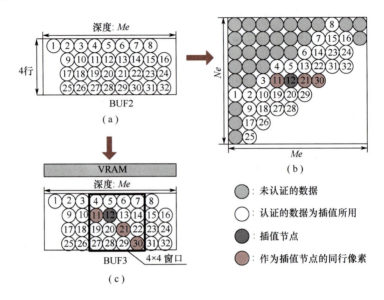

图 7 - 30　数据存储和插值数据选择电路

(a) 首次旋转操作后的中间结果;(b) 使用 DMSA 的扭曲图像存储图;(c) 使用 TSSO 的存储图。

采用上述技术,我们可以将片上存储器容量减少 90%,减少了结果输出延迟,同时提高了芯片数据通过率。我们的设计在 100MHz 下,处理 690×512 图像,仅需要 4.7ms,等于达到 200 帧/s 的数据通过率。与在 TI 的 C64 系列上 DSP 实现相比,加速比超过 200 倍。

7.2.4　基于运动检测指导的组合非均匀性自适应校正 SoC

针对红外焦平面非均匀性存在的温漂和时漂问题,我们研制了基于场景的红外非均匀性组合自适应校正算法,着重解决已有自适应非均匀性校正算法出现的目标退化和伪像现象。算法包括预处理、坏元检测和非均匀性校正三部分。仿真结果表明,算法能够较好地去除固定图案噪声,消除目标退化和伪像现象。

基于运动检测指导的自适应组合校正算法包括预处理、校正、迭代步长调整和增益校正系数更新 4 个环节。预处理环节只有在对一个新的序列图开始校正之前才需要执行。图 7 - 31 所示为算法的具体流程。

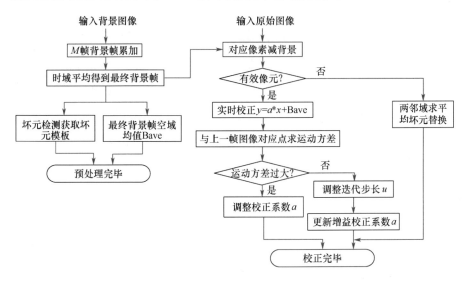

图 7 - 31　自适应组合校正算法流程图

图 7 - 32 所示为原始红外图像,图 7 - 33 所示为对红外图像序列进行自适应校正的结果。

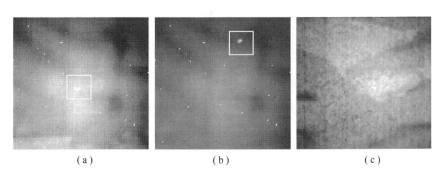

（a）　　　　　　　　　（b）　　　　　　　　　（c）

图 7 - 32　原始红外图像

（a）第 120 帧；（b）第 70 帧；（c）第 465 帧。

试验结果表明;算法能够较好地去除固定图案噪声,消除目标退化和伪像现象。图 7 - 34 所示为 SoC 芯片实现的框图。

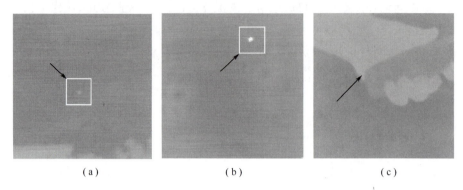

图 7 - 33　对红外图像序列进行自适应校正的结果

(a) 第 120 帧;(b) 第 70 帧;(c) 第 465 帧。

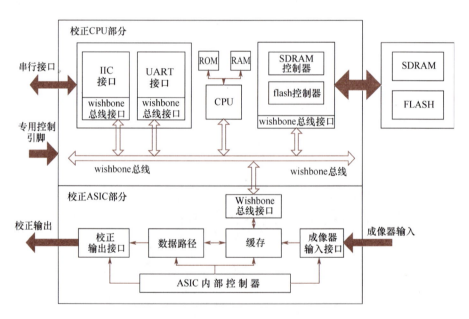

图 7 - 34　自适应非均匀校正 SoC 框图

该芯片具有可配置功能,可以实现两点固定参数的定标和实时校正过程,也可以用于实现组合自适应校正算法的背景帧获取和实时校正过程。其支持的最高像素通过率达到 38M 像素/s,能够支持 $640 \times 480 \times 100$ 帧/s 的成像器,达到实时非均匀性校正。

⚐7.2.5　图像连通域标记和轮廓跟踪的 VLSI 实现

多值图像连通域标记和轮廓跟踪算法采用 DSP 执行需要消耗大量运算时间,采用 VLSI 技术进行加速时,由于存在强数据相关性而无法进行有效加速,并且消耗巨大的硬件资源。针对此问题,我们的团队开展并完成了多值图像连通域标记和轮廓跟踪 ASIC 的研究,着重解决了数据相关性导致的加速比较低和硬件资源消耗较大的问题。该 ASIC 的最终整体框图如图 7 – 35 所示。

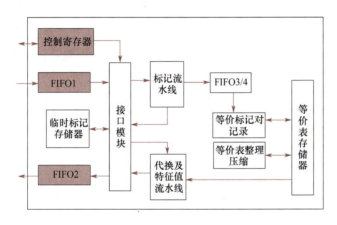

图 7 – 35　多值分割图像标记和轮廓跟踪 ASIC

研制多值图像连通域标记算法需要重点解决的问题在于减少临时标记存储器容量。该存储器与图像大小相关,为了提高芯片的处理速度,我们将该存储器设置在片上,并且采用特殊编码技术降低存储器容量,最终临时标记存储器的容量减小了 70% 。通过该技术,与在 ADSP – 21060 DSP 芯片上实现相比,本设计以有限的硬件代价获得了超过 200 倍的加速比。

针对轮廓跟踪运算的全相关特性,采用硬件加速算法收效颇微。我们在该 ASIC 的设计中,将轮廓跟踪与标记的 VLSI 实现相结合,将轮廓跟踪算法中最为耗时的轮廓起点搜索和标志检查过程与连通域标记过程相重叠,在基本不增加硬件开销的基础上,采用辅助 DSP 实现快速轮廓跟踪的方式,使连通域标记算法的处理速度提高了 3000 倍以上。

7.3 嵌入式数据库系统

考虑到飞行器嵌入式系统有限的存储空间和较高的访问速度要求,以文件系统方式将嵌入式数据库的内容,包括软件库、参数数据库和嵌入式维护软件进行存储是一个可选的方式。

在一个实际例子中,我们将整个文件管理系统分成文件存储和文件管理两大部分。所有数据都以文件的形式存储在 FLASH 中,甚至包括文件管理程序。其中文件管理系统包括能上电引导的管理程序和文件索引表。文件索引表需要记录文件名称、文件大小、文件类型、文件存储地址等。管理程序可以根据上位机命令或算法执行过程的需要,选择以文件形式存储在 FLASH 中的程序或者参数数据,进行算法的调度和参数获取(如模板和知识库)。

以文件系统方式对嵌入式数据库进行维护,要完成以下操作:

(1)文件的添加。每次插入一个新的文件时,需要做工作如下:

① 获得该文件的文件头信息。

② 从文件表中查找该文件,确认该文件不存在。

③ 查找索引表中该文件头应该存放的位置,若文件头已满,则进行碎片整理。

④ 确认文件数据应该存放的位置,当文件数据位置越界后,则进行碎片整理。

⑤ 写入文件头到索引表中。

⑥ 写入文件数据到相应的地址空间中。

(2)文件的删除。每次删除文件并不是真正的删除文件数据,而是把相应的文件索引表中对应的文件属性设置为"D"。这样就存在一个问题,即反复删除、插入文件后会造成碎片。因此当一个文件无法再进行插入时应该进行相应的碎片整理。碎片整理有两方面:一是整理文件索引表;一是整理文件数据。

(3)文件的查找/索引。文件查找只查找索引表,查找时文件名和扩展名要相同,只要有一项不同,则认为不是同一个文件。

这些操作对于文件管理来说,是通过命令来完成的,在这个实际例子中,我们已经实现了多个常规有效命令,如:"dir"、"copy"、"del"、"cls"、"type"、"rename"、"exit"等。

建立了文件系统及其检索机制后,数据库管理系统也分为两大类:一类是根据命令维护数据库;一类是嵌入式软件系统执行时应用数据库。

嵌入式软件系统对数据库的应用包括执行程序的加载和参数数据的加载。根据信息处理机的体系结构和程序加载运行机制,本实例中文件系统数据库中的执行程序是通过 FPGA 的配合以近独占方式加载进入 DSP 内存运行,保证每个执行程序在效率上都保持高的性能,减少嵌入式操作系统和数据库对系统执行性能的影响。每个执行程序只需要能响应请求切换到系统状态即可实现在常态运行时操作系统对硬件平台程序执行资源的零占用。

在一个前视目标检测识别系统实例中,由于系统要满足多种类型目标的识别需求,包括平面型、立体型目标,使用的目标模型、模板参数较多,涉及的目标检测算法也有不同,我们使用上述嵌入式数据库实现了多达 7 种目标检测、识别软件以及 10 余种目标模板的存储和管理,并能在线加载切换。

▶ 7.4 嵌入式系统软件

操作系统是保证嵌入式系统具有良好操控能力、可靠性和可移植能力的重要手段。传统飞行器制导系统多采用相关跟踪等简单计算,无需嵌入式操作系统,而采用自动目标检测识别后系统复杂度提高,产生了相应需求。

一般商用操作系统对处理器的资源分配基于一般目的的调度算法,提供了吞吐量与响应时间之间的平衡和资源分配的公平性,针对的是需要正确时间行为的软实时应用系统。飞行器制导目标检测识别定位系统属于硬实时应用,直接采用商用操作系统不能满足需求。

我们首先提出并实现了面向飞行器寻的识别的嵌入式操作系统,国外用于自动目标识别的操作系统未见公开报道。该系统具有智能化任务调度特点,可根据算法数据流需要在线改变不同计算模块间的数据连接及数据通道带宽,从而构造不同的数据流,以适应不同并行结构的需要,增强系统的适应能力;通过自定义的协议软件在线检测算法需要的并行结构;通过多线程和智能化优先级设置保证系统不会因计算或控制程序瑕疵导致死机,达到系统的高可靠性;通过代码优化使操作系统具有极低的代码长度和进程切换时间。系统具有"即插即用"功能。

实时信息处理的硬件系统可以是一种松散耦合的多处理模块体系结构,模块在系统中有独立的功能和任务相互作用:

例如,主控处理模块需要完成系统初始化、算法任务调度、资源分配和管理、系统的全局状态监控、系统异常处理、与上位机数据交换以及图像数据传输和处理等工作。

协处理模块完成算法任务调度、资源管理、算法加载、系统局部状态监控、命令响应和数据通信。

整个系统由多个具有自治能力的节点组成,每个节点都有自己的 CPU、内存和 I/O 设备。各处理模块之间通过消息、结果传输等数据通信相互作用。

处理系统具有如下特点:

(1)执行的是事先确定的图像处理任务。这里说的确定的任务可以是一系列实时图像信息处理任务的组合,如小目标检测、大目标检测、目标识别、目标跟踪等,但不同算法之间的衔接或并发执行的工作方式是确定的。

(2)算法在并行化时需要一种特定的较为优化的并行化算法结构。

(3)算法程序按固定的步骤运行,其他工作如资源配置等可以事先完成,在实时计算过程中只根据事先的设定对系统结构做有限的必要调整。

对于这种系统上运行的系统软件有如下需求:

(1)拥有支持复杂信息处理问题实时计算和高效并行处理能力。

(2)由于不同算法组合其并行的结构不同,导致系统中的图像数据流的结构不同,必须能够实时地支持这种改变。

(3)存在多路图像的输入与接收,以及多路图像的处理和融合问题,系统必须能根据算法要求,对图像数据进行合理传输控制。

(4)必须具有系统监测功能,为上层应用提供高可靠性和容错功能。

根据上述系统的工作特点和硬件系统的特点,所定制的系统软件应该为上层应用算法软件提供如下主要功能:

(1)对系统任务以及上层的用户算法任务进行合理调度,既要保证对外部事件做出及时响应,又要使算法任务获得尽可能多的 CPU 时间。

（2）提供处理节点之间可靠的消息通信手段,设计时采用消息确认和超时重传策略。

（3）提供处理节点之间高效、可靠的图像数据通信,并对通信提供超时机制,避免因通信故障导致系统死机。

（4）解决多个节点间共享资源时所产生的分布式互斥问题。

（5）对运行在不同节点上的具有协同关系的并发算法任务进行控制,保证各并发任务间的同步。

（6）支持算法的不同并行方式。根据不同工作阶段的算法要求,实时地改变系统的数据流结构。

综合上述考虑,在我们开发的一种双色红外图像寻的信息处理系统软件的设计上,基于实时微内核分布式层次结构,监控系统的层次结构如图 7 - 36 所示。首先采用微内核结构来构建单处理器上的实时多任务操作系统内核,在此基础上针对具体图像处理的分布式应用,设计若干个系统服务进程来完成各处理器之间的信息交互。通过采用微内核结构,提高系统的可靠性和模块化程度,为系统的维护、扩展和可靠性设计打下较好的基础。

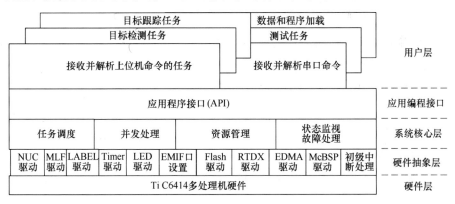

图 7 - 36　嵌入式操作系统的层次结构图

影响内核实时性的关键因素是任务上下文切换时间和响应时间（中断响应时间和任务响应时间）。为了缩短任务上下文切换时间和响应时间,提高系统的实时性,采用多任务划分、时间确定的调度机制、优化的中断处理的方式完成上述设计。

7.5 加载和测试用串行口控制台技术

7.5.1 物理层

主要包括图像处理机及其板上各种硬件资源、上位机与图像处理机之前的接口电气规范。

图像处理机的硬件资源主要包括 FPGA,DSP,SoC/ASIC 以及与 DSP 一一对应的 NOR FLASH,其与加载和测试装置的连接方式如图 7 – 37 所示。

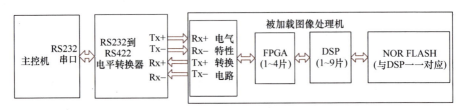

图 7 – 37 加载与测试装置连接方式

上位机与图像处理机之间主要通过串口相互通信,本例中由于 RS422 工作于差分模式,而图像处理机的 FPGA 工作于单端模式,因此需要在 FPGA 外围附加电气特性转换电路,使通信双方的电气特性匹配。上位机通过 RS232/RS422 串口转换器、电器特性转换电路与基于 ASIC/SoC + FPGA + DSP + FLASH 结构的图像处理机相连。

7.5.2 链路层

该层主要定义了上位机与图像处理机之间通信的串口数据包格式(图7 –38),包括指令包和数据包的编码格式以及一种 CRC 校验机制。

1. 被加载文件数据包格式定义

将文件数据包定义为 32 个字节大小,其中 5 个字节为包头(0:DSP 编号;1:程序编号;2:数据包标识;3 ~ 4:数据包帧号),最后两个字为校验字,中间的 25 个数据是有效文件数据,如图 7 –39 所示。

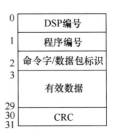

图 7 – 38 串口数据包格式

待加载数据从硬盘读入内存后按照这个格式进行打包,文件末尾数据不够 32B 的,加 0 补齐。DSP 收到文件数据后提取出有效文件数据并存储到 DSP 内存。

加入数据帧号是为了避免数据包传输丢失或者重传,DSP 根据帧号将各包数据存放到 DSP 内存中的相应位置。

如果出现数据包错传或丢失的情况,有两种方法可以解决:第一种方法是将丢失或错传的包再传送一次,在用户设定的运行重传的次数范围内,直到 DSP 接收数据正确,若超过用户设定的运行重传次数仍然没有传送成功,退出文件发送线程;第二种方法是将出现错传和丢失包后,加载装置并不重传这个包,而是在本次文件传输完毕后,重新传输整个文件,直到数据完全接收正确。DSP 只有在数据完全接收正确的情况下才写 FLASH。

第一种方法,加载装置每传送一个包之后需要等待 DSP 回复校验结果信息,表明上一个数据包是否传送正确。设每个包发送时间为 T_{send} 等待校验结果信息的时间设为 T_{wait},在不发生错误的情况下,传送 N 个包时总时间为

$$T_{communicaiton} = N \times T_{send} + T_{wait}$$

第二种方法,不进行每包校验回位,最后统计如果有数据包错误,则需要将整个文件数据重传,在不发生错误的情况下,传送 N 个包时总时间为

$$T_{communicaiton} = N \times T_{send} + T_{wait}$$

整个加载系统的数据通路有着很高的稳定性要求,通过调试验证,一个稳定的有线传输系统,其误码率很容易做到少于 10^{-7},两种传输模式都可以保证很高的传输效率,在具体应用中,还可以根据具体链路情况设计冗余及校验、回传机制。

2. 命令字数据包格式定义

每个命令字数据包大小定义为 32B,前 3B 为包头(0:DSP 编号;1:程序编号;2:命令包标识),最后 2B 为包尾,中间段是具体的命令字,如图 7-40 所示。

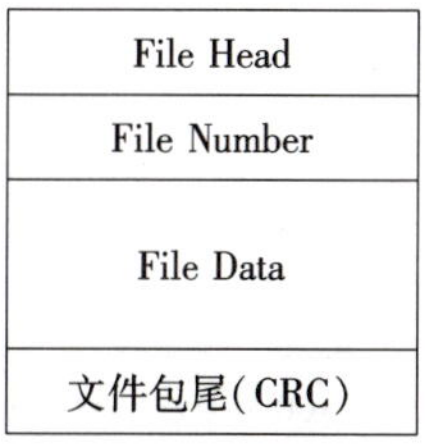

图 7-39　US_DTP 文件数据包格式定义 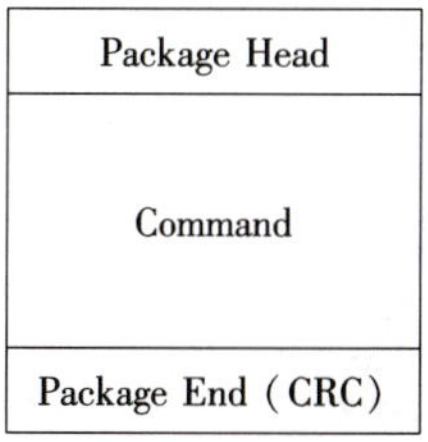　　图 7-40　US_DTP 命令字数据包格式定义

（1）包头段格式。用第 0 个字来表示这个命令字要操作的 DSP 编号（最多可以表示 256 个），第 1 个字来表示这个 DSP 中应该运行的程序编号（最多可以表示 256 个），第 2 个字为一个八位的十六进制数据"c"，表示这是命令字数据包，见表 7-3 的包头段定义。

表 7-3　包头段定义

第0个字	第1个字	定义	第0个字	第1个字	定义
0x00	0x00	主 DSP 的加载程序	0x01	0x00	从 DSP 的加载程序
0x00	0x01	主 DSP 的算法程序	0x01	0x01	从 DSP 的算法程序

（2）命令字段格式。表 7-4 用第 1~6 个字段区分各个功能模块，其余字段用来定义各功能模块信息。

表 7-4　命令字段定义

	命令字	第 1~29 个字的分配
主控微机指令	测试通路	0:DSP 编号;1:程序编号;2:命令字 c;3~8:000001;9~29:A~U;30~31:CRC
	切换程序	0:DSP 编号;1:程序编号;2:命令字 c;3~8:000002;9:将切换的目标编号;10~29:0;30~31:CRC
	数据加载	0:DSP 编号;1:程序编号;2:命令字 c;3~8:000003;9~12:待加载数据文件大小;13~20:数据要加载到 FLASH 中的起始地址;21:最多可重发送、重烧写次数;26~29:0;30~31:CRC
DSP 返回给主控微机的消息包	通路正常	将收到的测试通路命令字发回给主控微机
	通路不正常	0:DSP 编号;1:程序编号;2:命令字 c;3~8:000001;9~29:全为 0;30~31:CRC
	准备切换到目标程序	0:DSP 编号;1:程序编号;2:命令字 c;3~8:000002;9:1;10:目标程序编号;11~29:全为 0;30~31:CRC
	已经切换到目标程序	0:DSP 编号;1:程序编号;2:命令字 c;3~8:000002;9:2;10~29:全为 0;30~31:CRC
	请先切换到 DSP 加载程序	0:DSP 编号;1:程序编号;3:命令字 c;3~8:000003;9:3;10~29:全为 0;30~31:CRC
	已经准备好接收文件	0:DSP 编号;1:程序编号;3:命令字 c;3~8:000003;9:5;10:FLASH 型号;11~29:全为 0;30~31:CRC

（续）

	命令字	第 1～29 个字的分配
DSP 返回给主控微机的消息包	文件接收完毕,正在烧写 FLASH	0:DSP 编号;1:程序编号;2:命令字 c;3～8:000003;9:0;10～29:为 0;30～31:CRC
	加载 FLASH 完毕	0:DSP 编号;1:程序编号;2:命令字 c;3～8:000003;9:1;10～13:错误个数;14～29:全为 0;30～31:CRC
	数据包 CRC 校验不正确	0:DSP 编号;1:程序编号;3:命令字 c;3～8:FFFFFF;9:1;10～29:全为 0;30～31:CRC
	命令字错误	0:DSP 编号;1:程序编号;3:命令字 c;3～8:FFFFFF;9:2;10～29:全为 0;30～31:CRC

注:"加载 FLASH 错误"中的错误数据个数用 4 个八位来表示,一般的程序都不会超过这个大小,当 FLASH 加载正确时,这几个数据为 0

对 FLASH 型号的编号:1 号 SSTVF28016,2 号为 Intel28F016。

写 FLASH 的起始地址从 0x64010000,前 64KB 存放的是烧写文件,不能被修改。这个用 PC 软件来控制。

所有的命令字都按照十六进制发送。

如果文件校验不正确,则将整个文件重新发送。

3. 校验机制

为了保证数据传输的正确性,采用了 CRC 校验方法。加载装置端对每个数据包进行 CRC 校验,将校验结构存放在包尾两个字。DSP 收到数据包后再进行相同的校验,并判断这个校验结果与包尾两个数据是否一致,若一致,则表明数据接收正确;若不一致,表明接收错误。

7.5.3 应用层

1. 模块结构

应用层在功能上分为加载程序和图像处理程序。加载程序可模块化表述为数据流向判定子模块、FLASH 加载子模块、软件切换子模块、通路检测子模块、器件测试子模块(包括第一测试子模块,第二测试子模块,…,第 n 测试子模块),如图 7-41 所示。

加载与测试装置启动时图像处理机的 DSP 将加载程序调入内存；待加载数据存入 FLASH 的后续地址，包括图像处理程序、程序参数以及目标模板图像；图像处理程序包括切换软件子模块、通路检测子模块和图像处理子模块。

（1）数据流向判定子模块。该模块存在于主 DSP 所涉及的各程序模块，用于判定主 DSP 收到的数据包是否需要转发给从 DSP。具体为：判定数据包中的 DSP 编号信息是否对应当前主 DSP 编号，若对应，则由主 DSP 对其进行处理，

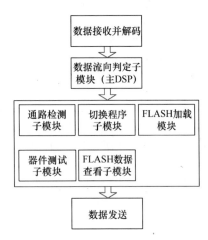

图 7 - 41　US_DTP 模块结构图

若不对应，则判定对其主 DSP 中正在运行的程序是否是加载程序，若是，则将其转发给对应的从 DSP，若不是，则返回消息包提示用户先将主 DSP 的程序切换到加载程序后再对从 DSP 进行处理。

（2）通路检测子模块。用于测试从上位机→图像处理机→上位机的数据通路是否正确，具体为：判断指令包中的握手数据是否与通信协议中的规定一致，如果一致，则返回通路正常消息包；如果不一致，表明通路传送的数据错误，返回通路不正常消息包，之后回到初始状态。

（3）FLASH 加载子模块。用于将有效数据写入 FLASH。FLASH 加载子模块从数据加载指令中提取出待加载数据大小，该文件将写入 FLASH 的扇区起始地址、最多可烧写次数等信息，计算出数据包的个数，再检测 DSP 所挂载的 FLASH 类型，返回消息包给主控机端控制程序表明"DSP0 已经准备好接收文件数据，DSP 所挂载的 FLASH 型号为："XXXX"，之后打开时钟监视器。DSP 接收到文件数据包后进行可靠性校验，将校验正确的数据提取出来存入烧写数组，丢掉校验不正确的数据包并记录错误数据包的个数。如果数据包完全接收正确，则可以进行下一步操作了，否则跳出该模块，回到初始状态。如果两个相邻的文件数据包的到达时间超过 30s，便认为主控机超时，DSP 触发时钟监视器跳出 FLASH 加载模块，回到起始状态。

DSP 接收数据包完毕后，关闭时钟监视器，调用 FLASH 加载模块的烧写

函数开始写 FLASH。写完后校验 FLASH 中数据与内存中的烧写文件数据是否一致,如果一致,则返回消息包"FLASH 烧写成功完成",并回到初始状态;如果不一致,表示写 FLASH 错误,如果没有超过可重复操作的最大次数,则再写一次,如果已经超过可重复操作次数依然没有写 FLASH 成功,则返回信息包"写 FLASH 错误",之后回到初始状态,准备下一次操作。

(4)切换程序子模块。用于图像处理机多程序模块之间的相互切换。切换方式具体为:先判断待切换的目标程序与 DSP 内存中正在运行的程序是否一致,若一致,则返回消息包"程序已成功启动",若不一致,则返回消息包"正在切换到目标程序",之后 DSP 复位,将目标程序从 FLASH 中加载到 DSP 内存。

(5)器件测试子模块。用于测试 DSP 所挂载的片外器件的工作状态,获取 FLASH 中所存放的数据等。挂载到 DSP 的常用器件有同步动态随机存取存储器(Synchronous Dynamic Random Access Memory,SDRAM)、FLASH、双口 RAM(Dual Port Random Access Memory,DPRAM)等。测试方法具体为:首先判定待测器件类型,再向待测器件写入一组覆盖性足够的测试数据,再读出来,判断与写入数据是否相同,若相同,则表明该器件工作正常,否则认为该器件工作不正常。

(6)FLASH 数据查看子模块。用于查看存放在 FLASH 中的数据内容。查看方法具体为:FLASH 加载子模块先根据指令包中待获取数据的存放地址信息和大小信息,读取 FLASH 中的该段数据,再按照上述主控机控制程序模块中编码子模块对文件包进行编码的方法对数据进行编码,生成查看结果消息包,最后返回给主控机。

图像处理程序包括通路检测子模块、切换程序子模块和图像处理子模块。其中的通路检测子模块和切换程序子模块与前述加载程序的通路检测子模块、切换程序子模块的功能相同。图像处理子模块用于实现某种特定任务的图像处理算法。

2. 处理流程

DSP 当前运行程序接收加载与测试装置发送的指令信息,判断自身是加载程序还是图像处理程序,若是加载程序,则按照流程(1)进行处理;若是图像处理程序,则按照方式(2)进行处理。

（1）加载程序处理流程。

① 若指令信息为 FLASH 加载指令，则运行加载程序的 FLASH 加载子模块完成 FLASH 数据加载操作。

FLASH 数据加载操作按照如下方法进行：

（a_1）FLASH 加载子模块检测 DSP 连接的 FLASH 类型，向加载与测试装置返回包含有 FLASH 类型的接收就绪信息。

（a_2）加载与测试装置根据 FLASH 类型对待加载数据进行编码，将编码得到的数据包发送给 FLASH 加载子模块。

（a_3）FLASH 加载子模块接收数据包，对数据包解码并作正确性校验，将校验结果返回给加载与测试装置，如校验结果为正确，进入步骤（a_4），否则，结束。

（a_4）FLASH 加载子模块将解码得到的数据写入 FLASH 加载指令指定的 FLASH 扇区。

（a_5）FLASH 加载子模块对写入 FLASH 的数据进行正确性校验，如果正确，则返回 FLASH 加载成功的状态信息，否则结束。

② 若指令信息为程序切换指令，则判断自身是否为目标程序，若是，则照常运行加载程序，向加载与测试装置返回目标程序正在运行的状态信息，否则 DSP 复位，运行加载程序的切换程序子模块将目标程序从 FLASH 中引导加载到 DSP 内存作为新的当前运行程序，并向加载与测试装置返回目标软件切换成功的状态信息。

③ 若指令信息为第 i 测试指令，$i=1,2,\cdots,n$，则运行加载程序的第 i 个测试子模块完成相应测试，并向加载与测试装置返回表示测试结果的状态信息。

④ 若指令信息为通路检测指令，则运行加载程序的通路检测子模块完成加载与测试装置与 DSP 间的通路检测，并向加载与测试装置返回表示检测结果的状态信息。

主 DSP 加载程序处理流程如图 7 - 42 所示，从 DSP 的工作流程与主 DSP 一致，唯一的区别在于从 DSP 不能直接和上位主控机直接通信，从 DSP 接收的串口数据包以及返回的状态消息包需要通过主 DSP 在中间进行转发。

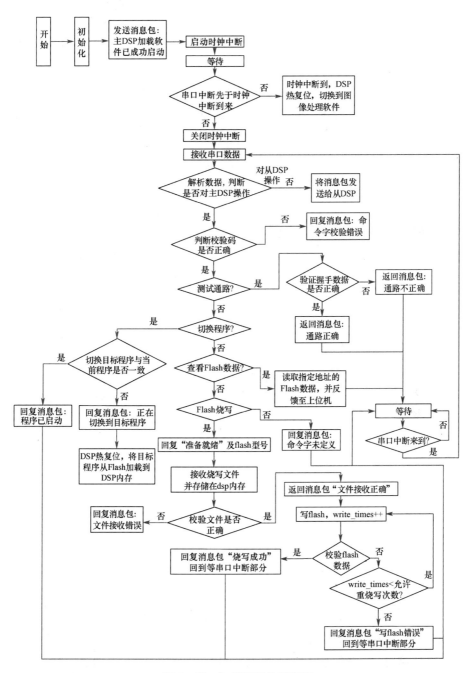

图 7 - 42　加载程序处理流程

（2）图像处理程序流程。

① 若指令信息为数据加载指令，则向加载与测试装置返回提示用户切换到加载程序的状态信息。

② 若指令信息为切换程序指令，则判断自身是否为目标程序，若是，则照常运行当前图像处理程序，向加载与测试装置返回目标程序正在运行的状态信息，否则 DSP 复位，运行前图像处理程序的切换程序子模块将目标程序从 FLASH 中引导加载到 DSP 内存作为新的当前运行程序，并向加载与测试装置返回目标软件切换成功的状态信息。

③ 若指令信息为第 i 测试指令，$i = 1, 2, \cdots, n$，则向加载与测试装置返回提示切换到加载程序的状态信息。

④ 若指令信息为通路检测指令，则运行当前图像处理程序的通路检测子模块完成加载与测试装置与 DSP 间的通路检测，并向加载与测试装置返回表示检测结果的状态信息。

7.6 软件模块化设计

为了提高软件代码的可移植性和可读性，减少新开发软件中潜在的漏洞和代码测试量，并节约开发时间，提高设计效率，有必要在软件设计中采用模块化设计思想。

模块化设计，简单地说就是利用了"自上而下，分而治之"的思想，对于一个比较复杂的系统，首先将其分解为若干个简单的子功能，每个子功能都用一个相对独立的程序段来处理，最后再把这些独立的功能模块结合起来，形成完整程序。

在分解模块化时，应遵循"低耦合，高内聚"的原则，一个模块尽量只提供一个功能，应避免一个模块提供多个不相关的功能。模块之间相对独立，功能单一，结构清晰明了，接口设计简单。模块化设计意在降低代码复杂性，并使得独立功能具有可测试性。

软件模块化设计要遵循一定的设计规范，大体上可以分为模块外部设计规范和模块内部函数设计规范。

7.6.1   模块外部设计规范

模块外部设计包括每个模块的接口设计,以及规定不同模块之间的连接关系。模块外部设计应尽量遵循如下准则:

(1)为简单功能编写函数。

(2)函数的规模尽量限制在 200 行以内。

(3)一个函数最好仅完成一个功能。

(4)尽量不要编写依赖于其他函数内部实现的函数。

(5)模块间低耦合,模块接口参数尽量简单。

(6)用注释详细说明每个参数的作用、取值范围和参数间的关系。

(7)函数名应准确描述函数功能,避免使用无意义或含义不清楚的动词为函数命名。

(8)减少函数本身或函数间的递归调用。

(9)通过测试检查函数所有参数输入的有效性。

7.6.2   模块内部设计规范

(1)合理定义命名规则,提高代码的可阅读性。如在 C 语言中,模块中不被其他模块调用的内部函数常采用全部小写,单词间采用带下划线的形式,同时这些函数应定义为 static 静态函数,这样在其他模块错误调用这些静态函数时编译器会报错。

(2)模块中不能被其他模块读写的全局变量采用 static 声明,这样在其他模块错误操作这些变量时编译器会警告会报错。

(3)模块间数据交互尽量通过接口完成,通过函数传参数;当传大量参数(如结构)时应使用指针传地址。

(4)为了提高代码重用性,对于一些与硬件相关的数据结构,可采用在数据结构中将访问该数据结构的函数定义为结构内部的函数指针。这样当硬件变化,需要重写访问该硬件的函数,只要将重写的地址赋给该函数指针。

(5)为了避免对头文件的重复包含,可将 .h 文件的文件名全部都大写,"."替换成下划线"_",首尾各添加 2 个下划线"--"。例如在 set.h 文件中,增加如下代码可避免重复包含:

```
#ifndef __SET_H__
#define __ SET _H__
…//代码段
#endif
```

▶ 7.7   模块化信息处理机综合集成

本节给出了实时信息处理系统的体系结构、处理器件、嵌入式数据库、嵌入式系统软件、加载测试装置的综合集成,以构成如图7-43所示的完整应用

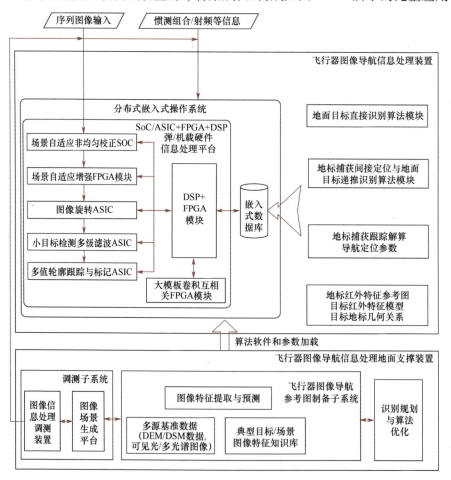

图7-43   综合应用实例

系统。该飞行器图像寻的制导信息处理装置由 SoC/ASIC + FPGA + DSP 硬件信息处理平台、嵌入式操作系统、嵌入式数据库、算法软件和已加载的特征参考图等五大模块组成。其中机/弹载硬件包括我们团队设计并实现的 6 种执行计算密集型共性算法的 ASIC/SoC 芯片和 DSP + FPGA 模块组成;地面支撑装置由参考图制备、识别规划与算法优化、调测 3 个模块组成。

　　这种模块化的实时信息处理系统,经过裁剪、扩展,已成功应用在多种机/弹载信息处理系统中,并取得了很好的效果。一种飞行器载寻的处理器,由主处理器板和预处理板构成,预处理板使用了本章介绍的多款 SoC/ASIC 芯片,如图 7 – 44 所示。

图 7 – 44　模块化 DSP + SoC + ASIC + FPGA 的处理器(见书末彩页)

参考文献

[1] Zhao HuaLong, Zhang TianXu, Sang HongShi, et al. Stripe – based connected components labeling[J]. Electronics Letters,2010,46(21):1434 – 1438.

[2] 桑红石,张志,袁雅婧,等. 数字集成电路物理设计阶段的低功耗技术[J]. 微电子学与计算机,2011,28(4):73 – 75.

[3] 桑红石,廖定彬. 一种新型 2 – D 卷积器的 FPGA 实现[J]. 微电子学与计算机,2011,28(9):27 – 30.

[4] 袁雅婧,桑红石,侯云峰,等. 一种图像旋转 VLSI 流水结构设计. 华中科技大学学报(自然科学版),2012,40(1):10 – 14.

[5] 陈鹏,袁雅婧,桑红石,等. 一种可扩展的并行处理器模型设计及性能评估. 航空兵器,2011(5):56-61.

[6] Wang Ze,Weng Kaijian,et al. A Co - Design Method for Parallel Image Processing Accelerator based on DSP and FPGA. Proc[C]. SPIE on Multispectral Image Processing and Pattern Recognition,2011,8005,800506:1-5.

[7] 张天序,颜露新,钟胜. 双色红外成像制导信息处理方法及其装置[P]. 中国专利,zl200610056421.1.

[8] 张天序,颜露新,钟胜. 多模信号处理与控制装置[P]. 中国专利,zl200610120039.2.

[9] 张天序,颜露新,钟胜. 多 DSP 多软件引导加载方法及其系统[P]. 中国专利,zl200710080574.4.

[10] 张天序,颜露新,钟胜. 一种图像处理机数据加载与测试方法及装置[P]. 中国专利,zl200910063262.1.

[11] 王岳环,吴剑剑,桑农,等. 嵌入式实时图像处理平台装置[P]. 中国专利申请号:201010568810.9.

[12] 赵华龙,桑红石,张天序. 一种片外存储器访问控制器[P]. 中国专利,zl201010196754.

[13] 桑红石,张天序,张静,等. 多值连通域标记 ASIC,集成电路布图设计权,BS.07500013.x.

[14] 陈朝阳,桑红石,张天序. 多级滤波 ASIC. 集成电路布图设计权,BS.07500014.8.

[15] 桑红石,张天序,洪苗,等. 图像快速旋转 ASIC,集成电路布图设计权. BS.115010432.

[16] 桑红石,张天序,袁雅婧,等. 红外焦平面非均匀性校正 SoC,集成电路布图设计权. BS.115010459.

[17] 李锦波. 面向红外图像处理的嵌入式操作系统研究[D]. 武汉:华中科技大学硕士论文,2004.

[18] 樊荣. 实时嵌入式图像处理并行监控系统的研究与实现[D]. 武汉:华中科技大学硕士论文,2005.

[19] 贺文娇. 实时信号处理机加载与测试系统的设计与实现[D]. 武汉:华中科技大学硕士论文,2009.

[20] Zhong Sheng. Li Yang. Yan Luxin;et al. Implementation of Large Kernel Convolution in Limited FPGA Resource[C]. Proceedings of the SPIE - The International Society for Optical Engineering,2007,6789(1):67892N:1-6.

[21] Zhong Sheng, Shi Dan, Wang Bo;et al. An Improved Implementation of Infrared Focal Plane Image Enhancement Algorithm based on FPGA[C]. Proceedings of the SPIE - The International Society for Optical Engineering,2011.8005,800508.

［22］ Zhong Sheng, Wang Jianhui, Yan Luxin; et al. A real – time embedded architecture for SIFT［J］. Journal of Systems Architecture,2013. 59（1）:16 – 29.

［23］ 钟胜,张天序,桑农,等. 可编程大模板数字图像卷器［P］. 中国专利,ZL200510000845. 1.

［24］ 钟胜,王波,颜露新,等. 一种红外焦平面阵列自适应增强方法［P］. 中国专利,ZL200910062108. 2.

［25］ 钟胜,张天序,颜露新,等. 图像记录与图像制导信息处理机调测装置［P］. 中国专利,ZL200610056329. 5.

第 8 章
光学成像寻的信息处理仿真与性能评价

　　飞行器光学寻的制导信息处理流程的全链路仿真与性能评价贯穿寻的制导信息处理研究的全过程，是极其重要的研究领域。本章以一个专用系统的设计实现为例，介绍了我们的研究心得和成果。

▶ 8.1　仿真环境设计

◁ 8.1.1　仿真环境组成

　　图 8-1 所示为全数字仿真系统的组成和功能框图，图 8-2 所示为仿真系统的层次结构模块图。目标仿真系统主要由五部分组成，即：模拟目标光学特性设计、典型目标光学特性建模与仿真、目标模拟效果验证、寻的制导典型算法以及数据库模型库。目标仿真设计主要包括典型目标光学特性设计分析、特性建模与仿真、目标模拟效果验证和寻的制导典型算法的检测、识别定位功能。数据库模型库为系统提供飞行器动力学、运动学模型、成像传感器模型、实拍数据、资料数据、图像图形支持。典型目标建模与仿真和模拟目标光学特性设计部分提供所感兴趣目标模型、光学特性以及几何模式特征数据，为目标模拟效果验证提供特性分析和数据支持。

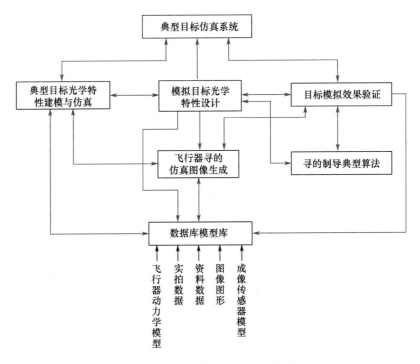

图 8 - 1　仿真系统的组成和功能框图

8.1.2　仿真功能

目标仿真系软件功能模块包括:光学特性设计模块、红外建模仿真模块、模拟效果验证模块、识别检测模块、数据库模块,各个模块实现的功能如下:

(1) 光学特性设计模块:可以实时选择加载模型库中的模型(* . flt);以鼠标拖动的方式自由加载 flt 模型。

(2) 红外建模仿真模块:提供交互式选择采集辐照度的方法(发射、反射、反射 + 发射),并在视图窗口实时更新仿真图像;交互式选择考虑的辐射来源,包括:天空/环境反射、太阳/月亮漫反射、太阳/月亮镜面反射、热发射、大气路径衰减、大气路径传输,并在视图窗口实时更新仿真图像;对于有部分热源的目标,显示模型部件列表,可交互式的对部件增加/减少温度。可以对红外传感器的量化增益、量化偏移量的实现调节和更新显示功能。

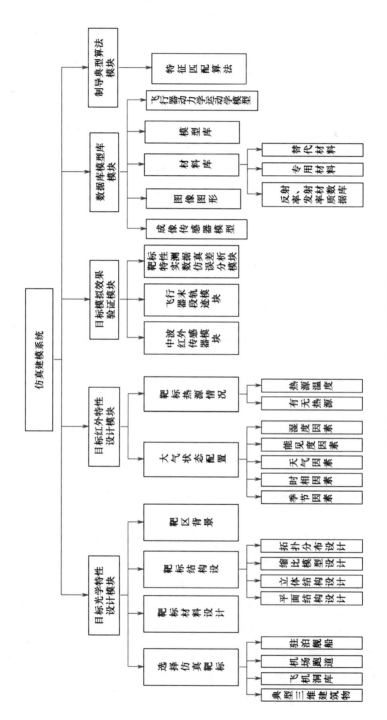

图8-2 仿真系统的层次结构模块图

（3）模拟效果验证模块：仿真结果验证部分包括温度－灰度对应关系颜色条显示、仿真图与实拍图的效果对比柱状图显示、仿真图的目标/背景相对对比度验证、对当前大气参数下不同材质的温度、温差曲线显示以及温度数据导出和文本保存的功能；实时视点显示部分包括在状态栏实时显示当前视点（包括位置和姿态）和当前仿真时刻功能；单帧图部分包括两种查看方式的选择、传感器配置、单帧图的保存功能；序列图部分包括飞行器航迹和导引头指向实验数据生成、传感器配置、仿真序列图保存路径的指定、仿真后处理图生成、后处理图的保存、后处理图与实时图的对比显示功能。

（4）识别检测模块：对仿真图像序列可实现多种检测、识别与定位算法，实时显示仿真图、寻的定位结果图和参考图，并在 UI 窗口和状态栏实时显示每帧图像的飞行参数数据，定位结果图的保存。

8.1.3　仿真平台环境

图 8－3 所示为系统软件平台框图，系统按软件功能分为四部分：目标光学特性建模、仿真及模拟目标光学特性设计子系统、目标模拟效果验证模块、寻的制导典型算法模块和系统控制评价与演示子系统。其中目标光学特性建模、仿真及模拟目标光学特性设计子系统集成商用模块如 Terra Vista 大型地形数据处理软件、MultiGen Creator 三维建模软件、TMM 纹理材质映射软件、LowTran 大气传输模拟计算软件及 MAT 大气状态计算软件，实现典型目标光学特性建模与仿真、模拟目标光学特性设计等功能；系统控制评价与演示子系统集成实验设计及性能评价软件、系统运行环境支持控制软件、系统演示软件。

8.1.4　仿真处理流程

系统仿真处理流程如图 8－4 所示。在充分分析典型目标可见光彩色遥感图像或实拍红外图像的基础上，进行典型目标几何特性分析、典型目标背景空间拓扑关系特征分析、典型目标拓扑分布设计和典型目标缩比模型设计，建立典型目标几何结构模型，其中典型目标的光学特性设计功能基于系统数据库模型库内已建立的模型数据、材质数据，使用者可在系统内 5 类典型目标、

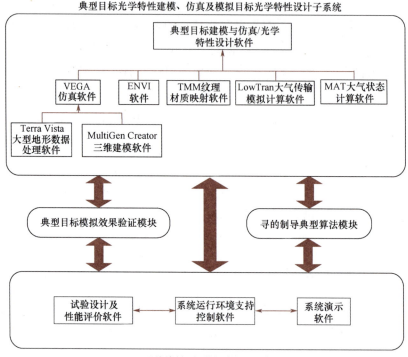

图 8 - 3　系统软件平台框图

背景模型和材质的基础上进行模拟目标及靶标的建模、材质设计、多波段仿真以及误差分析。

　　从材料材质库内选择相应典型目标纹理,利用第三方软件 TMM 将目标通用材质映射至所选纹理上,生成 ∗.tmm 文件;纹理材质映射后生成的典型目标模型文件 ∗.flt、用户参数配置后提取的由第三方软件 MAT 生成的大气参数模型文件 ∗.mat 和地形模型文件 ∗.flt 作为具有多波段模块的 Vega 软件的输入,进行模拟目标多波段特性分析和多波段模型的建立;在典型目标光学模型数据的基础上,分别在系统界面视图区显示模拟出的目标序列图和不同视点、姿态单帧图;为了达到真实模拟的效果,还需对仿真生成的图像进行加噪、边缘模糊等图像处理生成最终多波段仿真图像;最后进行误差分析。

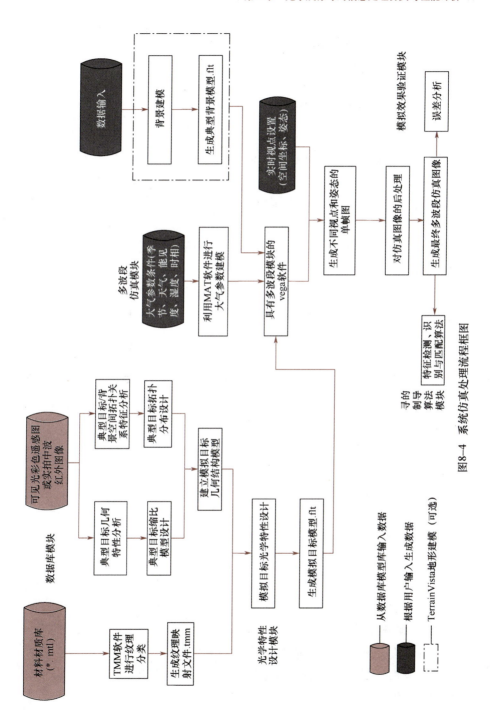

图8-4　系统仿真处理流程框图

▶ 8.2　动平台飞行场景仿真

☑ 8.2.1　多波段场景生成系统

　　由于多波段成像与天候、大气条件等成像条件以及目标类型有着密切的关系,如果通过实际拍摄获取不同角度、不同高度、不同时相和天候条件下的场景多波段图像成本高,因此有必要开展多波段场景生成系统的研制工作。主要研究在具有卫星全色正射影像数据及 DEM 高程数据作为保障的情况下,如何生成相应地区的多波段场景图像。

　　目前多波段仿真技术主要有两种途径:一种途径是直接建立数学模型,由于多波段成像与天候、大气条件等成像条件以及目标类型等有着密切的关系,目前还没有一种模型能够对其准确描述;另一种途径是通过已有成熟的软件进行多波段仿真,如 MultiGen – Paradigm 的软件产品 Creator 和 Vega。同时它们是用于三维建模与多谱段成像仿真应用的基本工具。

　　多波段场景生成系统的研制及相关技术在国内目前尚未见详细报道,国外多波段场景生成系统的技术对国内保密。考虑到 DEM 数据和各种高分辨力多谱图像数据为可以提供相应的数据保障,因此,可借助于 terraVista 大型地形数据管理软件和 MultiGen、Vega 多波段建模仿真软件等软件提供的二次开发功能,通过可见光图像建立多波段地景模型,实现多波段场景的仿真与转换。

　　1. **系统软件方案**

　　多波段场景生成系统将可见光正射遥感图像通过分类,将分类的结果图或原始可见光正射遥感图与 DEM 数据借助第三方软件 TerraVista 进行场景 flt 模型的生成和转换,再对模型上的纹理进行批量材质映射,最后将场景的一系列纹理文件、纹理材质映射文件以及带纹理信息的一系列 flt 文件一起输出作为该场景的多波段场景数据。研制的基于地物建模的多波段场景生成系统采用的软件流程如图 8 – 5 所示。系统软件功能结构如图 8 – 6 所示。

　　2. **各模块主要功能**

　　(1)多波段场景生成系统:用于实现多波段场景生成的总体控制和管理。

　　(2)景物分类模块:对输入的可见光正射影像进行特征提取与景物分类,建立地物景象类型场景图。

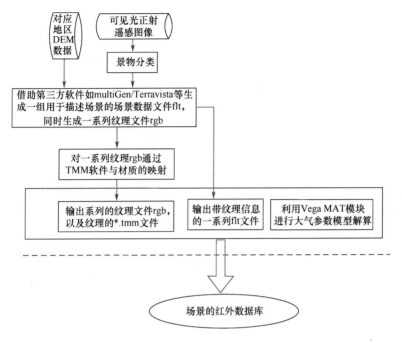

图 8-5 基于地物建模的多波段场景生成系统方案流程图

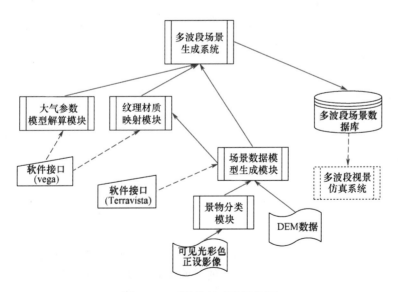

图 8-6 系统软件功能结构图

（3）纹理材质映射模块：根据提取的景物类型图像，采用人机交互形式，半自动实现纹理和材质的映射，建立并输出地物目标多波段数据库。

（4）场景数据模型生成模块：利用第三方支撑软件（MultiGen/Terravista），建立场景三维模型并输出。

（5）大气参数模型解算（MAT 数据生成）模块：利用 Vega MAT 模块按照选择的典型天候、时相等参数，计算相应的 MAT 数据，并存储到数据库，便于多波段景象图生成用。

（6）多波段场景数据库：将场景的一系列纹理文件、纹理材质映射文件以及带纹理信息的一系列 flt 文件一起输出作为该场景的多波段场景数据库。

⌂8.2.2　系统功能

研究利用场景数字高程模型 DEM 和可见光正射图像，生成在不同时间、不同季节、不同天候，以及不同天气状况条件下的多波段场景数据，为各型使用多波段成像技术的飞行器提供模拟训练所需的多波段场景数据。

1. 涉及的主要内容

（1）根据外部系统提供的数字高程（DEM）数据、相应的可见光遥感影像及目标三维模型，以离线方式生成多波段场景数据。

（2）具备图形化的人机交互界面，方便用户操作使用。

（3）能够设置场景的黎明、白天、黄昏和夜间等时间连续变化。

（4）能够设置场景的季节的典型变化（春、夏、秋、冬）。

（5）能够设置场景的天候的典型变化（雾、湿度、温度）。

（6）系统带有各类材质的多波段特性数据库，数据库中材质类型不低于100 种；同时材质库（多波段数据库）具备扩展能力。

（7）系统具备可见光图像向多波段图像转换的辅助处理功能，能够提高数据处理转换的效率，减少操作人员的工作量。

（8）能够利用现有目标数据库，可以把 flt 格式的三维目标模型文件经过简单的人工处理转换后加载到系统的三维多波段场景数据库中。

（9）具备修改设置目标的材质、热源特性等多波段成像特性的功能。

（10）具备一定的数据自动生成和数据批处理能力：系统按一定默认的多

波段材质及大气环境参数设置,在不需要用户过多干预的情况下生成一个基本的多波段场景。

2. Vega 二次开发、综合仿真技术

上述拟定两种多波段场景仿真中,均涉及目标材质与纹理映射,以及后续多波段仿真处理,拟采用的技术路线主要是通过对具有多波段仿真处理模块的 Vega 软件提供的应用程序接口(API)类库模块函数进行二次开发,实现目标场景模型的自动生成与多波段转换,实现从可见光影像到多波段影像的转换。

MAT 数据库的建立也是通过对天候、时相等成像条件的划分,选择典型参数条件下,采用 Vega 进行计算,建立各典型条件下的 MAT 数据库。

3. Vega 功能强大的应用编程接口(API)

Vega 是用来开发实时仿真应用的软件平台和工具集,其提供功能强大的 API。在 NT 环境下,Vega 的基本开发环境为 VC,它可以很方便地和 C/Open-GL 相结合,而且,开发的应用程序可以在 IRIX 与 NT 之间移植。

4. Vega 二次开发技术

Vega 程序中包括一些基本的要素,比较常用的有以下几个 Graphics States、Windows、Channels、Observers、Scenes、Objects、Players、Environments、Lights、Environment effects 等。这些要素均可在图形环境界面 Lynx 里进行初始化设置,并且每个要素的参数可以在 Vega 程序里通过 API 函数修改。

5. Vega 丰富的材质类型

Vega 可提供 11 大类共 161 种材质(11 类材质如表 8 - 1 所列),并且这些材质可以按照用户的需要进行组合,以满足仿真的需要。

表 8 - 1　Vega 可提供的材质

Material category (英文)	材质类别(中文)	Material category (英文)	材质类别(中文)
Composite	合成材料类	Paint on wood	木材上的涂料(油漆)类
Construction	建筑物相关类	Pure	纯黑体或白体
Hydroloty	水文地理相关类	Rock	岩石类
Old paint	涂料(油漆)类	Soil	土壤类
Paint on asphalt	沥青上的涂料(油漆)类	Vegetation	植被类
Paint on metal	金属上的涂料(油漆)类		

☑8.2.3 系统组成

多波段场景生成系统包括 4 个计算机软件配置项：场景分类子系统（CSCI1）、三维场景数据生成子系统（CSCI2）、大气参数模型计算子系统（CSCI3）、纹理材质映射子系统（CSCI4），结构框图如图 8 - 7 所示。

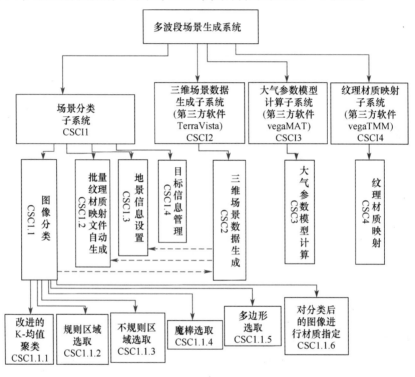

图 8 - 7 多波段场景生成系统 CSCI 结构及其 CSC 关系图

（1）场景分类子系统（CSCI1）：完成对正射影像的景物类型的划分，同时提供对景物类型赋予材质信息，并完成对 CSCI2 产生的纹理文件进行批量纹理材质映射文件（*.tmm）的快速生成，同时完成对生成的地景和目标信息的管理。

（2）三维场景数据生成子系统（CSCI2）：通过大型地形数据处理软件 Terra-Vista 完成对数字高程模型 DEM、正射光学影像、目标模型数据的处理生成三维场景模型数据（主要包括三维地形模型 flt 和三维地形模型的纹理文件）的生成。

（3）大气参数模型计算子系统（CSCI3）：通过 Vega 软件的 MAT（大气参数模型计算）模块完成对多波段仿真的大气参数条件的设定及计算功能，生成不同大气条件下的大气参数模型文件（*.mat）供多波段视景仿真使用。

（4）纹理材质映射子系统（CSCI4）：通过 Vega 软件的 TMM（纹理材质映射）模块完成对 CSCI2 产生的纹理文件以及目标模型纹理文件的材质映射，生成对应的纹理材质映射文件（*.tmm）。

涉及的模块设计如下：

图像分类 CSC1.1

图像分类主要完成读取原始场景正射图像（格式为 *.bmp）经过场景分类模块处理后输出含材质信息的伪彩色正射图像。

图像分类的设计：

图像分类主要由下一级的 6 个功能组成，如表 8-2 所示。

表 8-2 图像分类 6 个功能

编号	CSC 名称	CSC 号	编号	CSC 名称	CSC 号
1	改进的 k-均值聚类	CSC1.1.1	4	魔棒选取	CSC1.1.4
2	矩形区域选取	CSC1.1.2	5	多边形选取	CSC1.1.5
3	非矩形区域选取	CSC1.1.3	6	对分类后的图像进行材质指定	CSC1.1.6

图像分类 CSC1.1 的输入输出如图 8-8(a)所示，CSC 之间的逻辑流程图如图 8-8(b)所示。

图 8-8 中的虚线框表示可以不经过这一步骤，直接进入下一步骤。

（1）改进的 k-均值聚类 CSC1.1.1 的设计。

改进的 k-均值聚类 CSC1.1.1 的设计流程如图 8-9 所示。

（2）场景分类的结果。

采用上述方案的部分分类结果如图 8-10 和图 8-11 所示。

（3）批量纹理材质映射文件自动生成 CSC1.2。

CSC1.2 完成对纹理文件（*.rgb）进行批量纹理材质映射文件（*.rgb.tmm）的自动生成。对场景分类后的正射图像与 DEM 通过 terra Vista 软件生成三维场景时产生的一系列地面纹理图片文件进行批量材质映射生成对应的材质纹理映射文件（格式为 *.tmm）。

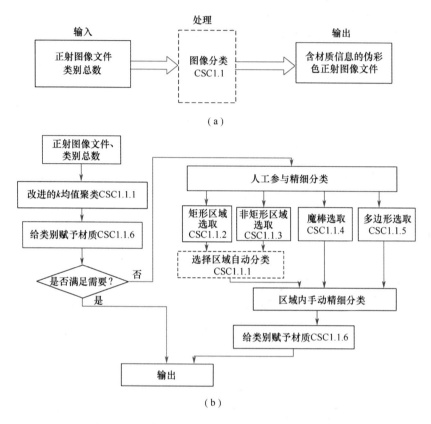

（a）

（b）

图 8-8　图像分类 CSC1.1 输入输出和逻辑结构图

（a）图像分类 CSC1.1 的输入输出示意图；（b）图像分类 CSC1.1 的逻辑流程图。

（4）地景信息设置 CSC1.3。

将生成的地景信息按照指定的格式进行设置，并生成相应的配置信息供操作者查看。

（5）目标信息管理 CSC1.4。

将目标信息按照指定的格式进行设置，并生成相应的配置信息供操作者查看。

（6）三维场景数据生成 CSC2。

直接使用第三方软件 terraVista。通过大型地形数据处理软件 TerraVista 完成对数字高程模型 DEM、正射光学影像、目标模型数据的处理生成三维场景模型数据（主要包括三维地形模型 flt 和三维地形模型的纹理文件）的生成。

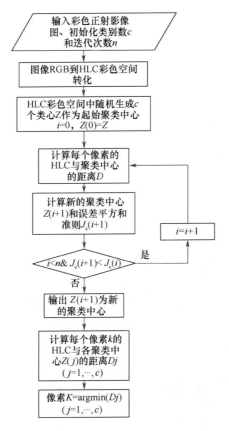

图 8 - 9　改进的 k - 均值聚类 CSC1.1.1 设计流程

图 8 - 10　分类前（见书末彩页）

图 8 - 11　分类后（见书末彩页）

（7）大气参数模型计算 CSC3。

直接使用第三方软件 Vega 软件的 MAT 模块。通过 Vega 软件的 MAT （大气参数模型计算）模块完成对多波段仿真的大气参数条件的设定及计算 功能,生成不同大气条件下的大气参数模型文件(∗ . mat)供多波段视景仿 真使用。

（8）纹理材质映射 CSC4。

直接使用第三方软件 Vega 软件的 TMM 模块。通过 Vega 软件的 TMM（纹 理材质映射）模块完成对 CSCI2 产生的纹理文件以及目标模型纹理文件的材 质映射,生成对应的纹理材质映射文件(∗ . tmm)。

（9）中波红外场景生成结果如图 8 – 12 所示。

图 8 – 12　某地区 14 时的中波红外仿真场景

▶ 8.3　寻的图像序列仿真

✎ 8.3.1　模型数据库的建立

多波段仿真的第一步是建立场景的效果模型,既包括目标/背景的三维几 何尺寸、目标/背景立体像对关系,也包括映射在目标/背景上的可见光分类纹 理(材质分类信息)等。

为了使仿真工作有条不紊地开展,我们采用建立模型数据库的方式来管理不同的目标模型。将建立好的所有目标的效果模型存入模型库中待用,在仿真的时候通过 UI 接口动态地卸载/加载。模型数据库的建立步骤如下:

目标建模。根据网络资料和 Google earth 工具,查找某机场的真实尺寸和方位数据,利用建模工具 MultiGen Creator,采用模块化思想和层级组织结构建立目标的三维几何模型,如图 8 - 13 所示。同时运用实例化和外部引用技术减少建模工作量并节省系统开销,以下以机场为例进行阐述。

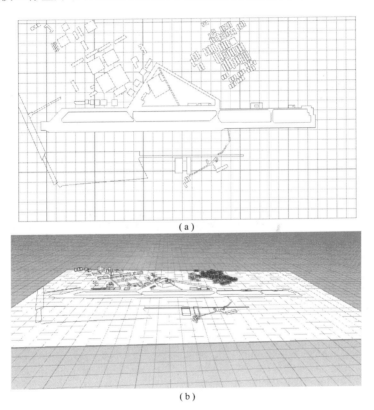

(a)

(b)

图 8 - 13 利用 MultiGen Creator 建立的机场的三维几何模型

(a) 俯视图;(b) 前视图。

说明:机场长约 2500m。

对于重点仿真部位,建模时考虑精确度,建模重点在于机场本身部件:跑道、联络道、跑道上的油漆标识线等以及机场头、机场尾部分,对于背景建筑物,根据简化原则,大多按照立方体等规则形状建模。

（1）利用 GoogleEarth 下载机场的可见光图片，以作为三维建模的纹理图片，如图 8 – 14 所示；然后利用 TMM 工具（Vega 自带的纹理映射工具）或华中科技大学图像所自行研制的基于模式识别理论 C – 均值聚类算法的分类软件进行纹理分类，如图 8 – 15 所示；再利用 TMM 工具（Vega 自带的纹理映射工具）对分类纹理图片进行材质映如图 8 – 16 所示。从而生成对应的反射纹理，这些反射纹理将为后一步仿真提供材质信息，如热特性参数和发射率、反射率等。

8 – 14　利用 GoogleEarth 下载到的可见光纹理图片（见书末彩页）

图 8 – 15　利用华中科技大学图像所自行研制的
分类软件进行可见光纹理分类结果

图 8 - 16　利用 TMM 工具(Vega 自带的纹理映射工具)
对分类纹理图片进行材质映射

其中需要注意的是,材质的指定直接影响了目标的温度场计算和发射、反射特性,指定的材质与客观情况的符合程度将直接影响仿真效果。直接利用可见光信息,采用颜色相似材质相似原则存在一定偏差,对于有实拍多波段图的情况,直接从实拍图像中提取纹理图片再进行分类和材质指定能一定程度上减少误差,但由于实拍图都为灰度图像,对分类算法要求较高。同时,我们也考虑了混合材质的情况。

该机场仿真例子所预设的材质有:机场、跑道、联络道:沥青;停机坪:混凝土;机场跑道的标志线:沥青上的油漆;飞机:金属;周围背景(包括:水、植被、混凝土/沥青建筑物、沥青/水泥道路等)。

(2) 利用建模工具 MultiGen Creator,将分类的纹理图片映射到目标模型中的每一个表面上,至此,目标的效果模型已经完全建立,将建好的效果模型(. flt)放入软件系统的模型数据库中待用,如图 8 - 17 所示。对于其他目标/背景,也按照类似的流程分别建立效果模型即可。

8.3.2　大气模型数据库的建立

大气传输模型数据的计算是利用 MAT 进行的。MAT 是 Vega 软件中是用来创建、编辑、生成大气传输特性的数据库的计算工具,其基本操作如下:首先

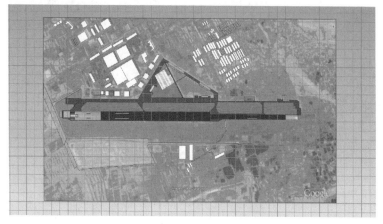

（a）

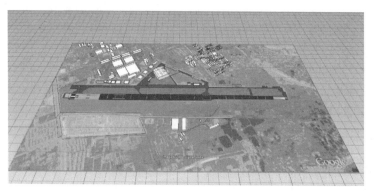

（b）

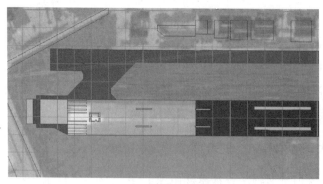

（c）

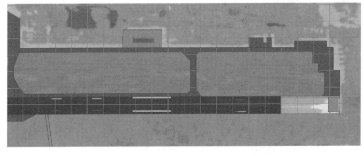

(d)

图 8 - 17　利用 MultiGen Creator 赋予可见光纹理之后的机场的三维几何模型
(a) 俯视图;(b) 前视图;(c) 机场头;(d) 机场尾。

启动 MAT,设定地理位置、大气状态、气象条件和光谱波段等参数,然后 MAT
将自动利用内部自带的 MO2SART 官方标准代码和 TERTEM 软件,根据所输
入的参数,分别得到特定光谱范围内的大气传输特性以及相关物质的辐射特
性和材质温度,生成相应的数据库,以提供多波段成像仿真过程中 Sensor 模块
所需要的数据。

　　由于大气传输特性的计算十分复杂和繁琐,且计算量巨大,为了节省系统
开销并实现实时仿真,因此采用预先处理的技术,即这部分的工作要在仿真前
完成。为了仿真不同天候不同气象条件下的多波段图像,在 8.2 节中我们利
用 MAT 进行了不同大气参数的分析和试验,现在,我们利用 MAT 来建立大气
模型数据:将预先计算好的多个不同自然条件下的大气参数文件放到大气参
数库中,在实时仿真时,通过 UI 接口动态加载用户感兴趣的大气模型文件,从
而实现了目标不同天候下多波段成像的动态生成。

　　以下以某机场为例(图 8 - 18),根据某机场的经纬度和实拍图的季节、天
气信息进行如下的参数设置:

经度:28. 63581°N;纬度:115. 92818°E;

时间:2008. 5. 10;

能见度:5km。

　　其他地点、季节、气象条件下的大气模型参数也按照相同的方法进行预先
计算,然后,把各种条件下的大气模型数据文件(. mat)组织到大气模型数据库
中备用即可。

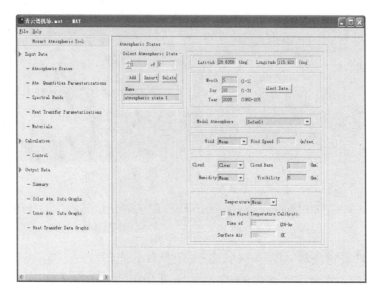

图 8 – 18　MAT 工具(Vega 自带)设置面板

8.3.3　飞行器视点运动模型的建立

　　描述一幅场景的数据集合中包含了多个对象,但它们并不一定都需要画在屏幕上,因为有些对象可能被别的对象遮挡,从某一特定的视点可能完全看不到。要想比较容易的判断出哪些对象在屏幕上可以看得到,可以做出一个三维的围框,把屏幕上看得到的,或至少能看到一部分的对象置于这个围框之中。这个围框的形状是一个四棱锥,称为视锥体。在视锥体中,观察者的位置位于视锥体的顶点,称为视点,画面的位置位于视锥体的底面,称为投影面。

　　视点与目标的关系主要表现在两个方面:一是可见性问题,在某个视点条件下,对于一定视场角的传感器,其可视范围是某个固定的数值,只有当目标在该范围内,并且不存在背景的遮挡时才能看到目标;二是目标的成像大小(分辨力)及方位问题,随着视点的变化,目标的成像大小、成像方位也变化,当视点渐进的时候,成像后的目标尺寸越大(像素数越多),分辨力越高。

　　对客观场景数据进行采集的投影方式决定了三维场景到二维图像屏幕的映射方式。同时,视点与目标之间也有着必然的联系。因此,对于多波段图像的生成,视点模型的建立至关重要。在我们的仿真工作中,主要采用对称式的投影方式。

当缺乏真实飞行器航迹文件时,我们可采用仿真生成飞行器航迹数据,包括位置数据和姿态数据 6 个自由度。主要有两种模式:一是飞行器由远及近飞行的情况;二是飞行器由高及低飞行的情况。考虑到视点是由飞行器 – 目标距离、高度、进入角(方位角)、俯仰角等多参数而确定,下面将分别讨论。

由远及近:高度固定,进入角固定、飞行器 – 目标距离逐渐减小(假设匀速飞行),俯仰角随着距离的减小而增大。根据高度、进入角、起始距离、飞行速度、传感器帧频,可以利用数学关系,计算出每一时刻的飞行位置(x,y,z)和姿态(h,p,r)。

由高及低:俯仰角固定、进入角固定、高度逐渐减少(假设匀速飞行),距离随着高度的减小而减小,假设匀速飞行。根据进入角、俯仰角、起始高度、飞行速度、传感器帧频,可以利用数学关系,计算出每一时刻的飞行位置(x,y,z)和姿态(h,p,r)。

8.3.4　传感器模型的建立

在成像仿真中,传感器模型也是重要的一环。我们主要考虑的传感器的参数包括:传感器横向视场角、传感器纵向视场角,仿真图像行数和仿真图像列数。

其中,传感器的横向/纵向视场角决定了传感器像面覆盖的场景范围。

8.3.5　多波段仿真图像动态生成

在光学目标辅助设计仿真平台中,从模型库中动态加载目标的模型文件(.flt),从大气模型库中动态载入大气参数文件(*.mat),在光学特性设计模块面板中选择要仿真的目标类型,然后在多波段建模模块面板中配置仿真时相、能量采集方式等参数,接着在模拟效果验证模块面板中配置运动模型参数和飞行器轨迹参数,设置传感器帧频、视场角、仿真图像行列数等参数,最终实现不同自然条件下多波段仿真图像的实时生成。

8.3.6　多波段序列仿真试验结果

(1)机场多波段图像仿真。

仿真条件如下:

加载的模型库:数据库模型库/模型库。

加载的模型库中的模型:airfield. flt。

加载的大气模型库:\数据库模型库\大气模型库。

加载的大气模型库中的模型:春季. mat。

视点模型:飞行方式:由远及近;起始距离:8643m;高度:1524m;进入角:264°;速度:200m/s。

传感器模型:帧频:20Hz;横向视场角:8°,纵向视场角:6°。

仿真图像行数:256;仿真图像列数:320。

人工热源:无。

图8-19为加载机场模型的界面例子,图8-20～图8-24分别为对机场、建筑物、驻泊船舰和飞机洞库等对象的红外多波段仿真实例。

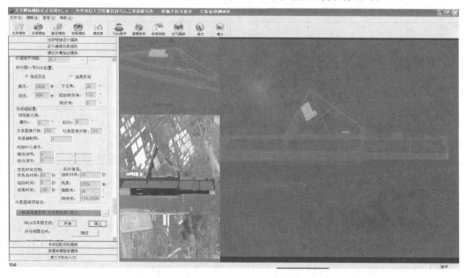

图8-19　将机场模型载入光学靶标辅助设计软件系统演示

(2) 某行政首府多波段图像仿真。

仿真条件:

传感器模型:帧频:20Hz;横向视场角:8°,纵向视场角:6°;

仿真图像行数:256;仿真图像列数:320。

人工热源:无。

时间:上午10点。

图 8 – 20　不同时刻的机场仿真图
(a) 9 : 00 ; (b) 14 : 00 ; (c) 19 : 00 ; (d) 22 : 00。

(3) 驻泊船舶多波段图像仿真。

仿真条件:

传感器模型:帧频:20Hz;横向视场角:8°,纵向视场角:6°。

仿真图像行数:256;仿真图像列数:320。

人工热源:无。

时间:上午 10 点。

(4) 飞机洞库多波段图像仿真。

仿真条件:

传感器模型:帧频:20Hz;横向视场角:8°纵向视场角:6°。

仿真图像行数:256;仿真图像列数:320。

人工热源:无。

时间:上午 10 点。

(a)　　　　　　　　　　　　　　　(b)

(c)　　　　　　　　　　　　　　　(d)

图 8 - 21　不同视点的机场仿真图,视点高度为 1500m,进入角为 261°
(a) 距离 6500m;(b) 距离 5200m;(c) 距离 4300m;(d) 距离 3000m。

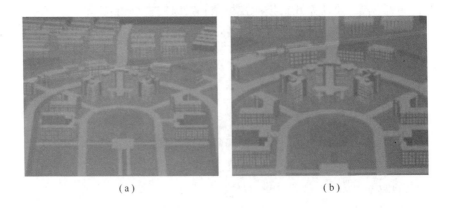

(a)　　　　　　　　　　　　　　　(b)

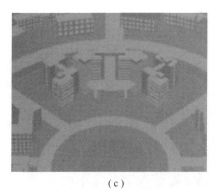
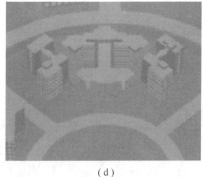

（c）　　　　　　　　　　　　　　（d）

图 8 - 22　某行政首府多波段图像仿真（由远及近,高度为 1173m,进入角为 0°）

　（a）距离:3120m　俯仰角: -20.6043°;（b）距离:2400m　俯仰角: -26.0471°;

　（c）距离:1559m　俯仰角: -36.9404°;（d）距离:1220m　俯仰角: -43.8748°。

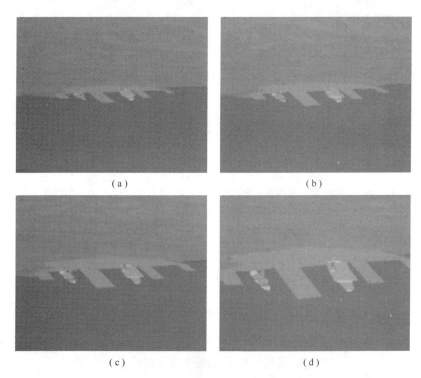

图 8 - 23　驻泊船舶多波段图像仿真（由远及近,高度为 1173m,进入角为 151°）

　（a）距离:7378m　俯仰角: -9.0324°;（b）距离:6338m　俯仰角: -10.4837°;

　（c）距离:5438m　俯仰角: -12.1703°;（d）距离:4218m　俯仰角:　-15.5374°。

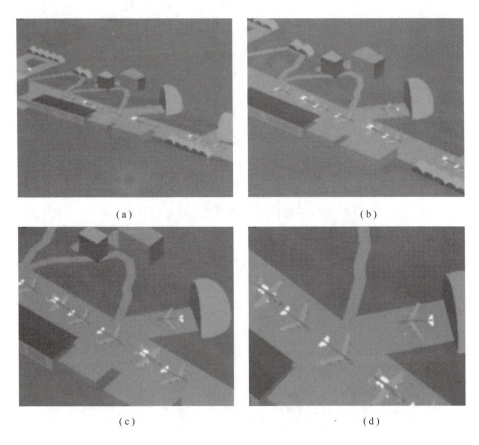

图 8 – 24　飞机洞库多波段仿真图像（由远及近，高度为 531m，进入角为 139°）

(a) 距离:1500m　俯仰角: – 19. 4940°;(b) 距离:1140m　俯仰角: – 24. 9756°;

(c) 距离:760m　俯仰角: – 34. 9414°;(d) 距离:480m　俯仰角: – 47. 8878°。

▶8.4　寻的处理算法性能评价

　　寻的制导中的信息处理包括目标检测、识别、跟踪等高级处理算法。性能综合评价是研究处理方法或算法不可或缺的重要部分,对算法使用人员全面了解算法和算法研发人员顺利开发工作都具有积极的意义。

✍8.4.1 寻的算法性能评价的关系模型

　　算法研究与性能评价是相互促进、不可或缺的。算法研究始终存在性能评价活动,尽管这种评价有时可能表现为零散的、非正式的或主观上定性度量的形式;而性能评价则是在算法定型或改进阶段单独进行的正式的性能分析活动。通常,性能评价影响着目标识别系统开发循环周期的设计、诊断、测试和自适应等方面,这种关系如图 8 - 25 所示,结合了性能评价指导的图像处理算法研发过程是一个不断迭代增量开发的过程。

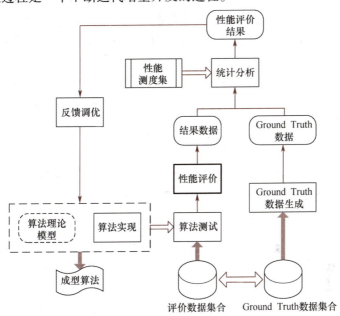

图 8 - 25　寻的算法性能评价关系模型

　　性能评价是新算法和系统研制中是不可分割的组成部分,好的算法系统的产生是建立在有效的性能评价的基础上的。

✍8.4.2　寻的处理算法性能评价模型

　　从目前的情况看,对算法效果的评价大致有 3 种手段:

　　(1)利用先验知识评价。利用先验知识的评价方法其基本思想是比较算法处理实际结果与理论最佳结果(先验知识)之间的差异,即将处理结果数据与基准数据进行比较,以统计算法达到的指标,进而定量评价算法的性能优劣。先验知识的获取方式有两种:对于实际图像通过人工标注来得到;对于仿真图像可以从仿真相关参数指定。

（2）主观评价。通过观察者的主观评价方法是让不同观察者从结果图像数据确定算法处理结果的好坏。主观评价适合人的视觉感官并且比较容易实现，在要求简单快速非定量评测算法性能的情况下可以使用。

（3）理论分析推导。理论分析方法是使用数学手段来对一种算法进行分析，通过剖析算法的内部结构，包括分析算法的理论模型，调用过程，运算类型，参数选取或估计，以及信息采集等方面，评价算法的复杂性和有效性的方法。它不是基于处理结果，而是基于算法过程的评价，它的输入可以不需要图像就可以得到分析结果。

实际上，上述利用先验知识性能评价方法是当今开发算法过程被广泛接受和研究的评价方式，由于其可以定量描述算法性能，其客观性被广泛接受，它的本质是比较系统处理实际结果与理论最佳结果（先验知识）之间的差异，即将处理结果数据与基准数据进行比较以统计系统达到的指标，进而定量评价系统的性能优劣，由此衍生出各种分析理论和方法。一般基准数据的获取方式有两种：对于实际图像通过人工标定来得到；对于仿真或合成图像也可以从相关参数中指定，如图 8 - 26 所示。

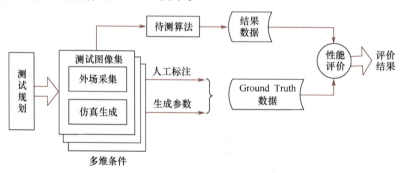

图 8 - 26　寻的处理算法性能评价方法

☑ 8.4.3　综合评价的最优试验设计方法

评价基本模型是实际结果与先验正确结果的比对，对于图像处理性能评价技术的研究主要是在试验设计方法上的发展。我们选择基于试验设计的测试评价方法。测定多参数、多场景条件下算法的性能，普通的综合评价试验方法常常需要很大规模的试验，甚至大到使试验无法进行或成本特别高昂。所以，设计合理的试验方法是综合评价的关键步骤。

　　试验设计的目的是为了获得试验条件与试验结果之间规律性的认识，使综合评价试验次数尽量少，又能达到好的试验效果。解决这个问题有专门的学问，称为"试验设计"。试验设计得好，会事半功倍，反之会事倍功半，甚至劳而无功。完整的图像处理算法性能综合评价应包括图 8 - 27 所示的内容。

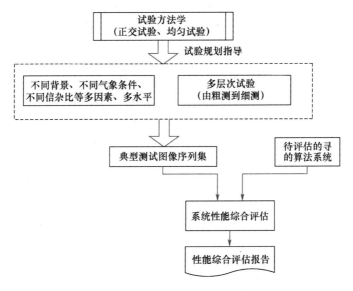

图 8 - 27　算法性能综合评价方法模型

　　针对综合评价需要的覆盖多维空间的各种来源的输入测试图像序列，多因素、多水平、多层次的性能综合评价是重要方法手段。

　　1) 多因素多水平评价

　　性能评价需要在一个复杂的多维因素空间内对待测算法进行综合评价，对浩如烟海的各种测试图像或图像序列，这些测试图像序列由外场实测图像序列、仿真生成的图像序列和合成的图像序列组成。我们要从中选择典型的能够反映算法性能的不同因素条件下的测试图像序列，这些典型因素如图像质量好坏、信噪比、信杂比、干扰的强弱有无、不同复杂程度或不同类型的背景、不同气象条件等。依据上述因素从大量测试图像序列中挑选出有效测试图像序列集合，进而对算法进行包含极限条件下性能的多因素综合评价。

2）多层次评价

在不同应用情形下会关注不同层次的系统性能,要求不同效率的测试过程。综合评价应具有从粗测到细测的多层次综合评价能力。粗测是指对有代表性、典型的、用户一般关注的关键性能指标进行测试评价,粗测是一个快速的评价过程。细测没有粗测高效快速,但可以为用户提供更全面更详细的信息,细测是对之前粗测以下三方面的扩展:

（1）影响性能的因素的扩展。即加入粗测中未涉及的因素,扩展测试空间维度。

（2）某个因素水平的扩展。如粗测中干扰有无的因素扩展为细测中干扰无、干扰弱、干扰强等多水平,即扩展测试空间维度分辨力。根据实际需要,用户可以挑选某些关注的因素,对其进行水平扩展来细测性能。

（3）测试指标扩展。从粗测中关注的典型性能指标扩展到某些专门指标甚至定制指标。

由粗测到细测的综合评价是图 8 - 28 所示的多层次过程。

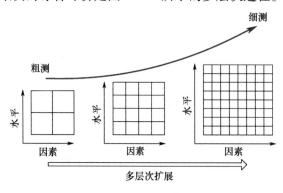

图 8 - 28　多层次综合评价

试验设计方法很多,如正交设计、均匀设计等。正交设计是目前最流行,效果相当好的方法。它是利用数理统计学与正交性原理,从大量的试验点中挑选适量的具有代表性,典型性的点,应用“正交表”合理安排试验的一种科学的试验设计方法。正交设计是根据正交准则来挑选代表点。正交设计具有两个性质:

（1）水平均匀性:即对所选的每个因子和因子的每个水平都是均匀分配的。

（2）搭配均匀性：即每个因子的各个水平出现的次数是相同的，而且任何两个因子的水平也都以相同的次数出现的。

8.4.4 寻的性能评价指标体系

在寻的制导的信息处理方法的研究过程中，性能评价的指标体系也是需要逐步明确的。性能评价的指标体系覆盖算法研究与实现的全过程，性能评价与算法研制过程是紧密结合的，它们的关系如图8-29所示。

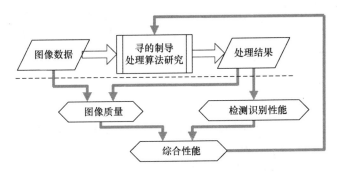

图8-29 寻的性能评价指标体系

我们将寻的制导信息处理这类专业图像处理算法性能评价的指标划分为两大类，即图像质量类和检测识别性能类。图像质量是从图像或图像序列中可用的灰度、空间及时序甚至波段信息获取的指标，它是对整个图像内容的一种直接刻画，这种刻画与图像中的一个或多个子区域（如目标子区域）性质的计算有关，能够反映出诸如目标可分离、可检测或可识别的客观约束，为算法的设计提供指导。鉴于我们的研究是以成像目标的检测识别算法为对象，算法性能评价指标最终要落实到检测识别性能，它是在算法处理结果输出后以测试统计分析为主要手段作出量化评价结果，是对系统性能的刻画。在复杂算法研究过程中，算法的各个处理阶段都可用相应的性能指标评价。另外，图像质量和检测识别性能的综合指标对算法处理能做出综合评价。我们使用的性能评价指标体系如表8-3所列，列举了常用的指标。需要指出的是，根据实际研究的算法，研究人员应灵活选取评价指标或者扩展出新的评价指标来测试系统或算法性能。

表 8 - 3　性能评价指标体系

图像质量指标	全局图像度量指标	图像强度均值、图像强度标准差、图像边缘强度均值、图像边缘强度标准差、残余非均匀性、模糊度等
	与目标相关的图像质量指标	目标/背景反差、信噪比、信杂比、目标的长宽比、目标强度均值、目标强度标准差和高阶矩、目标边缘强度均值、目标平均轮廓线长度等
专业算法处理指标	基础算法性能指标	错分率、分割正确率、信杂比增益等
	检测识别性能指标	检测概率、漏警概率、虚警概率、正确识别概率等

参考文献

[1] Duclos D, Quinquis N, Broda G, et al. A presentation of ATR processing chain validation procedure of IR terminal guidance version of the AASM modular air - to - ground weapon [C]. Proc. of SPIE,2009,7335:733512 - 12.

[2] Zheng Lulu, Sun Siyuan, Zhang Tianxu. A Method for Dynamic Infrared Image Simulation under Various Natural Conditions[C]. Proc. SPIE 2009,7494,74940B:1 - 8.

[3] Zhang Putao, Zhang Tianxu, A Method Of Ground - based Space Object Opho - eletronic Imaging Simulation[C]. The Intern. Conf. on Multimedia Technology ICMT 2010.

[4] Lu Haifeng, Zhang Tianxu, et al. Adaptive Dynamic Loading and Unloading Mechanism Applied to Development Environment for Image Processing Algorithm[C]. Intern. Conf. on Comput. Science and Serv. Syst. ,IEEE,2011,2:1043 - 1046.

[5] Wang Man, Zhang Tianxu. Research on the Method of Medium Wave Infrared Simulation Based on Vega[C]. The Intern. Conf. on Multimedia Techn. ICMT 2010.

[6] 程钊,张天序,卢海风. 基于图形语言的图像处理算法快速开发环境模型研究[J]. 华中科技大学学报 ,2010,38(7):82 - 85.

[7] 申晓凡. 基于图像绘制的三维场景模拟[D]. 武汉:华中科技大学硕士论文,2003.

[8] 王飞. 多尺度多视点船舶目标红外视景仿真[D]. 武汉:华中科技大学硕士论文,2006.

[9] 张坤. 序列图像处理算法性能评价研究[D]. 武汉:华中科技大学博士论文,2007.

[10] 王皎. 高速序列图像处理仿真装置软件系统设计[D]. 武汉:华中科技大学硕士论文,2007.

[11] 张必银. 小目标检测识别技术性能评价研究[D]. 武汉:华中科技大学博士论

文,2007.

[12] 雷晓露. 目标背景的光学谱建模与仿真[D]. 武汉:华中科技大学硕士论文,2008.

[13] 孙思远. 红外预警仿真开发与演示平台的系统设计及实现[D]. 武汉:华中科技大学硕士论文,2008.

[14] 郑璐璐. 光学靶标红外序列仿真技术研究与平台实现[D]. 武汉:华中科技大学硕士论文,2008.

[15] Zhang Y J. A survey on evaluation methods for image segmentation[J]. Pattern Recognition,1996,29(8):1335 – 1346.

[16] Qu Huiming,Chen Qian,Gu Guohua,et al. A General Image Processing Algorithm Demo and Evaluation System for Infrared Imaging[C]. Proc. of SPIE,2007,6279:62793G.

[17] Dan E Dudgeon. ATR Performance Modeling and Estimation[J]. Digital Signal Processing,2000,10(4):269 – 285.

[18] Trevor I Lainea,Kenneth W,Bauer Jr. A mathematical framework to optimize ATR systems with non – declarations and sensor fusion[J]. Computers & Operations Research,2008,35(6):1789 – 1812.

[19] Douglas C Montgomery. Design and Analysis of Experiments[M]. John Wiley & Sons Inc,the United States of America,2004.

[20] James S Welsh,Graham C Goodwin,Arie Feuer. Evaluation and comparison of robust optimal experiment design criteria[C]. Proceedings of the 2006 American Control Conference,2006:1659 – 1664.

[21] Li Zhaohui,Malik O P. An orthogonal test approach based control parameter optimization and its application to a hydro – turbine governor[J]. IEEE Transactions on Energy Conversion,1997:388 – 393.

内 容 简 介

寻的制导是各种运动平台采用的最先进、最准确的制导体制,寻的制导信息处理有别于普通信息处理。为此,本书以飞行器光学寻的制导问题为应用背景,系统地总结了作者在红外与激光寻的制导信息处理研究方面的部分工作。在理论模型方面,提出了在多种内部和外部因素干扰下,处理的多维动态空间映射与知识约束的求逆过程模型,给出检测识别的多维可计算准则和子空间协同的递推探测识别定位框架。在固定目标寻的方面,提出了多尺度识别定位和目标–地标(群)关联探测定位的方法。在动目标寻的方面,提出了基于序贯信息的空中目标多尺度递推算法、场景约束和仿生的海面动目标检测算法和地面动目标变尺度探测定位与分析方法。在实时信息处理系统设计方面,讨论了模块化、异构、规模可伸缩的处理器结构设计,实现了 ASIC + Soc + FPGA + DSPs 的实时自动目标识别寻的处理器。该书还讨论了寻的信息处理的仿真和性能评价问题。全书给出了大量仿真和试验结果,证实了研究工作的正确性和应用价值。

本书可供相关领域的教师、科技工作者和高层管理人员参考,也可作为学习图像处理技术的大学高年级学生和研究生的参考书。

Target homing has been a kind of the most advanced and precision guidance modes adopted by many guided vehicles. The imformation processing approach to targe homing is very different from work patterns of conventional information processing. This book sums up systematically the auther's part research works in the past ten years, in the field of optical imaging guidances signal processing (infared and laser) and its applications. In the theoretical modeling, a novel process model called the mapping disturbed by multiple interior and exterior factors and knowledge constrained semi – inversion on multi – dimensional dynamic spaces and the multi – dimensional computable performance criteria of detection, recognition and identification, as well as subspace coorperative recusive algorithm framework are proposed. In earth surface fixed target homing, the multi – scale directly recognition and location of buildings and earth surface marks are discussed, and joint spatial reference locating methods among the marks and buildings are also introduced.

With seeking moving targets, the multi – scale recursive algorithm of detecting and recognizing maneuver aircrafts based on sequential signals, scene characteristics constrained and bionical algorithms of detecting and locating sea surface targets, and temporal – spatial variable scale detection approach to ground moving objects are proposed respectively. In real – time processing system design, modular, heterogeneous networking, and scalability are discussed and a kind of real – time homing processor of target recognition, tracking, and location which consists of ASICs, SoCs, FPGAs, and DSPs, is successfully implemented. In this book the issue of simulation and performance evaluation in optical imaging seeking process is also discussed. A lot of simulation and experimental results are presented, which proved the correctness and application values of the research works.

This book can serve as reference of scientific researchers, professors and managers working in the related fields, also be useful as text book in studying image processing for senior undergraduate students and graduate student.

图 1 – 1　光学寻的信息处理系统的应用

图 2 – 1　动平台探测定位目标

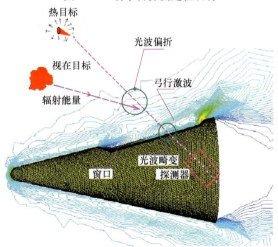

图 2 – 6　大气层内高速飞行对成像探测产生气动光学效应扰动

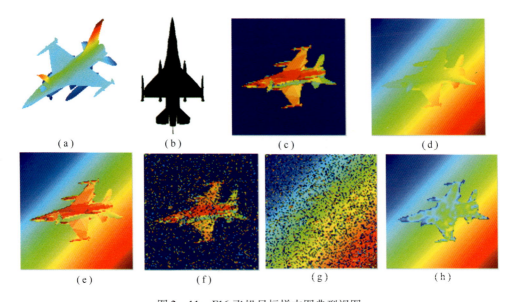

图 2 - 11 F16 飞机目标样本图典型视图

(a)三维模型图;(b)二值图;(c)强度图;(d)三维距离图;(e)距离图和强度图的融合结果图;
(f)加噪强度图(脉冲噪声:信噪比 $S/N = 2$);(g)加噪距离图(散斑噪声:信噪比 $S/N = 2$);
(h)去噪距离图;(i)多尺度多视点特性视图。

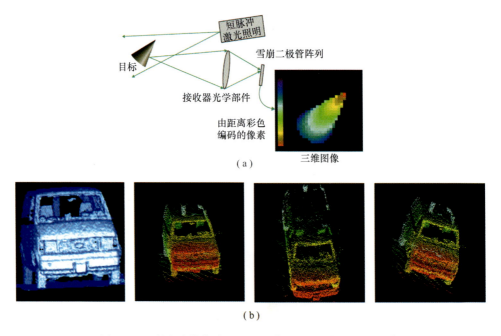

图 2 - 13 激光成像传感器获取的典型运动目标的三维图像

(a)激光成像探测装置;(b)激光雷达获取的三维雪佛兰牌汽车图像。

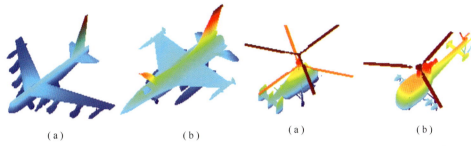

（a） （b）

图3-11 固定翼飞机的三维模型示例

（a）B52 飞机模型；（b）F16 飞机模型。

（a） （b）

图3-12 旋翼飞机的三维模型示例

（a）KA25A 飞机模型；（b）ALOUETTE 飞机模型。

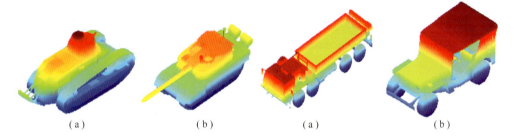

（a） （b）

图3-13 坦克的三维模型示例

（a）FT17BER 坦克模型；（b）LECRERC 坦克模型。

（a） （b）

图3-14 地面车辆的三维模型示例

（a）HEMTT 车辆模型；（b）WILLYS 车辆模型。

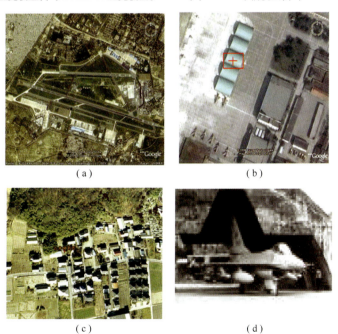

（a） （b）

（c） （d）

图3-35 航空港目标群示例

（a）机场的跑道；（b）机场的飞机掩蔽库（红色标记）；（c）基地库房；（d）机库。

图 3 - 38　航母编队

（a）

（b）

图 3 - 40　简单背景高大建筑物

（a）可见光图；（b）红外图。

图 3 – 42　复杂背景低矮建筑物

（a）

（b）

图 3 – 43　电厂建筑物

（a）可见光图；（b）红外图。

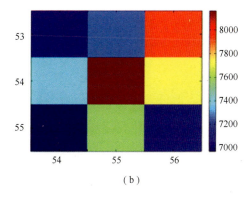

（b）

图 4 – 17　红外图像中的边缘像素问题

（b）图像（a）中像素（54,55）处 3×3 区域内的像素灰度。

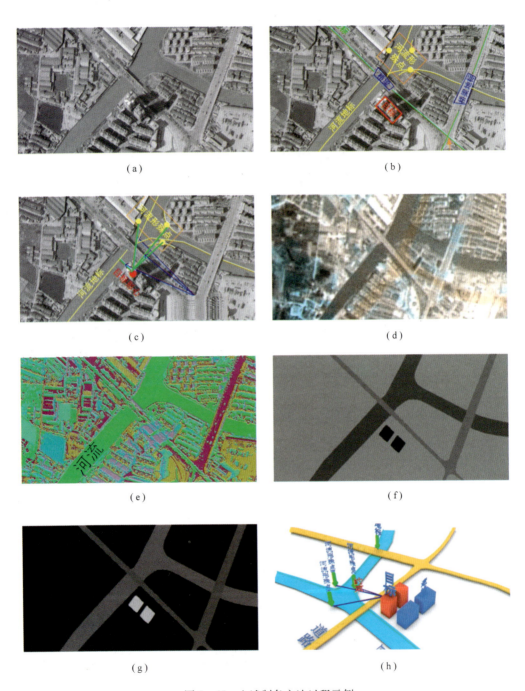

图 5 - 65 上述制备方法过程示例

(a)卫星正射影像图;(b)提取显著地标;(c)确定空间约束关系(绿色直线为目标与河流地标的空间约束关系);
(d)多光谱卫星图像;(e)材质分类;(f)白天特征参考图;(g)夜间特征参考图;(h)三维空间约束关系。

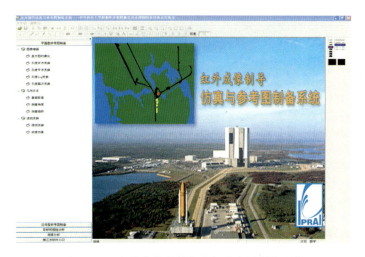

图 5 – 66　光学成像制导仿真与参考图制备系统

图 7 – 21　双色红外处理机实物图

图 7 – 44　模块化 DSP + SoC + ASIC + FPGA 的处理器

图 8－10　分类前

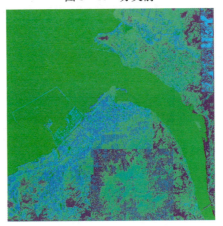

图 8－11　分类后

图 8－14　利用 GoogleEarth 下载到的可见光纹理图片